本书由国家自然科学基金青年项目（项目编号：72202026
编号：L22BGL016）、大连理工大学基本科研业务费项目（项
浩律师（大连）事务所资助出版

探寻专利质量提升的奥秘

专利政策与企业行为视角的深度剖析

甘静娴　李思为　著

知识产权出版社
全国百佳图书出版单位
—北京—

图书在版编目（CIP）数据

探寻专利质量提升的奥秘：专利政策与企业行为视角的深度剖析 / 甘静娴，李思为著. —北京：知识产权出版社，2025.7. — ISBN 978-7-5130-9797-0

Ⅰ．G306

中国国家版本馆 CIP 数据核字第 2025XY9955 号

内容提要

本书在专利政策、研发行为双元性及专利质量等相关理论研究的基础上，综合运用"结构—行为—绩效"和"刺激—机体—反应"分析框架，基于隐含狄利克雷分布、文本相似度等大数据文本分析和挖掘方法、惩戒回归分析方法等，研究专利政策、研发行为对企业专利质量的影响机理。

本书可供知识产权管理领域研究者、从业者阅读。

责任编辑：高　源　　　　　　　　　责任印制：孙婷婷

探寻专利质量提升的奥秘——专利政策与企业行为视角的深度剖析
TANXUN ZHUANLI ZHILIANG TISHENG DE AOMI——ZHUANLI ZHENGCE YU QIYE XINGWEI SHIJIAO DE SHENDU POUXI

甘静娴　李思为　著

出版发行：	知识产权出版社 有限责任公司	网　址：	http://www.ipph.cn
电　话：	010-82004826		http://www.laichushu.com
社　址：	北京市海淀区气象路 50 号院	邮　编：	100081
责编电话：	010-82000860 转 8701	责编邮箱：	laichushu@cnipr.com
发行电话：	010-82000860 转 8101	发行传真：	010-82000893
印　刷：	北京中献拓方科技发展有限公司	经　销：	新华书店、各大网上书店及相关专业书店
开　本：	720mm×1000mm　1/16	印　张：	18.75
版　次：	2025 年 7 月第 1 版	印　次：	2025 年 7 月第 1 次印刷
字　数：	270 千字	定　价：	88.00 元
ISBN 978-7-5130-9797-0			

出版权专有　侵权必究

如有印装质量问题，本社负责调换。

前言
Preface

"十四五"时期，以创新引领高质量发展是优化政策结构、推动经济转型、实现技术进步的根本要求；实施知识产权强国战略、完善相关政策制度是激发创新活力的重要保障。近年来，我国的知识产权工作取得令人瞩目的成绩，尤其是专利数量实现快速增长，各类专利申请数量已位居世界第一，但三方专利、标准必要专利的占比不高；从专利领域来看，信息通信、生命健康、高端制造等知识和技术密集型产业的关键专利数量与欧美发达国家和地区相比偏少，这表明我国虽然已经成为世界专利大国，但整体专利质量尚未达到专利强国的水平。究其原因：一方面，企业出于项目申报和高新技术企业认定等自身利益考虑，更倾向于追求专利数量；另一方面，相关专利政策忽视企业创造专利的行为特征，存在过度激励或激励方式不恰当的问题，导致难以有效促进企业提升专利质量。因此，研究探索我国专利政策、研发行为对企业专利质量的影响机理，促进企业通过发明创造产出高质量的专利，具有重要的学术研究价值和应用前景。

本书在专利政策、研发行为双元性及专利质量等相关理论研究的基础上，综合运用"结构—行为—绩效"（Structure-Conduct-Performance，SCP）和"刺激—机体—反应"（Stimulus-Organism-Response，SOR）分析框架，基于隐含狄利克雷分布（Latent Dirichlet Allocation，LDA）、文本相似度等大数据文本分析和挖掘方法、惩戒回归分析方法等，研究专利政策、研发行为对企业专利质量的影响机理。首先，分析研究背景，提出研究问题，阐明研究意义。通过对核心概念进行界定，明晰本书的研究范围。在研究范围内对相关研究内容进行梳理，找出现有研究的缺陷和不足，确定本书研究中所需的相关理论及方法。其次，对企业专利质量的影响机理进行研究和分析。基于SCP-SOR分析框架，提出"专利政策—研发行为—企业专利质量"的分析路径，对专利质量问题、研发行为和专利政策的影响进行分析，明确后续研究的整体分析逻辑。再次，基于不同的文本分析方法对变量进行测度。在专利质量的测度研究上，从新颖性和影响力两个维度构建评价模型，基于文本相似度方法提出"合成引文"概念，并进行专利新颖性和影响力的度量，以在一定程度上解决现有专利质量测度方法科学性不足、准确性较低等问题；在专利政策的维度划分和强度评价上，运用LDA模型对专利政策文本进行主题分析，并提出最优主题数选取方法，将专利政策划分为专利创造类、运用类、保护类、管理类和服务类五个维度进行强度计算，以改进现有政策分析方法中评价维度单一和主观性过强的问题；运用惩戒回归和普通最小二乘法（Ordinary Least Squares，OLS）回归等方法分析不同类型专利政策对企业专利质量的影响机理，以及"开发—探索"研发行为和研发领域"深度—广度"对专利质量的作用关系，并对研发行为在不同技术领域的影响差异和中介效应进行分析和验证，以弥补现有企业专利质量影响机理研究中理论和实证的缺失。最后，对全书的研究进行总结，提出完善专利政策、优化研发行为、提升企业专利质量的对策建议，并对未来的研究进行展望。

通过研究，本书得出如下结论并提出相关对策建议：第一，专利创造类政策的适度激励能为企业研发提供必要的资源支持，有利于企业产出高质量的专利；但是过度激励会导致企业产生寻租行为，以获取政府补贴作为其研发和申请专利的目的，导致企业专利质量降低。因此，专利创造类政策应改进专利奖励方式，以专利质量提升作为激励方向。第二，专利运用类政策的适度引导能够推动企业通过专利市场化获取利润,加快企业研发进程;但是过度刺激会导致企业为获取政策红利采取市场化包装行为,减少实质性创新,导致企业专利质量下降。因此,专利运用类政策应在结合技术市场化规律制定的同时,有效规避企业的投机行为。第三,专利保护类政策通过对企业的创新成果进行保护,降低企业技术外溢的风险,使企业能够通过技术获取市场地位,激发企业研发动力,有利于企业将高质量的技术进行专利申请。因此,专利保护类政策应当继续提高专利的保护强度,有效保障企业创新产出的正当权益。第四,专利服务类政策虽然提高了企业研发积极性和专利产出的数量,但是由于个别服务类政策制定和执行的不足,服务平台和机构缺乏辅助企业开展高质量研发的能力,使企业难以产出高质量的专利。因此,专利服务类政策应当引导各类服务平台和机构改革服务模式,提升服务水平,为企业研发活动提供支持。第五,专利管理类政策虽然能在一定程度上促进企业专利质量的提升,但是管理类政策自身框架及引导方式不够完善、对企业创新管理能力提升不足,导致企业的技术研发深度不够,企业专利质量的提升远不如数量提升明显。因此,专利管理类政策应进一步完善整体框架和引导方式,提高相关管理者的水平,有效激活企业研发积极性。

目录

Contents

第1章 绪 论 // 1
  1.1 研究背景和意义 // 1
  1.2 相关概念界定 // 6
  1.3 相关研究现状与述评 // 14
  1.4 研究内容、研究方法和技术路线 // 30
  1.5 创新点 // 35

第2章 相关理论和方法研究 // 37
  2.1 专利政策相关理论 // 37
  2.2 组织行为双元性理论 // 43
  2.3 专利质量相关理论 // 45
  2.4 SCP 理论框架 // 49
  2.5 SOR 理论框架 // 51
  2.6 LDA 文本分析方法 // 53
  2.7 惩戒回归方法 // 55
  2.8 本章小结 // 60

第3章 基于 SCP-SOR 框架的企业专利质量影响机理研究 // 62
  3.1 企业专利质量问题的影响分析 // 63

3.2　研发行为的影响分析　// 66

  3.3　专利政策的影响分析　// 68

  3.4　基于SCP-SOR的专利政策、研发行为对企业专利质量的
　　　 影响机理框架和路径　// 78

  3.5　本章小结　// 83

第4章　基于合成引文的专利质量测度研究　// 84

  4.1　专利质量的评价维度　// 85

  4.2　基于文本相似度的专利合成引文构建　// 87

  4.3　基于合成引文的专利质量模型构建　// 97

  4.4　专利质量测度结果分析　// 101

  4.5　本章小结　// 135

第5章　基于LDA模型的专利政策评价研究　// 137

  5.1　LDA最优主题数选取模型　// 138

  5.2　基于LDA的政策文本分析　// 147

  5.3　专利政策评价结果　// 154

  5.4　本章小结　// 166

第6章　专利政策对企业专利质量的影响研究　// 167

  6.1　理论假设　// 168

  6.2　实证分析　// 172

  6.3　实证结论　// 182

  6.4　本章小结　// 185

第7章　研发行为对企业专利质量的影响研究　// 186

  7.1　理论假设　// 187

7.2 实证分析 // 191

7.3 实证结论 // 213

7.4 本章小结 // 215

第8章 研发行为在专利政策与企业专利质量间的中介作用 // 216

8.1 理论假设 // 217

8.2 实证分析 // 226

8.3 实证结论 // 250

8.4 本章小结 // 255

第9章 研究结论与未来展望 // 257

9.1 研究结论 // 257

9.2 完善专利政策、优化研发行为、提升企业专利质量的对策建议 // 263

9.3 研究局限与未来展望 // 265

参考文献 // 267

第 1 章 绪 论

1.1 研究背景和意义

1.1.1 研究背景

我国"十四五"规划明确提出以创新引领高质量发展的要求及实现知识产权强国战略的目标。近年来，我国的知识产权工作取得令人瞩目的成绩，尤其是专利数量实现快速增长。专利数量的剧增是我国技术创新能力提升的体现，但随之也产生了不少专利质量问题。现阶段，我国的经济发展正处于由资本、劳动力为主的"要素驱动"向"创新驱动"转型的关键时期。习近平同志在党的十九大报告中指出："我们要激发全社会创造力和发展活力，努力实现更高质量、更有效率、更加公平、更可持续的发展！"这一科学论断为我国经济发展指明了清晰的方向。在创新驱动发展的当下，专利作为技术创新成果的关键载体，重要性越发凸显。它不仅是技术发展的记录，更是推动产业升级、促进经济高质量发展的核心要素，是连接创新与市场的桥梁，在我国经济社会发展全局中举足轻重。根据中国国家知识产权局的年度报告，2019 年受理的发明专利数量为 140.1 万件，比 2018 年下降 9.2%，是 1996 年以来的首次下降。2020 年受理的发明专利数量为 149.7 万件，虽然较 2019 年有小幅上升，但相比 2018 年依旧下降了 2.9%，这反映了我国政策导向从数量到质量的转变。高质量创新驱动的发展不仅需要企业转变传统的发展方式及经营理念，更要求政府完善政策体系，改变简单的数量评价标准，更好地对创新主体的创新行为进行有效的激励和引导。如何转变粗放的专利数量增长模式、提升专利质量、激活创新主体的创新积极性、充分发挥专利对国家经济发展的作用，是现阶段亟待解决的问题。

首先，知识产权已经成为各个国家重要的战略资源。以创新发展为战略的创新型国家在国际竞争中取得了先机，占领了世界经济的制高点。而依靠资源禀赋和劳动力发展的国家，则只能处于产业链的下游，经济发展受制于人。因此，以知识积累和技术创新为特征的国际竞争愈演愈烈，各类技术的知识产权逐渐成为各个国家发展的战略性资源及国际竞争力的体现。知识产权作为保护创新成果的重要制度安排，其初衷是促进技术创新。根据内生经济增长理论，技术创新是经济增长的关键要素，而知识产权制度中专利保护的宗旨是通过保护知识成果创造者的利益激励技术创新并促进技术扩散。但随着国际竞争日益加剧，知识产权的功能已不仅是技术创新的保障，还成为国家的战略资源。

其次，专利多而不优是现今我国专利存在的主要问题。自 2011 年起，我国已成为世界第一专利大国，然而我国并不是专利强国。在专利结构上，应用领域专利数量较多，而在基础研究领域的专利数量较少，这导致部分产业链的技术水平出现市场端技术强、基础端技术弱的"头重脚轻"现象，导致现实中经常出现在关键技术和核心领域被"卡脖子"的现象。例如，截至 2017 年，中兴通讯公司国际专利申请数量为 2 965 件，居世界第二位（华为居第一位），但在 2018 年 4 月由于美国终止供应相关芯片，使中兴公司陷入了巨大的困境。2020 年，美国对华为公司的手机芯片进口和生产进行限制，对其后续的手机生产产生较大影响。由此可见，"大而不强、多而不优、专利结构不合理"是我国专利水平的现状及技术发展的重要矛盾。

再次，专利保护不足是阻碍企业创新动力的重要原因。早期我国由于知识产权意识淡薄，各类侵权、假冒行为充斥着市场，企业的创新成果不能得到有效的保护，严重打击了企业的创新积极性。2020 年 11 月 30 日，中共中央政治局就加强我国知识产权保护工作举行第二十五次集体学习，习近平总书记强调，"知识产权保护工作关系国家治理体系和治理能力现代化，关系高质量发展，关系人民生活幸福，关系国家对外开放大局，关系国家安全。全面建设社会主义现代化国家，必须从国家战略高度和进入新发展阶段要求出发，全面加强知识产权保护工作，促进建设现代化经济体系，激发全社会创新活力，推动构建新发展格局"。因此，提升全社会的知识产权保护意识、加大知识产权保护力度、激发企业创新动力，成为我国知识产权事业发展的重要目标。

最后，提升专利质量是高质量发展的迫切需要。2020 年 8 月 24 日，习近平总书记在经济社会领域专家座谈会上指出，"要发挥企业在技术创新中的主体作用，使企业成为创新要素集成、科技成果转化的生力军"。这为在当前形势下实现依靠创新驱动的内涵型增长及企业化危为机加快发展，指明了方向。企业是技术创新的主体，提升企业创新能力，激发企业活力，壮大创新主体，坚定实施创新驱动发展战略，才能够推动社会经济高质量发展。

1.1.2 研究意义

本书对专利政策、研发行为和企业专利质量的评价方式及影响关系进行研究，具有如下理论和实践意义。

1.1.2.1 理论意义

第一，本书将 SCP 理论框架和 SOR 理论框架相结合，提出基于 SCP-SOR 理论框架的"专利政策—研发行为—企业专利质量"的分析路径，拓展了 SCP 和 SOR 理论的运用场景。现有的专利政策研究大多是以政策数量或政策中补贴金额作为政策强度的判断依据，这种判断方式在数据处理和分析上较为便捷，但是缺乏对政策的全方位判断。同时，专利政策作为一种外围环境变量，其对企业专利质量的作用并不是直接产生，还需要企业进行研发行为这一中间过程，而现有研究大多未考虑政策环境与作用结果的中介桥梁。本书基于SCP理论中的"结构—行为—绩效"的分析框架，构建了"专利政策—研发行为—企业专利质量"的分析路径，并基于SOR理论中的"刺激—机体—反应"的分析框架，解释宏观层面的专利政策是如何作用到微观层面的研发行为的。通过理论构建和实证检验相结合的研究方式，丰富了专利政策对企业专利质量的影响研究。

第二，明确专利政策的维度划分及各类专利政策的作用机理、作用方式和作用效果，丰富了专利政策的理论和实证研究。专利政策是政府引导研发投入、激励创新活动的重要工具。由于其内涵的丰富性，现有研究在确定专利政策的维度上存在一定的分歧。本书基于专利政策的内涵、作用方式和作用效果将专利政策划分为专利创造类、运用类、保护类、管理类和服务类五个维度，较现有研究在内容和维度上分析得更为全面。随着大数据分析方法的普及，有部分研究者开始从政策文本对政策进行分析，但是由于模型方法还处在探索阶段，许多计算模型还存在许多缺陷。为了能够全方位地对专利政策进行研究，本书采用LDA模型来对专利政策进行主题挖掘，同时为了提升分析结果的精度，对模型中的主题选取方式进行了改进。

第三，明确研发行为的差异并进行实证验证，细化了组织双元理论的内在层次和逻辑。现有关于研发行为双元性的研究大多只考虑企业的探索式和开发式行为，对于这种行为所属的层面没有加以细分，且关于开发和探索行为的衡量存在边界模糊、衡量不准的问题。本书基于行为双元性理论，从技术边界构建研发行为的分析框架，将企业的探索式和开发式行为细化到企业的每一个研发项目中，并以每一个专利作为表征。而企业在某一领域进行研发时会涉及多个研发项目，因此还需将企业研发时涉及的技术领域广度和深度纳入考虑范围。通过更为准确的研发行为划分深入分析其对企业专利质量的影响。尽管现有研究已经确定企业应该平衡探索与开发才能有效提升创新绩效，但在项目层面上如何更好地平衡探索与开发的程度还未有更好的研究。本书将"双元性"假说的研究细化到企业的每一个研发项目，强调在项目层面上实现探索与开发之间平衡的重要性及其组合的最优性。通过引入企业研发领域广度和深度的影响，进一步丰富了研发行为对企业专利质量的影响研究。此外，本书还针对研发行为在不同技术领域对企业专利质量的影响差异进行进一步分析，使整体研究更为具体、全面。

第四，明确专利质量的内涵，构建更为精确的专利质量测度模型，实现专利质量的理论含义和实际度量的统一。现有的研究在专利质量与价值的定义和使用上存在混淆，本书通过分析研究，认为专利的质量和价值不能完全等同，二者间存在共性及区分边界。专利的质量是以专利所包含的技术内容为评定目标，而专利价值要通过专利的市场化过程来判断。根据技术生命周期理论，一项技术水平较高的专利并不一定能够马上进入市场，因此，在一定时间内可能无法体现其商业上的价值。由于本书的研究是基于专利的技术层面进行分析，因此在计算专利质量的时候考虑的是其技术内涵。定义的混淆会导致测量的偏差，通过更为聚焦的定义有助于更为准确地反映专利在技术层面的质量。此外，现有的专利质量测度方式存在主观性较高、数据缺失及时效性差等诸多问题。本书针对现有研究存在的问题，首次提出合成引文的概念和计算方法，结合专利新颖性和影响力这两个维度，进一步构建专利质量的测度模型，从而提升专利质量测量的科学性和准确度。

第五，明确专利政策、研发行为和企业专利质量三者之间的作用机理，丰富并验证了专利质量提升的作用路径。本书运用理论与实证分析相结合的方式分析了不同类型的专利政策对企业专利质量和数量的影响差异、不同类型专利政策对研发行为的影响，以及研发行为在专利政策和企业专利质量关系间的中介作用。通过对三者间的作用机理进行研究发现，专利政策对企业专利质量的作用通过研发行为进行传递，不同类型的专利政策对于研发行为和企业专利质量会产生不同的影响，且这些影响存在一定的非线性关系。因此，本书的分析一方面能够为企业如何通过有效的研发行为组合提升专利质量提供理论依据，另一方面能够为通过专利政策激发企业研发动力、促进专利质量提升提供理论借鉴。

1.1.2.2 实践意义

第一,研究不同类型专利政策的作用机理,有助于政府厘清不同类型专利政策的作用方式及效果,为政策制定提供借鉴。通过分析可知,不同类型的专利政策对研发行为及企业专利质量的影响不同,不同类型的专利政策存在正面或负面效应。结合机理分析和实证结果有助于政府合理地运用不同类型的专利政策,避免政策的负面作用,有效激发企业的研发积极性,提升专利质量。

第二,构建不同层面的研发行为分析框架,有助于企业明晰不同研发行为的差异,为企业提升专利质量提供指导。本书分析得出,不同的研发行为会导致企业专利质量产生差异。因此,企业在进行研发前就应当充分认识这些行为可能产生的研发结果,通过合理运用不同的研发行为来提升最终的创新成效,避免低质量的研发。

第三,提出基于文本分析的专利质量测度方法,有助于提高专利质量的评价精度,提升技术评估和政策评估的准确性。实践中常用的专利质量测度方式大多存在以数量表征质量的问题,这使政府在进行技术水平评估时出现偏差,导致早期的一些专利政策在制定上采用以数量为主的引导方式。本书提出的专利质量测度方法有利于企业和政府从技术层面来精确地评价专利质量,进而制定合理的政策内容。

1.2 相关概念界定

1.2.1 专利政策维度划分

专利政策是我国创新政策的一部分,具有特殊性和系统性的特征[1]。关于这部分政策的概念定义在学术界还未统一。从政策的特征看,专利政策是借助行政管理手段,影响科技与创新活动的国家指令和政府行为[2]。从作用目的来

第 1 章 绪 论

看,专利政策被认为是政府推进专利发展和技术创新的手段[3-4]。从作用方式来看,专利政策是由各级政府部门出台,通过促进专利申请、保护和运用等方式来保障专利制度的顺利运行[5]。从政策内容看,目前的专利政策与国家的整体创新战略、创新导向、创新资源配置息息相关,并且渗透于专利的创造、申请、代理、审查、保护、市场交易、产业化等各个环节。本书的研究重点是专利政策的各方面内容及作用方式对研发行为和企业专利质量的影响机理。因此,本书根据专利政策的作用类型和方式分为专利创造类政策、专利运用类政策、专利保护类政策、专利管理类政策及专利服务类政策,如图1-1所示。

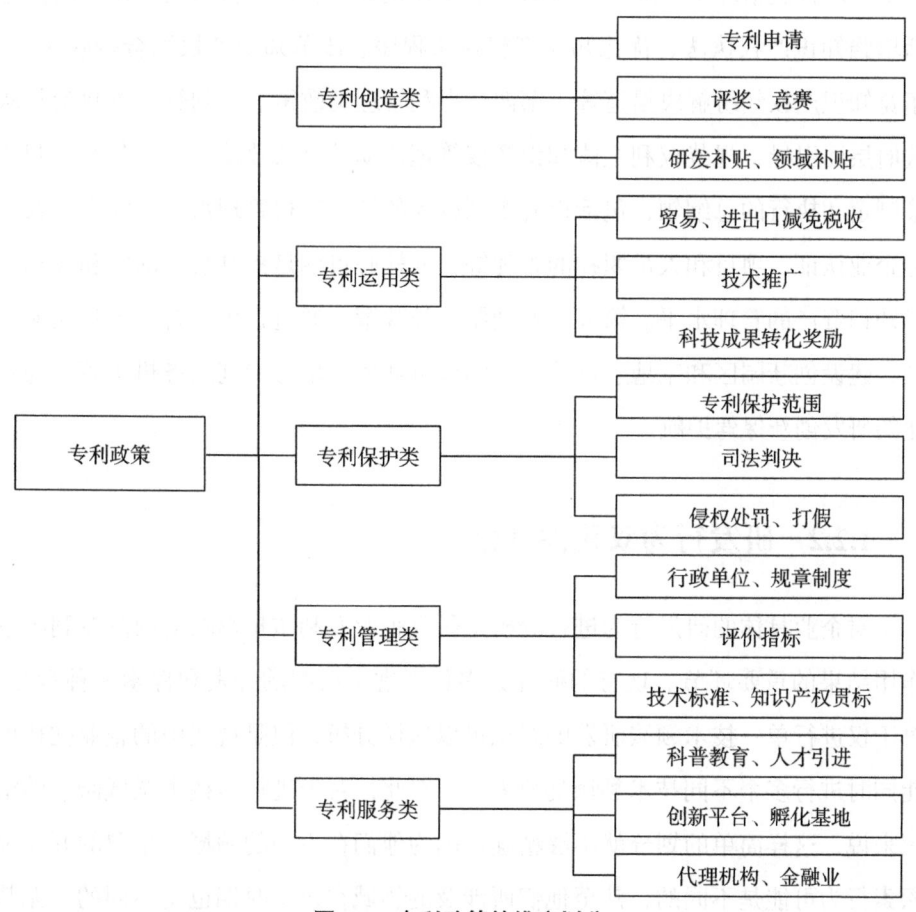

图 1-1 专利政策的维度划分

- 专利政策
  - 专利创造类
    - 专利申请
    - 评奖、竞赛
    - 研发补贴、领域补贴
  - 专利运用类
    - 贸易、进出口减免税收
    - 技术推广
    - 科技成果转化奖励
  - 专利保护类
    - 专利保护范围
    - 司法判决
    - 侵权处罚、打假
  - 专利管理类
    - 行政单位、规章制度
    - 评价指标
    - 技术标准、知识产权贯标
  - 专利服务类
    - 科普教育、人才引进
    - 创新平台、孵化基地
    - 代理机构、金融业

第一，专利创造类政策。对于专利创造活动的管理是国家知识产权局的一项重要职能，即审核和授予专利权。专利创造类政策主要针对专利的创造者，包括企业、科研院所、高校，以及个人发明者等。其通过专利申请和授权补贴或奖励、专利技术表彰，以及重点技术领域的研发投入、项目申报、人才津贴等方式激发创新主体的创新积极性。第二，专利运用类政策。专利运用是实现知识产权价值的关键步骤，当前专利运用类政策的重点目标是推进专利成果的产业化和商业化进程。其政策对象为专利的创造者和使用者，通过对专利市场化或产品化过程进行税收减免的方式来实现。第三，专利保护类政策。其优化了知识产权法治环境，通过行政保护手段强化对专利侵权行为的打击。具体包括增强知识产权执法、优化知识产权执法程序、改革知识产权综合行政执法、拓宽知识产权纠纷解决渠道等。第四，专利管理类政策。专利管理类政策是从政府层面引导、规范权利主体知识产权管理活动的公共政策，也是各类专利政策制定和执行的总纲领，包括提升专利权人的知识产权管理水平、知识产权贯标企业认证、项目和人员职称的管理等，其核心目标是提升政府部门和权利人对知识资产的管理水平。第五，专利服务类政策。通过宣传教育、搭建交流平台、建设创新园区和基地、营造良好的金融环境、培育专利服务机构等，为企业的研发创新保驾护航。

1.2.2　研发行为双元性划分

对企业具体的研发行为进行分析是研究企业专利质量影响前因及专利政策作用结果的重要环节。现有的研究大多仅考虑了组织的开发和探索两种行为，对于仅进行单一技术领域研发的组织可以这样分析，但是现实中的企业往往可能同时进行多个不同技术领域的研发[6]。因此，对于进行多技术领域研发的组织来说，这样简单的划分就不够精确。因为他们在不同的领域内采取的开发和探索行为可能是不同的，甚至他们所涉及的领域在每个时期也是不同的。尤其对于较大的集团公司来说，他们下属的不同子公司可能是在完全不同的技术领域进行研发工作。还有一些企业通过并购来获得不同技术领域的公司以完善自身的生产链。组织的多技术领域研发行为会影响组织的创新产出[6]。现有研究表明，进行多业务或多技术领域运营的企业的资源分配决策常常是由各种行为决定的[7]。进行跨领域运营的企业需要有足够的知识储备及足够优秀的资源调动和分配能力才能够产生高质量的创新。

因此，本书在探索和开发行为的基础上，增加研发领域深度和广度的分析，构建更为完善的研发行为框架，如图1-2所示。由图可知，组织在每一个时期都可以进行一个或多个技术领域的研发，并且在每一个时期内组织对每一个技术领域的研发深度不同。组织对他们所涉及的每一个技术领域的每一个技术项目可能采取不同的开发和探索行为的组合。当组织在某个项目中涉及的技术类别是先前研发过的就是开发式研发行为，当在项目中增加了没有尝试过的技术类别就是探索式研发行为。当组织第一次对一种新技术进行试验时，这是一种探索式研发行为，但随着组织持续对这种技术进行研究，则转化为开发式研发行为[8]。从时间序列上看，探索式研发行为有转化为开发式研发行为的可能，但是从时间节点上看，可以对探索式研发行为和开发式研发行为进行区分，并判断他们各自的程度。

图1-2中，一个组织在不同的时间段内可能会进行一个或多个领域的研发（例如，时间段1，进行A，B两个领域的研发，时间段2进行A，B，C三个领域的研发，时间段3进行A，C两个领域的研发）。在具体的每一个领域内又可能会进行一个或多个项目的研发（例如，时间段1的A领域内同时进行了三个项目的研发）。具体到每一个项目内，组织采用不同的开发和探索行为组合。本书所指的研发领域广度即组织在每一个时期所涉及的技术领域的个数。研发领域深度指的是在每一个时期针对每一个技术领域的研发程度。

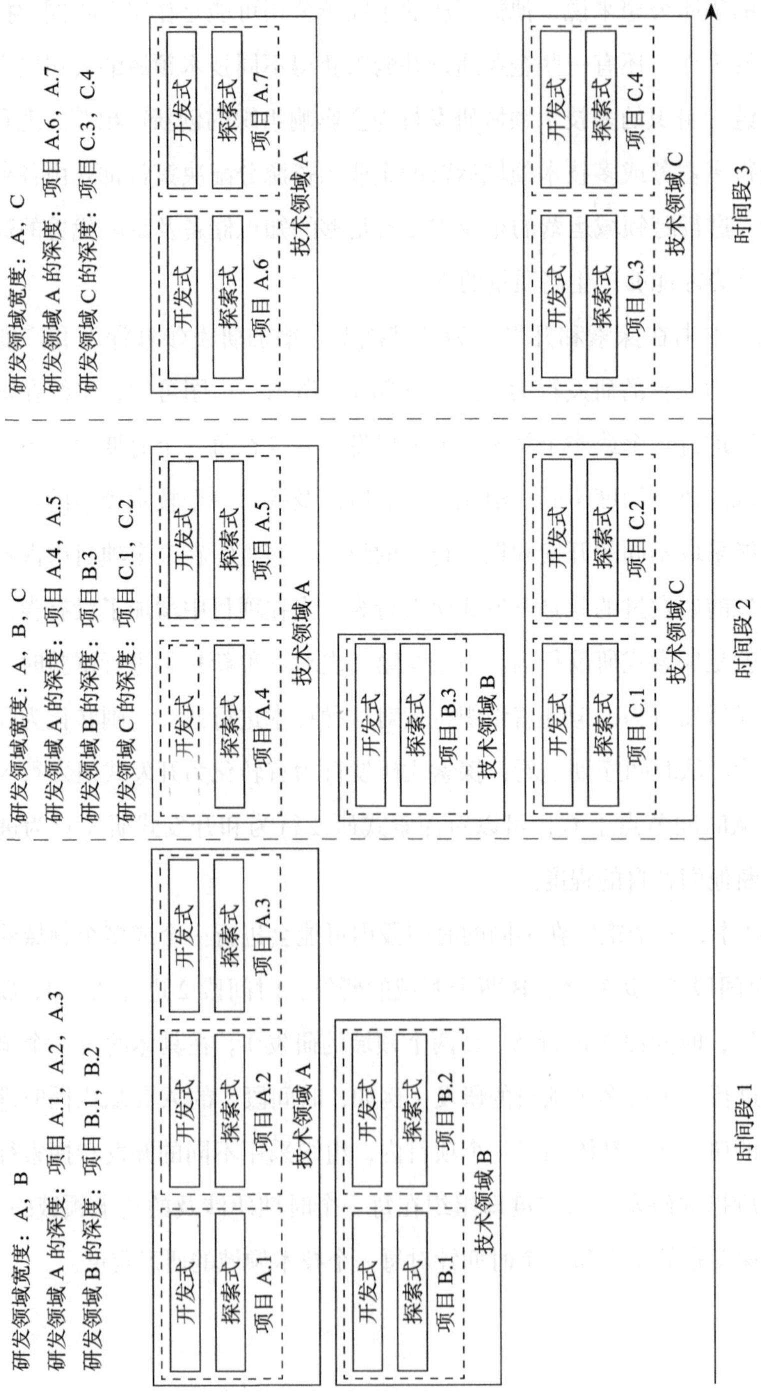

图 1-2 研发行为的研究框架

1.2.3 专利质量概念界定

关于专利质量的概念定义还未达成统一，不同研究者对于专利质量的定义产生分歧的原因是他们所观察的视角和采用的逻辑不同。从发明人视角看，关注点是技术的更新；从法务的视角看，关注点是法律状态的变迁；从企业的视角看，关注点是经济价值；从政府的视角看，关注点则是更为宏观的社会经济，注重的是专利技术本身的战略和福利需求。专利质量的研究最终是要为企业、发明者、政策制定者等评估创新程度及研发方向服务。要评价专利质量，首先要对其概念和边界范围进行合理定义，但现有研究通常会混淆专利质量和价值的概念[9]。这两个概念虽然具有相关性，但分属不同层面，存在边界的区分。专利质量通常由专利所包含的技术内容确定，主要取决于技术的先进程度和重要程度，在判断上具有一定的客观性[10]。专利价值通常体现为专利对价值主体的有用性，是由专利市场化过程来反映。由于每一个价值主体是以自身利益来衡量价值，因此专利价值判断具有一定的主观性。

在经济学意义上，有学者认为专利价值就是专利获取的额外租金，并将专利价值定义为专利预期可以给权利人或使用者带来的利益在真实市场下的表现，分为动态价值和静态价值[11]。动态价值是指专利在运营过程中给企业带来的盈利，即企业通过对专利的占有、使用、转让、许可、质押、投资、拍卖等方式获得的收益；静态价值是专利对企业发展战略的贡献，即专利对企业新产品开发、市场开拓、提升竞争力等战略规划的作用。随着企业对专利使用能力的提升，专利价值还衍生出了战略价值、广告价值、法律价值等内容。例如，企业通过广告对专利进行宣传来表明自身的技术实力，以吸引消费者和投资者；有的企业通过专利战略性布局形成专利围墙，作为竞争谈判和防止入侵的筹码；还有的企业通过专利获得侵权赔偿等。由此可见，专利价值的概念宽泛且具有主观性。在某个具体的技术领域中，一个专利对不同使用者呈现的技术内容是一样的，但是给不同使用者带来的经济价值却是不同的。对于有形的产品来说，质量决定了价值。对于无形的专利来说，专利质量是专利价值的前提，而专利价值是专利质量的实践。

此外，专利价值是有期限的。由于专利的保护是有期限的，超过保护期限或者未续费而导致权利终止的专利将成为社会福利，失去其经济效益。而对于专利质量来说，其不受保护期限的约束，一项具有奠基性的专利技术对于未来技术的影响是极其深远的，只要这项技术没有被新的技术代替，其影响将一直持续。例如，尼古拉特斯拉1887年申请的交流电机专利（专利号：US381968）影响至今，其专利质量不言而喻。但是由于这一专利技术早已超过保护期限，成为社会公共知识，已经不再具有经济价值，因此从市场的角度来说，它的专利价值已经不能体现。专利质量和专利价值的概念差异如图1-3所示。

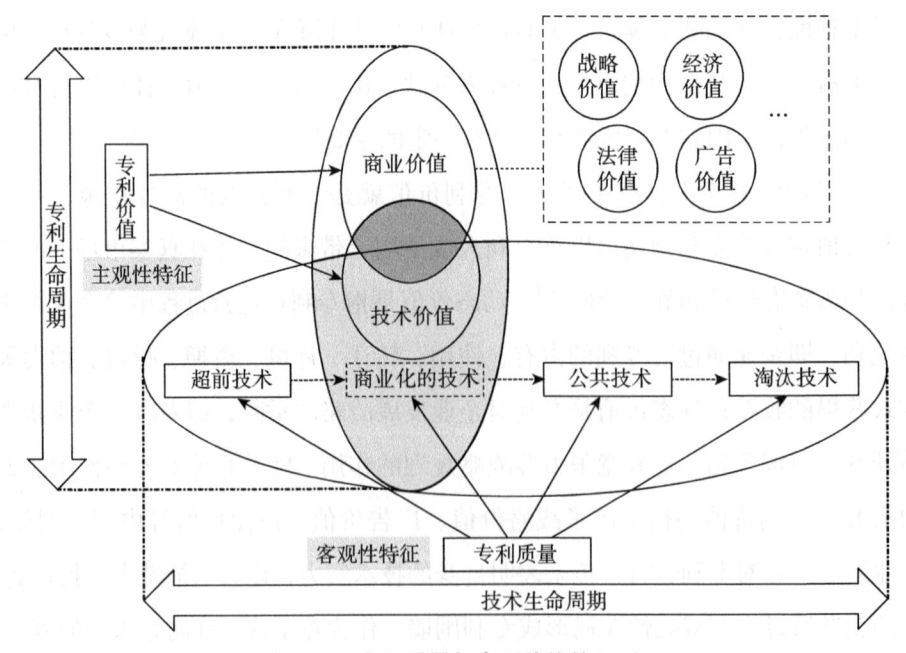

图1-3 专利质量与专利价值的区别

如图1-3所示，专利质量由技术体现。根据技术生命周期理论，一项技术会从刚产生的初期阶段进入市场化阶段，然后成为成熟的公共技术，最后被淘汰。对于专利来说，一项开创性的专利技术在早期可能由于技术过于超前，受当时的技术和生产水平限制而暂时无法投入商业化，从而使其技术价值和商业价值暂时无法体现，导致专利价值较低。当产业技术水平发展到可用这项技术的程度时，这项技术开始进入市场化的商业阶段。从这项技术逐渐成熟直至专利保护周期结束，其技术价值和商业价值都得到体现。当专利保护到期后成为社会福利中的公共可用的技术，其商业价值消失，但是其技术的影响直至其被淘汰后才会终止。

专利价值则与专利的经济效益相关，主要由技术价值和商业价值体现，这二者间存在一定的重合及差异，如图1-3深灰色区域所示。专利的技术价值通常在商业化阶段体现，某项技术由于自身的优越性，得到广泛认可和使用，该技术相关的专利通常能获得更高的许可或交易的价格。专利的商业价值除与专利技术在产品上的运用程度及产品的经济价值相关外，还包括与技术无关的其他价值，如广告价值、法律价值和战略价值等。因此，在商业化阶段，专利质量与专利价值具有重合的部分，如图1-3浅灰色重合部分所示。此外，专利价值还取决于专利是否具有独占权，因此专利价值的变动与专利生命周期有关，专利价值通常会随着专利生命周期年限的增加而递减，而专利质量并不会随着技术生命周期的延续而降低。

由此可见，专利质量与专利价值的定义、衡量和范围并不相同。由于本书研究的是技术层面的问题，因此是以专利质量作为研究对象。当确定专利质量的概念后就是如何测度专利质量的问题。从技术层面对专利质量进行衡量的方式主要有三种。一是基于新颖性的衡量[12-13]。这一观点是以一项技术是否突破了现有的技术路线来判断的。持这种观点的研究者认为，一项专利技术与先前的技术相关度越低其质量就越高。二是基于影响力的衡量[14]。这一观点是以一项专利技术是否影响了后续的技术发展，以及在多大程度上产生了影响来判断。常用的引文分析方法正是基于这一思想。三是综合评价[15]。这一观点是将新颖性和影响力同时作为专利质量的判别标准，认为高质量的专利应当同时具有新颖性和影响力的特征。本书在专利质量的测度上采取的是第三种观点，理由如下：第一，新颖性较高的专利并不一定质量高。新颖性高只能表示该专利与已有技术差别较大，但是并不一定能够成为突破原有技术路径、被延续使用的技术。第二，影响力只是专利技术被广泛采用的一种体现。影响力高的专利说明其是技术发展延续的重要一环，但是并不一定是该项技术的起源。第三，将新颖性和影响力相结合来判断专利质量既能体现该专利技术是不是技术路线的突破者，还能看出它对后续技术发展的影响程度。

1.3 相关研究现状与述评

1.3.1 专利政策的评价研究现状

现有关于专利政策强度评价的方式主要有四种：调查法、立法评分法、综合评分法、文本分析方法。

第一，调查法主要是在问卷调查的基础上进行打分。有的学者围绕不同国家的知识产权保护状况进行调查和评价，评价内容主要包括法律执行能力、行政管理效率、版权保护立法、专利保护立法、商标保护立法、商业秘密保护、动植物品种保护、参加知识产权国际公约情况，以及公众的知识产权保护意识[16-17]。还有的学者针对知识产权敏感的行业，如化工、制药、机械制造及电子设备等，通过问卷形式调查不同国家的管理人员及专利律师对不同国家的知识产权满意度，以此作为不同国家知识产权政策强度的评价标准[18]。

第二，立法评分法主要以一个国家的知识产权立法文本为基础进行评分。使用这种方法的学者大多通过人工阅读对不同国家的知识产权相关政策进行评价。主要的评价标准是围绕知识产权司法保护水平、执法力度、市场规范化程度、企业和个人保护意识等进行评价[19-20]。国际上最常用的 GP 指数也使用这种评价方法，GP 指标体系包含五个指标，分别是专利覆盖范围、国际公约成员国资格，专利权丧失的保护方式，执法机制及保护期限[21-22]。每个指标满分1分，每个指标下面又分为若干个二级指标，每个一级指标中所有二级指标的得分之和除以二级指标的个数即为该一级指标的得分，五个一级指标的累加和作为知识产权保护强度总得分，分数越高表示一国知识产权保护水平越高。

第三，综合评分法是将调查法和评分法结合使用。例如，有学者以世界知识产权组织（World Intellectual Property Organization，WIPO）和关贸总协定（General Agreement on Tariffs and Trade，GATT）的相关条约为基准，从专利保护期限、排除条款和范围条款三个方面进行问卷调查和人工评价，最后将三个部分的得分赋权加总，得到各国知识产权保护指数。其中，专利保护期限与排除条款根据各国专利法的具体规定予以评分；范围条款则以调查问卷方式进行评分[23]。还有学者从知识产权政策中的客体覆盖范围、国际公约的缔约方、执行程度和行政管理等维度进行衡量，通过人工打分与问卷调查相结合的方式评价各国的知识产权政策[24-25]。

第四，文本分析方法是对政策的具体文本内容进行评价。一些学者通过制定预先标准，进而以人工阅读政策的方式对政策进行评价。还有的学者运用大数据文本分析方法对政策文本进行较为客观的评价，例如，有学者通过提取专利政策文本中的关键词并对之进行分析来评价专利政策的导向和强度[5, 26]。还有的学者运用较为新兴的LDA文本分析方法实现大量政策文本的评估[27]。虽然还未有学者将LDA文本分析方法运用于专利政策，但这一方法的高效性、准确性和可行性已被许多学者验证[28-29]。

通过比较来看，调查法能较全面地将知识产权所涵盖的各个方面纳入知识产权保护衡量体系中，侧重执行效果。但是，这样的指标体系具有一定的主观性。立法评分法克服了调查法的主观性，通过评价知识产权保护相关的法律来评估一国的知识产权保护水平，便于国家之间的比较。但是，该方法最主要的问题在于不能更全面地反映一国的政策结构。综合评分法综合了调查法和立法评分法，试图更全面、客观地反映知识产权保护水平，但是在综合两种方法优点的同时也包含了两种方法的缺点。文本分析方法能够改善上述几种方法存在的主观性和全面性的问题，但是现有的相关研究大多使用的是人工阅读的方式。人工阅读的方式虽然能够对政策进行细致的评价，但是由于人工阅读耗时较大，难以对大量的政策文本进行分析，并且人工阅读存在的主观性问题也会导致最终的评价标准不一。LDA模型的出现为解决海量文本处理和降低主观性问题提供了帮助。但现有采用LDA模型进行政策评价的研究还未涉及专利政策领域，并且现有的LDA模型在主题数选取上还存在人工选取的主观性问题。由于本书所使用的专利政策文本数量较多，为了使研究结果更为客观，使用LDA模型进行文本处理，同时针对LDA模型中存在的主题数选取问题进行了改进，提出一种基于困惑度、隔离度、稳定度和一致性四个维度进行主题数判断的方法，从而提高了专利政策评估方法的客观性和准确性。

此外，现有研究大多以知识产权政策或制度作为研究对象。而知识产权政策的范围不仅包括专利，还涉及商标、植物新品种等与专利无关的内容。由于本书的研究对象是与技术相关的专利，并不涉及其他受知识产权保护的对象，为了减少分析中产生的误差，本书仅对专利相关的政策进行分析。虽然现有的评价方式在一定程度上可以对政策进行评价，但是这些评价方式都存在一定程度的主观性问题，大多只对政策的主题进行评价，没有具体到政策的内容，这使评价结果过于笼统和模糊。评价方法的缺陷也是导致许多学者在进行专利相关政策研究时，出现研究结果不一致的原因之一。本书针对现有研究的不足，将对专利政策内容进行更为科学细致的划分，以提高分析的准确性，同时，为了克服传统政策分析方法的缺陷，采用新兴的大数据文本分析方法进行研究，深入分析政策的具体内容，明晰专利政策的作用机理。

1.3.2　研发行为双元性研究现状

组织行为的双元性特征是源于马奇（March）在1991年提出的探索式和开发式两种学习模式。由于这一概念在理论与实践上的契合度非常高，自行为双元性的概念提出后，关于该领域的研究就呈爆发式增长。早期研究局限在较窄的概念内，即新知识的发展和现有知识的细化[30]。在后续的研究中，探索和开发的概念被许多学者拓展到组织学习、知识管理、技术创新等领域[31-32]。虽然学者们对于探索式和开发式行为对组织发展的必要性已经达成了一致，但是对于这两种行为的内在矛盾处理还未形成统一意见[33]。由于组织获取和开发新知识的能力是基于组织的现有知识基础[34]，因此，在分析探索式和开发式行为的时候如何将既有知识纳入考量范围，在学术界一直都有争议[35]。从开发式行为来看，一些学者认为，开发式行为涉及知识的发展[36-37]，而另一些学者认为，开发式行为只是对既有知识的利用[38]。对于探索式行为来说，由于知识的多维性，学术争论焦点在于如何定量测量探索式行为所需的知识量[35, 39]。

除了定义上的争论，关于探索和开发的具体研究还存在许多未解决的问题。第一个问题是"探索和开发二者可以共生吗，应该将它们视为行为连续体的相对两端还是作为离散选择"。有学者认为开发和探索可以作为两个独立的变量进行测量[36]。另一部分学者认为开发式和探索式行为与组织的效率相关，但灵活性程度不同，因此以单一变量的两端来概念化开发和探索[40]。第二个问题是"区分探索和开发的边界是什么"。一个特定的知识、技术或者市场，对于一个组织来说是新的，但可能对于另一个组织来说是熟悉的。因此，有的学者认为，探索和开发的边界就是组织的边界，利用组织内部的知识就是开发行为，搜索组织外部的知识就是探索行为[37]。还有一种观点是以技术边界作为区分的标准，这种观点认为，组织延续相同技术领域的研发就是开发行为，搜索或利用跨领域的知识就是探索行为[41]。第三个问题是探索和开发的平衡问题。许多学者认为，平衡探索与开发的能力（或称为"组织矛盾性"）对于企业发展至关重要[33]。然而，为了实现二元性，就存在对立的结构和过程的共存之间的矛盾[42]。为了回答这个问题，大部分学者从公司层面[43-44]、团队层面[37, 41, 45]进行了研究。而从项目层面来探究探索和开发行为的研究还很少[37]。研究的层面不同得出的研究结论也不同。

本书认为探索式和开发式行为作为企业创新的基础行为，并不是直接作用于公司层面的绩效问题。这两种行为是在项目层面进行的，因此它们的作用结果应当对应发明的质量。通过对现有研究的分析发现，关于企业行为双元的研究涉及组织学习和组织创新甚至是组织管理的内涵。现有研究虽然在定义上对这三者进行了区分，但是在实际测量上却存在相似之处，这是因为这些过程在实践中并不是完全独立的。对于企业来说，进行研发时往往同时涉及学习、创新和管理的交互过程，因此，本书将专利作为企业研发的项目来讨论探索和开发行为的相互作用机制。由于企业在研发时存在学习、管理和创新等各种行为的融合，因此本书将企业在项目层面的双元行为定义为研发双元行为。企业在进行研发双元行为时可能包含学习、创新和管理的过程，但是从行为的整体上来看，可以区分为探索式研发行为和开发式研发行为。

1.3.3 专利质量的测度研究现状

在对专利质量的影响机理进行研究时，除了确定其影响因素外，还要确定专利质量的测度方式。不同的学者根据其研究视角的不同，对专利质量测度方式也不同，这是导致不同学者研究结果出现差异的原因。现有关于专利质量的测度主要从技术、创新、科学计量、研发等不同视角，从发明、申请、商业化等不同的专利生命周期阶段，以及国家、地区、公司等不同层面采用不同的方式进行研究[46]。根据现有专利质量测度所使用的数据和评价角度，将专利质量测度方法分为两大类，即基于技术层面的专利质量测度方法和基于非技术层面的专利质量测度方法，具体划分如表1-1所示。

第 1 章 绪　论

表 1-1　专利质量测度方式划分

测度层面	测度方式
技术层面的专利质量测度	技术新颖性指标
	技术影响力指标
非技术层面的专利质量测度	法律指标
	市场指标
	财务指标

基于技术层面的专利质量测度方法是以专利的技术特征为依据，常用的测度指标有技术新颖性指标和技术影响力指标。非技术层面的专利质量测度指标则主要包括法律指标、市场指标和财务指标。下面将对各个指标的研究现状进行分析。

1.3.3.1　技术层面的专利质量测度

（1）技术新颖性指标。

运用技术新颖性指标作为专利质量测度标准的学者认为，一项高质量的专利所包含的技术内容与在先技术相比应当是具有区别的，这种区别程度通常称为"新颖性"，一般认为新颖性越高的专利，其质量越高[15]。关于如何衡量专利的新颖性程度，现有研究提出了以下几种指标：第一，技术领域指标（Technical Field Index）；第二，破坏性程度指标（Radicalness Index）；第三，后向引文指标（Backward Citation Index）。

其中，技术领域指标通常是将目标专利与其所引用的在先专利所属的技术领域进行比较，差异性越大则目标专利的新颖性程度越高[12]。破坏性指标的测度同样是比较目标专利与在先专利的技术领域，若出现全新的组合，则认为该专利的破坏性程度较高[47]。后向引文指标则是以目标专利（或专利族）引用的在先文档数量为判断标准，引用的在先文档数量越少，新颖性越高。

- 19 -

（2）技术影响力指标。

运用技术影响力指标作为专利质量测度标准的学者认为，一项高质量的专利应当是后续技术发展的基础，为后续的技术发展指明路线。在测度上通常用专利技术的影响力作为评价标准，影响力越大的专利质量越高[48-50]。现有关于专利影响力的测度主要有以下两种指标：第一，前向引文指标（Forward Citation Index）；第二，引用路径指标（Citation Path Index）。

其中前向引文指标是最为常见的用来测度专利技术影响力的指标。通常以目标专利（或专利族）被在后文档引用的次数来衡量[51-53]。引用路径指标是基于前向引文构建更为复杂的引用关系来测度专利的影响力[54]。

专利的新颖性和影响力是用来衡量专利在技术层面的质量的两个重要维度，由于这两个维度反映了专利的不同特性，且具有很大的差异，最近也有研究开始考虑将这两个维度综合起来测度专利质量[15]。综合测度的方式能够解决采取单一指标可能出现的两个问题：第一，仅以新颖性作为测度标准可能会夸大那些虽然较为新颖但是对后续技术发展并无作用的专利的质量；第二，仅以影响力作为测度标准可能会削弱那些具有独创性但暂未产生影响的专利的质量。因此，本书在后续的专利质量测度模型的构建上同时采用新颖性和影响力这两个维度。

1.3.3.2 非技术层面的专利质量测度

（1）基于法律状态的专利质量测度方法。

专利的法律状态包含了整个专利生命周期的重要信息，包括专利申请、授权、有效性、专利维护费、专利权人等[55]。这些专利法律信息是由专利权授予单位提供并更新。现有的基于专利法律信息进行专利质量测度的方式主要有，授权指标（Grant Index）、诉讼指标（Litigation Index）、优先权指标（Priority Index）、权利要求指标（Claim Index）、专利续费指标（Renewal Index）。

其中，授权指标和诉讼指标都是一种计数指标，授权指标是以授权的专利数进行统计，诉讼指标是以参与诉讼案件的专利数进行统计。与非授权专利相比，授权专利通过了一系列的评估和审查，因而具备更高的质量[56,57]。诉讼指标的根基则是源于昂贵的诉讼成本，经过诉讼程序的专利质量比非诉讼专利质量更高[10,58-59]。优先权指标是用专利申请的优先权数来测度，其思想是质量高的专利会在更多的地方主张优先权[56,60]。权利要求指标测量的是专利的权利要求数。权利要求是法律意义上的发明内容，并且其数量体现了专利的技术宽度，不少学者认为权利要求数越多专利质量越高[56,61-63]。专利续费指标是基于专利或专利族的续存时间来判定。专利权的维持费用是随时间增长的，因此，学者认为续费时间或次数较多的专利质量较高[64-66]。

（2）基于市场状态的专利质量测度方法。

基于市场状态的测度指标是以专利在企业市场选择和商业机会获取中发挥的作用来衡量专利的质量。如果符合专利的法律地位和技术前景，专利的外部特性可以用来反映专利的潜在质量。虽然专利的市场价值与专利质量并不能完全等价，但是有很多学者认为二者之间具有很强的相关关系，通常高质量的专利才具有较高的市场价值。一项专利的价值在很大程度上取决于受保护的技术在其所在的市场的重要性[67]。所有"市场状况"指数都与专利的价值有关，专利的价值通常不仅是为了保护发明，而且是为了从商业化计划中获得收益。主要的市场状态指标有：市场覆盖率指标（Market Coverage Index）、政府偏好指标（Government Interest Index）、许可指标（Licensing Index）、市场份额指标（Market Share Index）以及赫芬达尔指标（Herfindahl-Hirschman Index）。

市场覆盖率指标是通过测量专利的市场保护范围来衡量专利质量。该指标的理论基础是，由于专利制度的存在，专利会在本国和国际市场上受到保护，而在多个国家维持专利权需要高额的费用，因此权利人倾向于对高质量的专利缴纳年费以维持其效力[67-69]。政府偏好指标涉及政府在财政上对专利权人的支持[53]。通常情况下，政府会对资助的项目进行评估，对于高质量的成果或者具有高质量预期的技术会给予资助。许可指标通过测量专利的许可数量衡量专利质量。企业可以通过专利许可获取经济利益，市场价值越大或技术含量越高的专利越有可能被授予许可[70-71]。市场份额指标衡量的是权利人与竞争对手相比其专利技术在市场中所占的份额，份额越大专利质量越高[58, 64, 72-73]。赫芬达尔指标通常用来衡量市场集中度，该指标通过测量专利跨技术类别的集中度衡量公司技术能力的聚焦度，并认为较为集中的研发会产生质量更高的专利[74]。

（3）基于财务指标的专利质量测度方法。

财务指标是以专利在产品开发、生产和研发投资等方面对公司获利的贡献评估专利的质量，主要的测量指标有专利收入指标（Revenues From Patent）、经济相关性指标（Economic Relevance）、专利投资回报率指标（Patent ROI）、投资回收期指标（Payback Period）和估计经济相关性指标（Estimated Economic Relevance）。

专利收入、经济相关性和专利投资回报率这三个指标都是用专利产生的经济回报能力来衡量专利质量[58, 73, 75]。投资回收期和估计经济相关性这两个指标利用从现金流中获得的信息评价专利质量。投资回收期指标通过专利产生的现金流计算投资回收所需的年数，年数越少专利质量越高[76]。估计经济相关性计算的是专利的净现值，净现值越高专利质量越高[70, 77-78]。

现有的专利质量测度方法均是由学者们根据自身的研究问题和研究层面构建的。虽然这些方法已经被验证能够在一定程度上反映专利的质量，但是大多是借助专利的内部非技术性特征（如分类号、权利要求数、权属范围、引文等）及外部特征（如企业投资、市场回报率等）来体现专利质量的优劣。这些衡量方法事实上都是间接的评价方式，受非技术性数据的可得性及主观性的影响较大，常常会有评价精度较低或者时效性不足的缺陷。例如，引文关系需要较长的年限才能获取数据，专利技术市场回报率在实际中难以获得和准确测算等。现有的专利质量测度方法还存在的一个缺陷是混淆质量和价值。虽然这二者间具有很强的关联性，但是依然存在一定的差异。专利价值更多地体现在专利技术的市场化及回报率上，专利质量则体现在对技术更迭和替换的贡献程度上。具有高市场价值的专利一般具有较高的技术质量，但是反之并不一定成立。由于技术发展需要一定的周期，往往会有一些领先市场的技术并不能较快地获取商业回报，如果将市场价值与技术质量等价，将会低估许多具有市场前景的开拓性专利技术。

现有从技术层面对专利质量进行测度的方法主要有技术领域组合测度方法、专利类型区分方法、引文分析方法、引文模型方法和文本分析方法。第一，技术领域组合测度方法。该方法是以专利是否出现新的技术领域，或者专利的技术领域组合是不是新的来对专利质量进行判断，通常是对专利新颖性的判断。这种方法的缺陷在于评价方式过于笼统，仅适合破坏性程度较大的小部分专利，对于绝大多数专利难以区分专利质量差异。本书提出的专利质量测度方法在文本分析的基础上加入了技术领域变化的影响，相较于单纯使用技术领域变化来衡量专利质量具有更高的准确性和适用性。第二，专利类型区分方法。由于我国发明专利的授权需要经过实质审查程序，因此学术界通常认为发明专利的质量优于实用新型专利。现有的许多研究也使用这一专利类型差异作为专利质量优劣的评价指标。这一指标在评价上使用的是二分变量，并不能很好地区分同类型专利的质量差异，因此并不适合用于精度较高的专利质量影响研究。第三，引文分析方法。引文分析方法由于数据较易获取且具有一定的理论和实践支撑，已经成为一种较为通用的测度方法，但是仍存在许多不足。一是引文不是专利技术内容的直接体现，它并不能直接与专利技术等价。二是专利引文是由专利撰写人、审查员或第三方机构根据技术相关性的判断人为添加的一种引用信息，这种添加方式具有标准不统一及主观性强的缺陷。第四，引文模型方法。这一方法是在引文分析方法的基础上通过专利的引用关系构建更加科学的测度模型衡量专利质量。虽然这一方法在原理上提高了引文分析方法在测度上的科学性和准确性，但是受引文数据的局限，该方法存在与引文分析方法一样的问题。第五，文本分析方法。该方法是在大数据分析方法得以实现的情境下诞生的。由于该分析方法还处在起步研究阶段，现有的分析模型较为简单，如仅以文本相似度评价专利质量，这导致现有的文本分析方法在进行专利质量的测度时缺乏一定的科学性和准确性。

本书提出的专利质量测度方法首先以文本分析方法为基础；其次，该方法借鉴了引文分析方法中的技术相关性原理和引文路径关系，提出了"合成引文"模型，并结合技术领域组合测度方法中关于技术扩散的理论，构建了一个从新颖性和影响力两个维度对专利质量进行测度的模型。相较于传统的引文分析方法，文本分析能够直接针对专利的技术内容进行分析，不会受引用不全、引用主观性和引用时间跨度长的问题影响。因此，从技术内容层面的专利质量测度来说，文本提出的方法对专利质量测度的针对性和准确性更高。

1.3.4 专利政策对专利质量的影响研究现状

专利政策与专利制度密切相关，其本身具有特殊性和系统性[5]。关于专利政策的影响，现有研究主要分析了政策中的激励、保护和其他因素。

第一，专利政策激励影响。从这一视角进行研究的学者对于政策激励的效果持有不同的意见。杰夫（Jaffe）等在研究美国专利政策变化对联邦资助实验室产出的专利的影响后，对政策激励作出了正面评价。他们发现，在专利质量保持不变的前提下，政策对R&D投入的补助使专利产出效率提升[79-80]。有学者研究发现，政府的资助对企业的R&D投入和专利产出均产生积极效应。除了政策激励的正面效应，也有学者发现其负面影响[81]。一些学者认为，政府资助虽然提高了科研人员的收入，但是对于科研活动本身的影响不大[82]。还有学者基于中国国情研究发现，专利相关政策中的申请补贴、财政激励、税收优惠等措施并没有达到预期的效果[83]，而各省级行政单位在国家层面的导向下出台的各类鼓励政策，主要是刺激企业申请实用新型专利和外观专利[84]。

第二，专利保护强度影响。学者们对于专利保护与专利的关系持有不同观点。持正面观点的学者大多认为，专利保护强度的提升能够降低企业技术被侵犯和模仿的风险[20]，企业的研发风险降低，便会增加研发投入，进而使专利产出提升[20, 85]。但是贝森（Bessen）等出版的《专利失败：法官、官僚和律师如何将创新者置于风险之中》（*Patent Failure: How Judges, Bureaucrats, and Lawyers Put Innovators at Risk*）一书提出了"专利失效"（Patent Failure）这一概念。在过去几年中，有许多商业领袖、政策制定者和发明家都抱怨美国国会的现行专利制度扼杀了创新而不是培育创新[86]。有学者认为虽然专利制度为投资、研发和商业化提供了保护，但对于大多数企业来说，专利未能提供可预见的回报；相反，专利权产生了昂贵的纠纷和过度的诉讼，远远超过专利带来的价值。只有在某些行业，如医药行业，将专利作为广告，其收益才大于成本[86]。同时，专利制度向专利拥有者倾斜的特征反而会阻碍创新[87]。还有学者认为，专利保护强度可能跟产业相关，其对于专利密集型产业和非专利密集型产业的影响作用不同，且与经济发展水平密切相关[88]。

第三，专利政策产生影响的其他影响因素。由于专利政策内容宽泛，还有学者从专利政策的其他方面来研究其影响。有学者基于政府治理视角研究公共环境因素的影响，认为影响专利产出的公共环境除了法治环境和知识产权保护外，还有行政效率及政府廉洁度[89]。还有的学者从整体客观环境进行研究，认为与创新产出相关的环境因素包括资本、人才、政策和物资、经济发展水平、基础设施建设、产学研合作程度、劳动者素质、政府支持力度、产业结构特征、金融支持力度、外商投资水平、市场化水平等[89-90]。

本书根据文献整理出专利政策的主要影响因素和学者们考虑的维度，见表1-2。

表1-2 专利政策产生影响的主要因素

不同学者定义的影响因素名称及其含义	变量维度
保护程度（司法保护）	①保护范围；②国际条约成员资格；③保护的丧失；④执行机制；⑤保护期限

续表

不同学者定义的 影响因素名称及其含义	变量维度
保护程度（司法保护、执法力度）	①社会法治化程度；②法律体系的完备程度；③经济发展水平；④国际社会的监督制衡机制
保护程度（司法保护、执法力度）	①司法保护水平；②行政保护水平；③经济发展水平；④社会公众意识；⑤国际监督
保护程度（司法保护、执法力度）	①社会法治化程度；②政府的执法态度；③相关服务机构配备；④社会知识产权保护意识
①保护程度（司法保护、执法力度）；②经济水平	①经济发展水平；②法治水平；③执法水平
①保护程度（司法保护、执法力度）；②经济环境	①社会法治化程度；②行政保护水平；③社会公众的知识产权保护意识；④参加国际条约的情况
保护程度（司法保护、执法力度、执法效果）	①政府重视程度；②专利侵权案件受理情况；③侵权案例胜诉率；④知识产权保护效果
创造奖励	专利奖励制度
公共环境因素	①法治建设；②产权保护；③行政效率；④企业运营开支
创新生态环境	①创新投入情况；②创新活动的动态变化
创新生态环境	①创新投入；②产学研合作程度；③产业结构特征；④外商投资水平；⑤劳动者素质

1.3.5 研发行为双元性对专利质量的影响研究现状

已有关于研发行为双元性的影响研究大多是以企业的创新绩效或创新产出作为分析对象，鲜有关于其对专利质量影响机理的深入研究。虽然专利质量与创新绩效或创新产出存在一定的联系，但并不能完全等价。

目前关于研发行为双元性影响研究的焦点和争议主要在于研发行为如何平衡更有利于创新绩效或创新产出的提升。对此，学者们持有不同的观点。有些学者将探索式行为和开发式行为看作两个相互矛盾的行为，并且认为这两个行为在时间和空间上不能同时出现，他们认为对于一个组织来说这两个行为的平衡应该是交替进行[42]。另一部分研究则认为开发式和探索式这两种行为是可以并存的，但是由于组织的资源有限，这两种行为存在竞争张力，二者间的平衡维持了探索式和开发式行为同时存在，开发式行为可以维持企业的生命力，探索式行为拓展企业的战略视野[36,91]。

关于探索和开发平衡的问题研究的是二者间平衡的程度。研究普遍认为，组织的生存需要平衡，但是开发式行为和探索式行为的最佳组合难以确定[92]。有的学者认为，开发式行为应该在保证充分的前提下维持在最低限度，以便让所有的剩余资源投入探索式行为[30,93]。相反，另一些学者认为应该将探索式行为维持在较低水平，让更多的资源投入开发式行为。与上述两种具有资源偏向（Resource-Allocation Positions）的结论不同，还有一些学者认为组织应当保持相等的比例进行这两种行为[36,94]。也有学者则认为，开发式和探索式行为的组合取决于组织的目标、主导逻辑、产业地位，以及环境的变化等[33,95]。

有学者将注意力从平衡的概念转移到平衡的过程，关注组织为实现平衡而采取的行动，而不管开发和探索的实际比例如何[96-97]。为了应对固有的路径依赖性和惯性压力，需要对探索式行为或开发式行为进行持续投资，以保持一段时间内探索与开发之间的平衡[34,98]。平衡的概念并不一定是协调冲突的活动，而是要通过结构、时间或领域将探索式与开发式行为区分开来[42,92]。为了回答如何平衡开发式和探索式行为，以及平衡的程度是什么这两个问题，在现有的理论基础上，本书构建一种新的探索式和开发式行为的测量方法，并进一步探讨开发式和探索式行为的平衡性对企业专利质量的影响。

此外，研发行为在影响最终的创新产出前，还会受到一些前因影响。前因主要包括环境前因、组织前因和管理前因。其中，环境前因分为环境动态性、外来冲击、竞争强度及制度因素。环境动态性是指组织所在的环境的改变，如用户偏好、技术及市场需求的变化，环境的变化通常会导致现有的产品或服务过时[99-100]。开发式行为更适用于稳定的环境，而在变动的环境中需要组织进行更多的探索式行为来寻找新机会甚至放弃已有的稳定发展路径。外来冲击相较于环境动态性的区别是，环境动态性是渐进式的改变，且可在一定程度上进行预测，而外来冲击具有更大强度的瞬时性及不可预测性，且超越组织所能控制的范围，通常由不可预见的事件导致，如放松管制、突发事件或突破性技术的产生[101]。外来冲击的出现，通常使组织不得不放弃已拥有的技术或知识[102]。在外来冲击下，会促使一些组织继续使用开发式行为来收回过去的投资成本（如柯达胶卷应对数码相机的冲击），也会促使一些组织致力于探索式行为，以探索未来可能的新领域。竞争强度是指组织间在争夺有限的资源时彼此之间可能保持零和关系的程度。竞争强度会随着竞争者的数量增多而上升，并导致价格降低、利润收紧和组织冗余（Organizational Slack，组织冗余是企业的一种现实的或潜在的资源缓冲器，它使企业能够为了适应内部调整或外部变化而进行成功的调整，以及为了适应外部环境而进行战略变化）。在这种情况下，对既有产品、服务和流程的持续改进并不足以使组织应对竞争。日益加剧的竞争压力要求组织进行探索，以推动变革并培育新的竞争优势[30, 103]。

1.3.6 专利政策、研发行为对专利质量的影响研究现状

自专利制度在世界范围内开始流行，美国、欧洲和日本等国家就开始出现专利激增的问题[104]，数量庞大的专利引起了学者们对专利制度的质疑。我国自20世纪80年代中期起，专利申请量呈指数增长，2011年起位居全球申请量第一。我国授权专利以实用新型和外观专利居多，发明专利占比较低且实际转化率不高[105]，导致我国专利质量受到社会各界的关注和研究。

关于影响专利质量的因素，不同学者有不同的看法。第一，从政策激励视角进行研究的学者认为，专利补贴是影响专利质量的重要因素[84, 106-107]。第二，从专利审查视角进行研究的学者认为，专利审查情况是影响专利质量的重要原因。一方面，有学者认为专利申请的巨幅增长给专利审查工作带来了巨大压力，导致大量的专利申请积压[108]。由于创新与技术发展进程和研发时机

相关，专利审查的积压导致审查时滞，阻碍了创新发展[109]。另一方面，专利审查的严格程度也影响了专利质量。虽然专利审查是依照专利法的可授权条件进行，但是由于审查员的水平不同及政策的引导，审查的严格程度出现变化。通常情况下，严格的审查有利于提升专利质量[110]。第三，从专利创造主体的角度分析。企业作为专利创造者，其特征必然会影响专利质量。现有研究大多是分析企业相关特征对创新绩效或产出的影响，缺少直接针对企业专利质量影响机理的研究[30]。通常认为，产生影响的特征主要有企业规模[39, 111]、R&D 投入[112]、研发行为[113-114]、知识基础等[115-116]。

从上述研究可以看出，影响专利数量或质量的因素可以分为内部因素和外部因素两大类。内部因素主要是关于专利所属企业的特征或行为。作为专利的创造者，企业的研发投入、行业特征和研发行为是影响专利质量的直接因素。外部因素则包括政策激励、保护程度及专利审查等内容。现有研究出现不同结论的原因是研究的对象不同。专利政策具有地域性和时间性，不同的国家在不同的时间段因政策内容的差异，其研究结果也不同。现有研究对于专利政策的研究过于局限，大多只涉及激励和保护的内容。我国专利政策的内容丰富，除专利激励和保护外，还有专利运用、服务及管理等相关内容，而关于这部分政策内容的影响还未有实证研究涉及。关于企业行为或特征的影响研究也大多是以专利产出或创新绩效作为对象，缺乏对专利质量的直接研究，并且现有研究还缺失了专利政策对研发行为的影响这一环节。从文献梳理中还发现，现有研究中关于专利激增现象的研究较多，而对于专利质量影响的研究较少。部分涉及对专利质量影响的研究仅以发明专利的数量作为表征，并未实质涉及专利质量的具体内涵。因此，本书在现有研究的基础上，针对中国情境下的企业专利质量问题，全面考虑专利政策的各方面内容，研究"专利政策—研发行为—企业专利质量"这一路径的影响机理。

1.3.7 研究述评

通过对专利政策、研发行为和专利质量的相关研究进行梳理后发现，现有研究存在以下不足。首先，现有研究在专利质量的概念和使用上存在与专利价值混淆的情况。在专利质量的测度上，学者们虽然基于不同的研究视角提出不同的方法，但是这些方法都存在测量精度较低、测量范围有限、时效性较差等问题。其次，关于专利质量的影响因素研究，虽然已有学者发现专利政策对其会产生影响，但是大多数研究仅从专利政策的保护和补贴这两个方面进行分析，关于专利政策其他方面内容的影响研究还较少涉及。并且，大多数涉及研发行为与专利质量的研究将专利数量作为企业创新产出或绩效的表征，较少涉及研发行为对企业专利质量的影响机理。此外，现有关于研发行为的研究还停留在简单的双元行为划分上，缺乏对研发行为进行更细致的分析和测度。最后，现有研究大多局限在专利政策对专利质量的直接影响上，未有研究涉及研发行为在专利政策和企业专利质量之间的桥梁作用。并且，在政策的维度划分和强度评估上存在维度划分单一、评价主观性过强的缺陷。

基于现有研究存在的问题，本书将通过构建更为精确的专利质量测度模型，解决现有测度方式的局限。同时，基于专利政策的内容对专利政策进行合理的维度划分，以便全方位地对专利政策的作用和影响进行分析。通过构建"专利政策—研发行为—企业专利质量"的分析路径具体分析三者之间的关系，更为清晰和准确地揭示专利政策的作用机理，找出专利质量的提升方式。

1.4 研究内容、研究方法和技术路线

本书的主要内容如图 1-4 所示。

首先，对研究背景和现有研究进行分析，提出本书的研究内容和研究意义。其次，对相关理论和方法进行梳理，基于 SCP-SOR 理论提出"专利政

策—研发行为—企业专利质量"的分析路径，奠定全文的逻辑框架。再次，基于文本分析、LDA 模型等方法，对专利政策、研发行为和企业专利质量进行测度研究，为后续的实证分析提供基础。接着，运用惩戒回归、OLS 回归等方法对专利政策、研发行为与企业专利质量之间的影响机理进行假设分析和实证检验。最后，对全文的研究进行归纳总结并提出对策建议和研究展望。

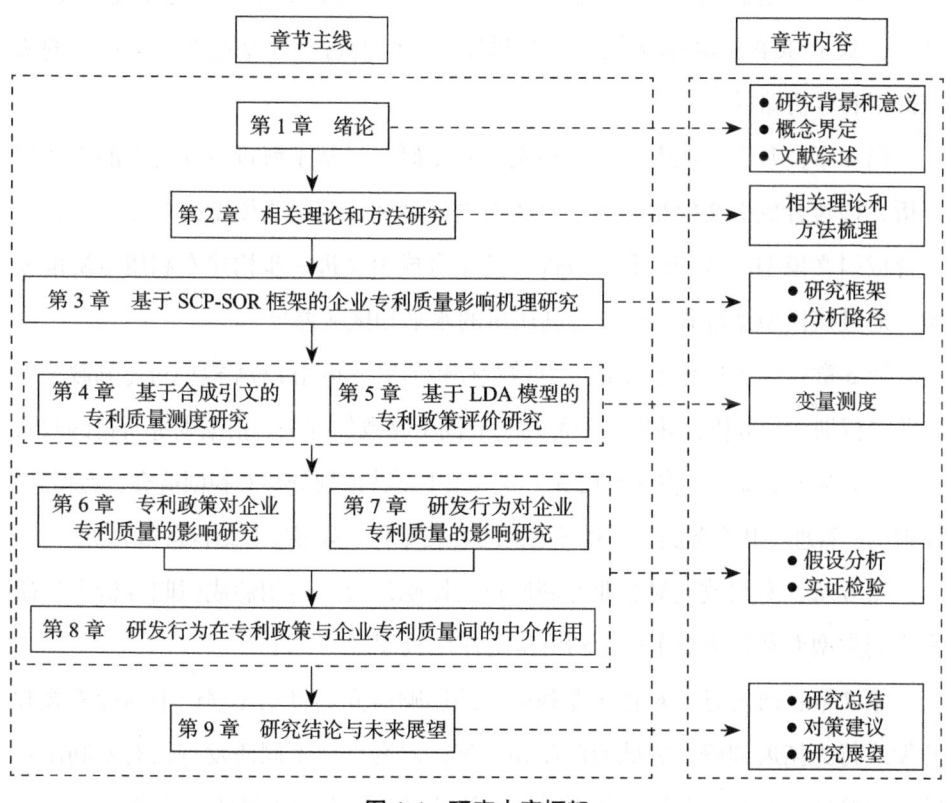

图 1-4 研究内容框架

本书具体章节安排如下：

第 1 章：绪论。首先，对研究背景和意义进行分析并提出研究问题。其次，对专利政策、研发行为和专利质量的概念进行梳理，提出本书对这三个变量的定义和研究框架。最后，对现有的相关研究现状进行综述，找出现有研究的不足，为后续研究奠定基础。

第2章：相关理论和方法研究。对研究中涉及的相关理论和研究方法进行梳理，为本书奠定理论和方法基础。

第3章：基于SCP-SOR框架的企业专利质量影响机理研究。首先，分析企业专利质量问题的负面影响和产生的原因。其次，分析企业的专利申请动机和对专利质量的影响结果。接着，分析专利政策的必要性及作用方式和效果。最后，基于SCP-SOR框架提出"专利政策—研发行为—企业专利质量"的机理框架和分析路径。

第4章：基于合成引文的专利质量测度研究。基于海量专利文本的大数据分析，构建合成引文模型。通过合成引文模型和传统引文模型的对比分析，验证合成引文模型的合理性和有效性。基于合成引文进一步构建专利质量测度模型，通过该模型衡量我国企业专利质量的水平和区域差异。

第5章：基于LDA模型的专利政策评价研究。运用LDA模型对专利政策的主题进行训练和分析，并提出一种判断最优主题数的方法。根据训练所得的政策文本特征及主题特征，将各个政策文本依照主题特征划分到专利创造类、运用类、保护类、管理类和服务类，并对各地区的五类专利政策强度和结构进行分析。

第6章：专利政策对企业专利质量的影响研究。运用惩戒回归分析方法研究不同类型专利政策对企业专利质量的作用机理。

第7章：研发行为对企业专利质量的影响研究。将双元理论中的探索式和开发式行为拓展到研发领域的深度和广度，研究企业不同研发行为对专利质量的影响机理，并对研发行为在不同技术领域对企业专利质量的影响进行分析。

第8章：研发行为在专利政策与企业专利质量间的中介作用。运用惩戒回归分析方法研究不同类型专利政策对研发行为的作用机理，并验证研发行为在专利政策与企业专利质量之间的中介作用。

第9章：研究结论与未来展望。对本书的结论进行概括和总结，提出对策建议。并对本书的局限和不足进行总结和展望。

本书采用的研究方法如下。

第一，文献分析法。通过广泛收集、查阅并整理国内外有关专利政策、研发行为及专利质量的文献，梳理相关理论脉络和研究进展，寻找现有研究的空白及缺陷。

第二，大数据文本分析及模型构建方法。运用文本分析中的文本相似度构建专利文本的合成引文，基于新颖性和影响力这两个维度构建专利质量测度模型。运用 LDA 主题模型对专利政策进行维度划分和强度评估。

第三，实证分析。运用 OLS 回归分析研发行为对企业专利质量的影响。采用惩戒回归与 OLS 回归相结合的方法分析和检验专利政策对研发行为及企业专利质量的影响，并验证研发行为的中介作用。

第四，定性与定量相结合的机理分析。结合实证分析结果，构建专利政策的作用框架，分析不同类型专利政策的作用方式及作用效果，并提出对策建议。

根据以上研究内容及章节安排，本书技术路线如图 1-5 所示。

由图 1-5 可知，本书具体的研究路线如下：

第一，研究背景。根据本书的研究目的和内容对文献进行检索、整理和分析，找出现有研究的不足和局限。通过对相关理论和研究方法进行梳理，确定本书的理论基础和研究方法。

第二，研究框架。将相关理论运用到本书的分析场景中，运用定性分析和归纳演绎相结合的方法提出全文的分析框架和分析路径。

第三，变量测度。对研究涉及的主要变量进行测度研究，具体包括测度方法的提出、数据收集、定量计算和结果分析。

第四，实证研究。基于本书提出的分析路径对相关变量的关系进行实证分析和检验，具体包括基于理论分析提出变量间的关系假设、运用不同的回归方法对各假设进行验证、总结变量间的机理关系。

第五，研究结论。对全文研究内容进行总结，提出对策建议，分析研究存在的不足，并对未来研究进行展望。

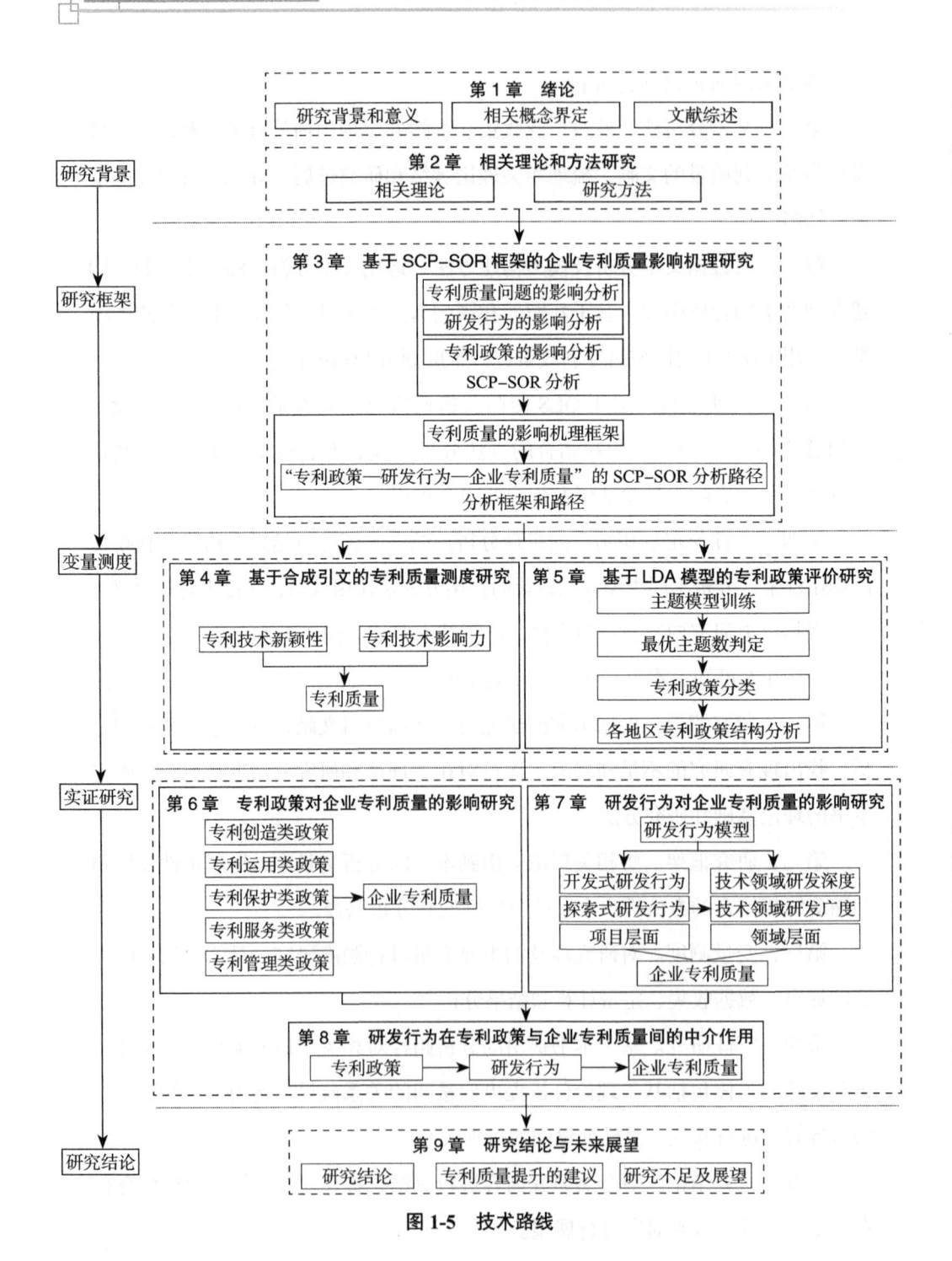

第1章 绪论
- 研究背景和意义
- 相关概念界定
- 文献综述

第2章 相关理论和方法研究
- 相关理论
- 研究方法

第3章 基于SCP-SOR框架的企业专利质量影响机理研究
- 专利质量问题的影响分析
- 研发行为的影响分析
- 专利政策的影响分析
- SCP-SOR分析

- 专利质量的影响机理框架
- "专利政策—研发行为—企业专利质量"的SCP-SOR分析路径
- 分析框架和路径

第4章 基于合成引文的专利质量测度研究
- 专利技术新颖性
- 专利技术影响力
- 专利质量

第5章 基于LDA模型的专利政策评价研究
- 主题模型训练
- 最优主题数判定
- 专利政策分类
- 各地区专利政策结构分析

第6章 专利政策对企业专利质量的影响研究
- 专利创造类政策
- 专利运用类政策
- 专利保护类政策
- 专利服务类政策
- 专利管理类政策
- 企业专利质量

第7章 研发行为对企业专利质量的影响研究
- 研发行为模型
- 开发式研发行为
- 探索式研发行为
- 技术领域研发深度
- 技术领域研发广度
- 项目层面
- 领域层面
- 企业专利质量

第8章 研发行为在专利政策与企业专利质量间的中介作用
专利政策 → 研发行为 → 企业专利质量

第9章 研究结论与未来展望
- 研究结论
- 专利质量提升的建议
- 研究不足及展望

图1-5 技术路线

左侧流程：研究背景 → 研究框架 → 变量测度 → 实证研究 → 研究结论

1.5 创新点

第一，拓展 SCP 和 SOR 理论框架的运用场景，提出 SCP-SOR 相结合的分析框架。

现有研究未将 SCP 和 SOR 理论框架运用于知识产权相关的研究领域。本书基于 SCP 框架中的"结构—行为—绩效"理论，构建了"专利政策—研发行为—企业专利质量"的分析路径，并通过 SOR 框架中的"刺激—机体—反应"理论解释了宏观的专利政策是如何作用于微观企业研发行为并产生影响的。

第二，丰富专利质量的影响机理研究，解释专利政策和研发行为的作用机理。

拓展并验证了专利政策的五个维度、研发行为的双元性和企业专利质量三者间的作用机理，弥补企业专利质量影响机理研究中理论和实证的不足。现有关于企业专利质量影响机理的研究大多局限在政策补贴和专利保护两方面，少有研究从专利政策的其他维度及研发行为的中介作用这一更加全面的视角分析企业专利质量的影响机理和提升方式。本书解决了专利政策作用效果研究中的中间行为缺失问题，分别从专利政策的创造、运用、保护、管理和服务五个维度分析其对研发行为和企业专利质量的作用，全面揭示企业专利质量的影响机理。

第三，提出"合成引文"概念，构建更加准确合理的专利质量测度模型。

现有关于专利质量影响的研究大多是研究专利政策对专利数量的影响，或是将专利质量以发明专利和实用新型专利进行笼统的区分，并未涉及专利质量的内涵。这主要归因于现有专利质量测度方法存在一定缺陷，最为常用的引文分析方法通常出现引用不全、数据缺失、引用周期过长等问题。如果以引文作为专利质量的判断标准，大部分专利会因为没有被引用而导致无法判别。本书采用大数据文本分析方法，基于文本相似度特征，首次提出"合成引文"的概念。通过构建新颖性和影响力的评价模型对专利质量进行更为精准的度量，以弥补现有测度方法的缺陷。

第四，改进LDA模型中主题选取方式的不足，提出专利政策强度评估方法。

政策强度通常使用政策数量衡量或者主观评价的方式，这些方式过于简单且标准难以统一。本书基于LDA模型对政策文本进行主题分析，根据不同主题的概率划分专利政策类型并计算各类政策强度，克服了传统评价方法主观性强、标准不统一的问题，提高了政策强度评估的准确性。此外，通过机器学习的方式降低人工阅读的时间，使海量文本处理得以实现，提高了政策文本分析的效率。本书在困惑度指数的基础上，结合隔离度、稳定度及本书构建的重合度指数，提出一种LDA模型最优主题数判定方法，克服了传统人工判定或仅依靠困惑度判断的缺陷，有助于更加科学合理地分析专利政策的作用机理。

第 2 章 相关理论和方法研究

2.1 专利政策相关理论

2.1.1 创新系统

1987年，英国学者弗里曼（Freeman）提出的国家创新系统（National Innovation Systems，NIS）理论[117]，与伦德瓦尔（Lundvall）[118]、尼尔森（Nelson）[119]、埃德奎斯特（Edquist）[120]等人的研究，以及经济合作与发展组织（OECD）的研究成果[121]奠定了创新系统的理论基础，创新系统研究开始成为政府、学者、企业家及国际组织的热点话题。

国家创新系统（NIS）研究以弗里曼、伦德瓦尔和尼尔森为代表。弗里曼在研究日本公司的研发和生产组织、公司关系、政府和通商产业省的角色后提出国家创新系统的概念，认为国家创新系统是公共部门和私人部门中的各种组织组成的网络，这些组织的活动影响新技术的发展[117]。尼尔森的研究聚焦于美国的知识生产和创新，分析了系统中公司、政府的关系，认为制度和政策是支撑企业进行技术创新、提升国家创新能力的重要因素[119]。伦德瓦尔提出了用户和生产者之间的交互学习理论，构建了国家创新系统的微观基础[118]。OECD将国家创新系统定义为公共部门和私营部门组成的网络，这些组织的活动和相互作用决定系统内技术发展和知识扩散的能力，影响国家的创新表现[121]。

一般认为，国家创新系统是由政府及产学研等创新主体相互作用构成的知识、技术和产品的创造、储备和扩散的创新网络系统。国家创新系统为分析国家创新政策绩效、国家创新能力等研究提供了理论框架，如图 2-1 所示。政府通过构建有效的资源环境、文化环境、金融环境、基础设施环境、政策环境、技术环境和市场环境营造良好的创新环境。在政府营造的创新环境下，由科研机构为企业提供技术支持，院校为企业供给人才，中介机构为企业提供服务和沟通桥梁，最终促进企业的创新产出[122]。

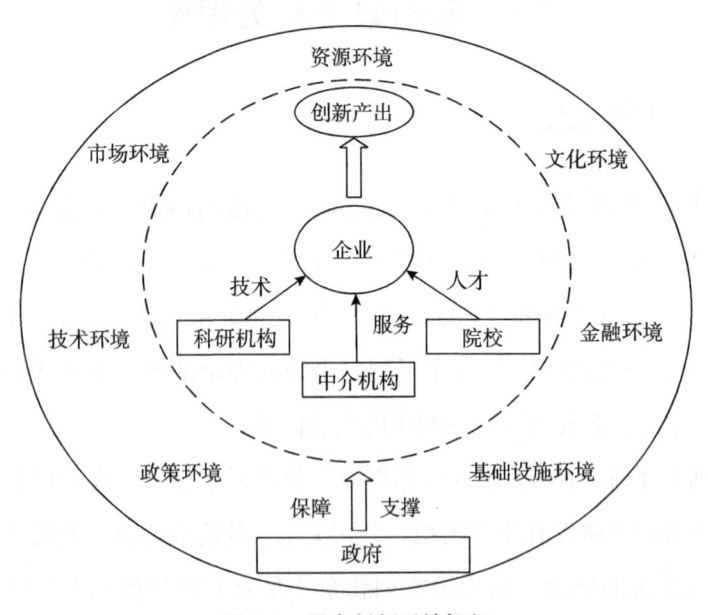

图 2-1　国家创新系统框架

在国家创新系统概念的基础上，一些学者从中观层面提出区域创新系统概念，将区域创新系统界定为地理上互相联系和分工的企业、高校、科研机构等构成的区域性网络体系[123-125]。与国家创新系统相比，区域创新系统更具有个性化、多样化的特征。国家创新系统与区域创新系统既紧密联系又有一定区别。无论从哪一层面研究创新活动，这两种理论的核心都在政府、产学研等主体的职能定位、创新政策制定和创新环境的营造上。

我国的国家创新系统是以政府为主导、充分发挥市场资源配置的基础性作用、各类技术创新主体紧密联系互动的系统[124]。我国各地区在国家的宏观领导下，通过不同的政策手段形成了具有一定差异的区域创新系统。企业的研发行为和专利的创造产出是创新系统中的一个重要组成部分。由于政策不同，不同地区的企业会采取不同的研发行为，导致专利质量产生差异。本书后续的研究正是基于各区域创新系统中的专利政策差异，分析不同的专利政策对研发行为和企业专利质量的影响机理。

2.1.2 市场失灵与系统失灵

政府政策的产生最初是为了修正市场失灵以及满足战略需求。本书涉及的专利政策正是其中一类与企业创新活动相关的重要政策。

市场失灵是指市场机制不能给予科技创新活动足够的支撑，导致研发投入减弱，创新绩效下降[126]。当某一类研发为公众带来巨大的收益但研发者只能得到很少的收益时，此类研发的投资将下降甚至停止。从市场运行的角度看，主要有四种形式的市场失灵影响了创新活动：第一，企业缺少必要的技术能力和管理能力导致的能力失灵；第二，创新者与市场之间的信息不对称导致的信息失灵；第三，经济不景气、不当竞争、专利和税收制度不合理未能给予创新足够的激励；第四，企业对于短期风险的规避导致长期创新活动投资不足，出现投资失灵现象[127]。创新政策的制定就是以解决市场失灵问题对创新活动造成的负面影响为目标。蒂斯（Teece）认为，"如果政府决定激励创新，那么清除参与创新互补资产所遇到的障碍就显得尤为重要。若不能做到这一点，大部分创新成果将不可避免地从创新者的篮子滚落进模仿者和竞争者的篮子中"[128]。如果创新者不能够从创造中获取经济收益，那么他们的创新动力将会被抑制，从而导致全社会对新知识的投资减弱。而政策干预的目的之一便是解决市场失灵的问题。切斯布罗（Chesbrough）认为国家和区域在进行决策时需要考虑现有的资源和制度水平，确保本地企业能够从他们的创新中获取利润，进而提升就业和国家生产力；知识产权保护的程度需要在激励企业创新和促进技术扩散上进行平衡[129]。莫威里（Mowery）的研究表明，创新活动的活跃程度受到政府调控和市场机制的影响[130]。

市场失灵作为古典经济学的重要概念，可以作为政府干预市场活动的理由。自创新系统理论提出后，关于政府政策分析的一个重要论点是，在主流新古典经济学"市场失灵"思路的指导下，笼统的政府干预观点不足以解决创新系统中有关技术推动、形成、发展和扩散的问题[131]。市场失灵理论只关注研发活动，没有考虑非市场主体、互动和制度对创新活动的影响，不能对创新的全过程进行指导，导致在指导政策的制定上具有一定的局限性。据此，一些学者运用国家创新体系的系统论方法，研究了系统失灵的可能性和原因，为政府决策提出新方向[132]。市场失灵与系统失灵之间的比较如表2-1所示。

表2-1 市场失灵与系统失灵对比

分析对象	市场失灵	系统失灵
解决途径	如何配置科技资源	如何激励技术创新的发生与扩散
视角对比	在给定的政策制度条件下如何进行资源优化配置；在给定的信息和能力条件下，理性经济人如何做出决策	政策制度条件如何影响资源（知识、技术）的产生，知识（信息、诀窍）如何在经济过程中发生改变
干预机制	提高企业创新的边际收益	增加企业获取知识及运用知识的机会
内容	能力失灵、信息失灵、制度失灵、投资失灵	组织失灵、制度失灵、基础设施失灵、互动网络失灵、能力失灵、锁定失灵

有学者将系统失灵定义为未能协调影响技术过程的一系列问题，认为通过系统失灵理论可以理解和衡量影响技术进步的问题和机制[133]。史密斯（Smith）通过对宏观层面的国家和微观层面的企业进行分析后认为，系统中可能失灵的因素包括组织、制度、组织和制度自身和相互的互动及系统本身[132]。系统失灵理论强调了整体优化创新和技术扩散过程对经济产生的贡献，具体类型包括：

一是组织失灵，即系统内部的关键部分配置不足或缺失，如各类组织机构、教育、资本等。二是制度失灵，包括硬制度失灵和软制度失灵。硬制度由监管框架和法律系统等正式制度构成，软制度由社会文化、价值观、风俗等非正式制度构成。三是基础设施失灵，即没有足够的物质基础设施为企业创新活动提供支撑。四是互动网络失灵，包括强势网络和弱势网络失灵。强势网络失灵指具有相同价值观和相似知识结构的相关主体之间形成紧密的、对外封闭的关系网络，该网络难以获取甚至排斥来自外部的新知识与新创意；弱势网络失灵指因缺乏互动，相关主体间不能充分利用彼此的互补性知识、技能、诀窍和能力。五是能力失灵，即企业缺乏创新所需的必要能力，如学习能力、资源配置能力和管理能力等，导致企业无法实现从原技术轨道向新技术范式的跃迁。六是锁定失灵，即系统内的惯性和路径依赖性，导致创新主体排斥新技术、新工艺、新商业模式带来的变化。

企业的创新是一个系统性的工程，在这一过程中会存在各种失灵问题，政策的干预正是为了解决或协调这些问题。政府的一项重要职责是通过经济增长创造财富，提升社会福利。科技创新是实现经济增长和提升国际竞争力的关键，因此，政府需要运用公共政策手段构建有效的创新体系，形成良性的创新系统，激发创新主体的创新动力。任何失灵问题的解决最终都要落到具体的行为主体上，由于社会经济系统具有复杂性，大多改善失灵问题的理论框架没有在应对特定社会经济问题上给予方向性指导[134]。这使如何解决失灵问题成为政策制定者和研究人员亟待解决的难题。政府的政策设计是通过引导企业的技术创新活动来影响创新进程，最终实现国家或区域的技术进步和经济增长。政策作用的实现依赖政策制定和实施的多项环节，政策文本内容正是其中的决定性因素，因此本书将对专利政策文本进行深入的分析，研究专利政策对研发行为和企业专利质量的影响，构建专利政策的作用机理框架并提出对策建议。

2.1.3 激励理论

学者们早期对于激励的研究是从心理学的角度出发，主要研究的是激励对于人的作用。直到 20 世纪初，激励理论才逐渐拓展到管理学和经济学的研究中。一般来说，激励理论是以人的目标、需要和行为动机为基础，探究如何激发和规范人的工作行为的理论。根据不同的研究视角，可以将激励理论分为四个类型，即内容型激励、过程型激励、强化型激励及综合型激励，如图 2-2 所示。

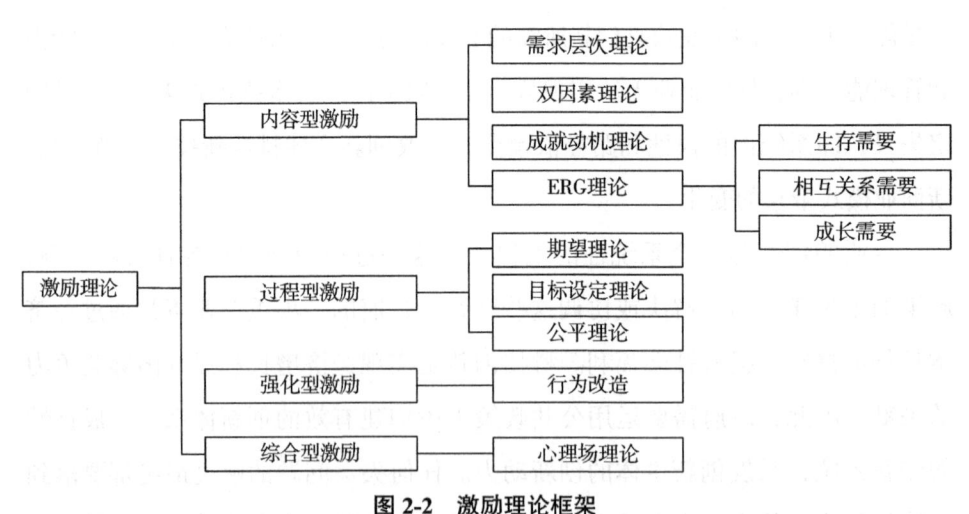

图 2-2 激励理论框架

内容型激励理论又称为"需要激励理论"，主要是研究如何满足个体在不同层次上的需求，以激励个体的工作积极性，强调的是需求的内容。该类型的代表性理论有马斯洛（Maslow）的需求层次理论[135]、赫茨伯格（Herzberg）的双因素理论[136]、麦克利兰（McClelland）在 20 世纪 50 年代提出的成就动机理论[137]，以及艾尔德弗（Alderfer）的 ERG 需要理论［生存需要（Existence）、相互关系需要（Relatedness）和成长需要（Growth）］[138]。过程型激励理论强调满足个体需求前应当如何采取具体行为，并且在这个过程中要弄清个体的付出行为、努力程度及所期望的奖励等情况。该类型的代表性理论有弗鲁姆

(Vroom)的期望理论[139]、洛克(Locke)的目标设定理论[140]，以及亚当斯(Adams)的公平理论[141]。强化型激励理论从强化理论演化而来，即如果某人做某件事会对其自身产生有利的结果或影响，那么出于行为上的条件反射，该行为人便会反复做这件事；如果对自身会产生不好的结果或影响，那么就会减少这种行为的重复次数。在强化理论提出之前，大多数的激励理论重视的是激励物，包括激励物的大小及程度等，忽视了被激励的对象的行为后果与激励物之间的关联性，导致激励达不到预期的效果。综合型激励理论是内容型激励、过程型激励及强化型激励的综合，能更系统、全面地阐述被激励人的具体反应。综合型理论的代表是卢因(Lewin)提出的心理场理论[142]，其强调心理感知是个人生活事件经验的全部及对未来生活愿望预期的总和，而个人的行为选择与方向不仅由人的内部需要决定，还会受外界环境的影响。

上述激励理论不仅适用于微观层面的激励影响分析，还适用于宏观层面的政策激励分析。本书主要借鉴综合型激励理论中的个体心理感知来分析专利政策对研发行为的影响。对于本书研究的内容来说，政府作为激励主体在采取不同的专利政策进行激励时，应同时考虑何种激励方式可以充分调动企业这一被激励对象的创新积极性，提升企业的创新质量，使专利政策实现有效的激励，促进企业开展良性的研发循环。

2.2 组织行为双元性理论

关于研发行为的研究通常是基于组织行为双元性理论展开。学者们分析探索式行为和开发式行为的分离和组合问题，研究企业行为对创新成效的影响。由于组织资源局限性，这两种行为存在竞争关系。要提升企业最终的创新成效就要先解决这两种行为的矛盾问题。有关应对组织开发和探索之间的需求矛盾的研究主要存在四种模式，分别是情景双元(Contextual Ambidexterity)、组织分隔（Organizational Separation）、时间分隔（Temporal Separation）及领域分隔（Domain Separation），如图 2-3 所示。

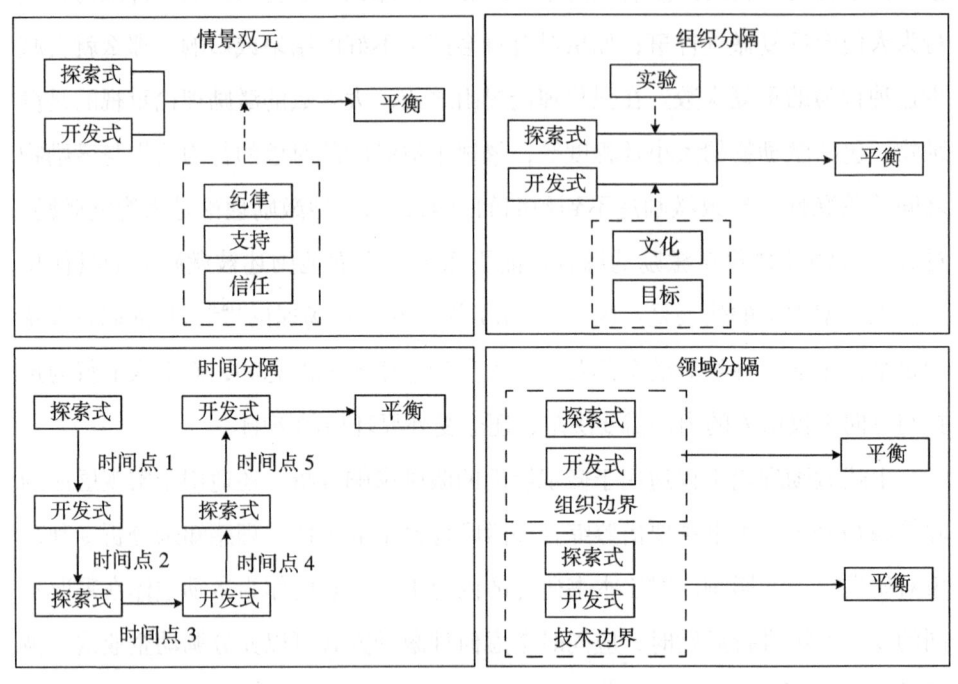

图 2-3　组织行为双元平衡模式

情景双元模式建议组织应当通过同时维持开发和探索行为来解决它们二者间的张力问题[96]。这种模式是通过将纪律、支持和信任相结合来对探索和开发进行平衡。这样的支持环境使组织成员能够达到以共同的抱负和集体认同为指导的绩效标准[143]。组织分隔是空间缓存的一种模式，这种模式认为探索和开发可以同时进行，但是在组织内的不同单元进行[36, 144]。组织分隔是一种结构性双元的组织形式，在这种形式下开发式单元与文化和最大目标紧密相连，并控制着管理的进程，而探索性单元旨在通过实验产生创新。因此，开发式单元更大且更集中，而探索式单元通常规模较小，分散管理，比较松散，流程灵活[145]。从根本上将这两种行为的环境进行分割能够避免文化和程序上的冲突。时间分隔是一种序列双元（Sequential Ambidexterity）模式[95]，这种模式下开发和探索行为可以在组织内通过时间交替共存，即组织在一段时间内只能存在一种行为，通过在时间上对两种行为进行切换来达到平衡的效果。这种模式根植于间断平衡（Punctuated Equilibrium）的概念。间断平衡模式来源于进化理论（Evolutionary Theory），描述了组织通过融合和剧变进行周期性转型的过程，其中技术在长期稳定中不断发展，而增量变化则由突现的破坏式技术造成[146-147]。组织在给定的时间点集中于特定活动会加剧探索或开发中的路径依赖，会发生研发模式转化时由于成本上升而难以平稳过渡。因此，时间上的分隔需要开发有效的程序来管理从一种模式到另一种模式的过渡。基于开发式和探索式行为可以在多个领域实行的假设，领域分隔（Domain Separation）的模式则是组织将探索和开发行为分配到特定的领域中进行平衡。组织领域的边界分为组织边界和技术边界。组织边界是以组织整体作为研究对象，将领域分为价值链功能（上游联盟与下游联盟）、网络结构（现有伙伴与新伙伴）及伙伴属性（与以前的伙伴相似或不相似）三种[97]。技术边界是指组织的知识边界，技术边界的区分具有相对性，其区分是以组织的知识或技术储备为参考基准。延续组织原有的知识基础研发新技术被视为开发式行为，跨越知识边界的行为则视为探索式行为[37]。由于不同组织的知识基础不同，因此对于一个组织来说是熟悉的知识，对于另一个组织来说可能是陌生的。

2.3 专利质量相关理论

2.3.1 专利质量理论

管理学中质量的定义是，质量是组织创造的优质的产品、过程、结构或者其他，是由某类事物、生产者、消费者或其他方根据其需求制定的一种评价标准[148]。2009年版的 ISO 9000 标准中将质量定义为"一组固有特性满足要求的程度"[149]。根据管理学中质量的定义可知，要衡量质量首先要确定衡量的对象是什么，衡量的标准是什么，事物的特征是什么。对于专利质量来说，衡量的对象即专利，而衡量的标准和特征，不同的学者有不同的侧重。专利质量的概念最早可以追溯到 1969 年诺德豪斯（Nordhaus）的研究[150]，并且在后续学者的研究中得到完善。由于专利与技术发展、创新能力等息息相关，专利质量的分析在商业战略、技术研发及经济管理上扮演着非常重要的角色，使专利质量的研究成为学术界的热点。现有关于专利质量的研究主要有以下三种视角，如图 2-4 所示。

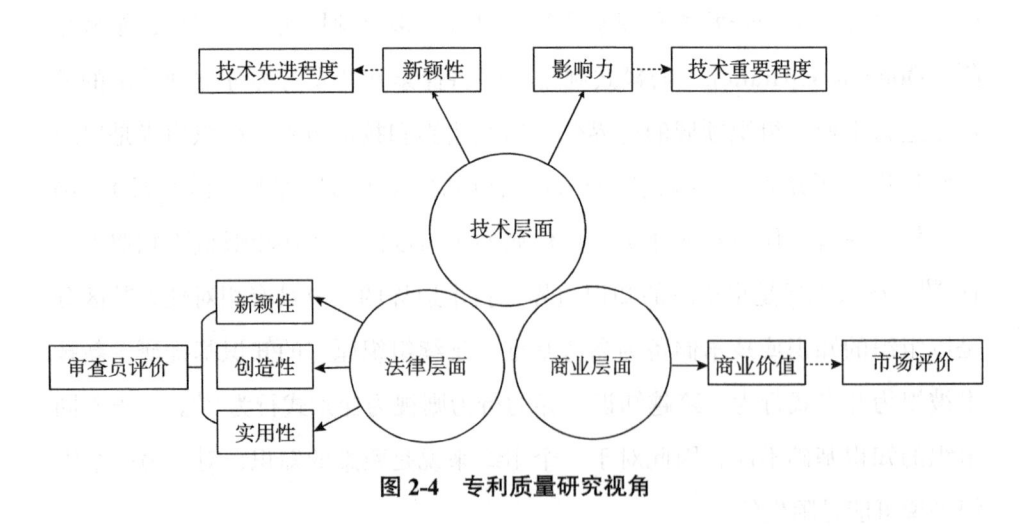

图 2-4 专利质量研究视角

第一，技术层面的专利质量。这一观点认为，技术水平是专利质量的根本，影响专利的法律效力和商业价值。从技术层面来说，专利质量指的是专利发明本身的技术先进性和重要性[151]。因此，如何评价技术的先进性和重要性就成为度量技术层面专利质量的重要前提。首先，技术的先进性是指该技术与已有技术相比的新颖程度[13]。如果某一专利涉及的技术从未出现在任何已有技术文档中，就可以说这项技术是具有先进性的[152]。其次，技术的重要性是指该技术在它所属的技术领域内所处的地位，通常认为一项技术如果能够奠定未来的技术方向或是突破了某一技术瓶颈，则其具有重要的影响力 [54-153]。

第二，法律层面的专利质量。这一观点认为，专利是法律的产物，因此获得法律授权是保障专利质量的基本条件 [154]。根据我国现行专利法的规定，可授予专利权的发明专利应当满足新颖性、创造性和实用性要求。因此，从专利法的角度来看，被授予专利权的技术应当满足专利法对于"三性"的要求 [137]。相较于未被授权的专利，授权的专利质量更高。由于专利审查时对于"三性"的判断具有一定的主观性，不同的国家甚至不同审查员对于专利是否授权的严格程度会存在一定的差异，因此，仅仅以授权与否来判断专利质量受到广泛的质疑。

第三，商业层面的专利质量。这一观点认为专利质量与其市场价值挂钩，一项受保护的专利需要通过它的商业化能力来体现价值 [154]。商业层面的专利质量常常与技术层面的专利质量混淆。通常来说，专利的技术质量是商业运用的前提，一个技术质量较高的专利能够实现商业化的可能性更高。但是由于专利的保护是有期限的，只有在有效期内专利才具有私有属性，而未进行续费或超过有效保护期的专利则具有社会公有属性，因此，只有在有效期内专利才能体现出商业价值。

由于本书研究重点是专利技术层面的质量，因此在定义和测度上都是以专利技术的新颖性和影响力为标准。虽然现有研究对于专利技术层面质量的测度方式过于简单，但是这些方法在一定程度上体现了专利技术层面质量测度的原理和需要的特征，为本书的测度模型构建提供了理论依据。

2.3.2 专利计量学理论

专利计量学（Patentometics）由纳林（Narin）于1994年提出 [155]，将其定义为在专利研究中运用数学和统计学的方法，以实现对专利分布结构、数量关系和变化规律等内在价值的探索和挖掘。专利计量学源于文献计量学（Bibliometrics）、信息计量学（Informetrics）和科学计量学（Scientometrics），由于专利文献包含技术、经济和法律等重要信息，其研究已超越这三种计量学的研究范畴[156]。通过专利计量可以分析科学研究进展、技术创新程度、产业发展、法律状态、技术贸易及市场竞争的情况，对于技术价值评估、专利政策和专利战略制定发挥极其重要的作用[157]。虽然并非所有的创新都会申请专利，但是由于专利的获取和定义与创造性有关，且专利数据是公开的，具有较为统一的撰写与评价标准，由此使专利信息成为非常重要的技术分析数据[15]。根据WIPO的统计，全球90%以上的发明信息能够从专利文献中获取，且许多重要的技术发明只能从专利文献中获得[158]。专利是科技创新成果的重要表现形式之一，能够以标准化、结构化、信息化的形式长久存储。因此，专利计量学研究也拓展到管理学、图书情报学、自然科学、法学、经济学等多个学科，成为一个综合的交叉研究领域[156]。

从研究内容看，专利计量的研究主要分为三块。第一，专利数量分析。关于专利数量的研究大多用于分析专利技术在国家、组织和个人当中的分布情况[159-161]。通过专利数量分析能够了解专利的时空和主体分布特征，结合时间、技术领域等信息便可以分析某一技术领域或某一主体的技术研发趋势[162-163]。第二，专利引用分析。专利引用分析运用引文分析，从被引用专利的国家、权利人、发明人或技术本身来探索技术的重要价值、发展轨迹、扩散路径及生命周期[164-165]。第三，专利关联分析。专利关联分析的内容十分宽泛。通常是构建专利与科学、技术、商业或经济之间的联系，进而分析其他信息与其关系[166-168]，如专利与国家创新能力的关系[169-172]、专利技术指标与公司股票市值的关系[173-174]、企业技术创新与公司成长的关系[175-176]等。

早期的专利计量大多局限在专利数量、引文、发明人等在专利文档上就能直接体现的信息。近年来，随着数据科学的发展及计算能力的提升，学者们开始深入数据和内容的背后探索专利更深层次的价值和运用。运用文本分析方法对专利进行计量是最近新兴的研究方式[177]。相较于数量分析，对专利文本的内容进行分析，能够直接深入专利的技术内容。因此，本书将采用大数据文本分析方法对专利进行分析，以准确地对专利质量进行度量。在研究内容上则采用专利计量中的关联分析来研究专利政策、研发行为对专利质量的影响。

2.4 SCP 理论框架

20 世纪 50 年代，美国哈佛大学的布雷恩（Bain）和谢雷尔（Scherer）等人通过对产业组织进行研究，从结构、行为和绩效三方面构建了产业组织分析的系统化框架，即 SCP（Structure-Conduct-Performance）分析框架，其核心是运用微观经济学理论和工具分析现实市场中的问题，为公共政策的制定和完善提供指导和依据[178]。

SCP 框架主要包括结构、行为和绩效三个基本范畴。结构（Structure，S）是指各种影响企业行为的外部环境结构，包括产业内的竞争程度、市场的需求情况、产品或服务的差异化，以及行业的进入和退出壁垒等。行为（Conduct，C）是指企业在市场和产业中为了提升利润及占领市场所采取的一系列行为，这些行为包括定价行为、研发行为、广告营销行为、运营行为、管理行为等。绩效（Performance，P）包括企业的产量、成本、经营利润、市场份额、专利产出等，如图 2-5 所示。

图 2-5 SCP 理论框架

关于 SCP 框架中三个基本范畴的因果关系存在不同的观点[179]。哈佛学派的学者遵从 SCP 的原始框架，认为 SCP 框架的逻辑路线为"结构—行为—绩效"。他们认为，市场结构是对企业行为进行分析的重要前因，市场结构是否合理、规范会影响企业的行为，而企业行为决定其各方面的绩效[180]，三者间存在层级递进的制约关系。哈佛学派强调政府"有形之手"的作用，特别是对于市场存在的失灵问题，政府的政策是有效的规制手段[181]。例如，市场中垄断和寡头出现导致的市场失灵现象，政府通过反垄断措施惩罚和避免市场操作行为。因此，为了取得良好的市场绩效，必须对市场结构进行优化，进而对企业的行为进行规范和调整。芝加哥学派的学者们则认为 SCP 框架中，市场绩效是最终决定市场行为和市场结构的重要环节。他们认为，企业追求高集中度的市场结构是企业高效运营和成本降低的结果，高效的自由市场环境可以有效调节市场中的企业数量和竞争环境。芝加哥学派提倡的是市场自由竞争的优胜劣汰，强调市场自由竞争的过程应当是由市场自由发挥其资源配置的作用，通过市场的"无形之手"来达到资源的合理配置，尽量避免政府对市场的管制和干预。新经济制度学派突破传统产业组织理论中只考虑市场垄断竞争状况的限制，为研究市场中的企业行为提供新的理论视角，又被称为"后 SCP"流派。与传统产业组织理论过于强调产业内各个组织之间的关系不同，新制度经济学派将新古典经济学中的"理性人"的假设，代以"现实人"的假设。这种行为假设的修正更加符合现实中的个体行为特征，且能够将研究深入企业内部，通过分析企业内部的结构和行为差异来研究行为对市场绩效的影响。这一学派认为，合理的经济制度能够使经济资源得到合理配置，激励企业从事更多的生产性和创造性的活动，市场的绩效得到提升，最终使整个社会的福利水平得到优化。

虽然对于 SCP 框架中的结构、行为和绩效三者逻辑关系的看法还未达成统一，但 SCP 框架的提出为制度、产业、企业、市场、绩效等关系的研究提供了理论依据和分析方式。由于本书涉及的专利政策、研发行为、企业专利质量能够与 SCP 框架中结构、行为和绩效的概念一一对应，因此，选择 SCP 框架作为本书研究的理论依据。此外，本书所涉及的专利相关问题是在专利制度框架下产生的，受到专利政策的影响。虽然专利政策结构会根据企业的最终绩效进行调整，但其不是企业绩效作用的结果，而是企业行为的影响前因[182]，因此本书遵循的是哈佛学派的"结构—行为—绩效"的 SCP 分析逻辑。同时，结合新制度经济学中的制度激励和"现实人"假设，本书将具体分析专利政策结构对研发行为及企业专利质量的影响机理。

2.5　SOR 理论框架

"刺激—机体—反应"（Stimulus-Organism-Response，SOR）理论框架是由梅赫拉比安（Mehrabian）等基于心理学家华生（Watson）等的"刺激—反应"（Stimulus-Response，SR）理论提出的[183]。刺激（Stimulus）是指个体的外部因素，机体（Organism）主要指机体的心理感知状态，反应（Response）指个体的行为反应。原有的 SR 理论将个体的内心活动视为"黑箱"，认为个体的行为反应是由外部刺激产生。虽然 SR 理论在一定程度上证明了个体产生特定行为的前因，但是 SR 理论只能分析外部刺激对个体行为影响的表象，缺少对个体行为产生的机理进行解释。

随着行为研究的发展，学者们逐渐认识到 SR 理论框架对个体内心活动和动机的解释的不完备性。梅赫拉比安（Mehrabian）等认为，个体的行为不是外部刺激的机械反应，而是外部刺激通过影响个体的心理感知和情绪，导致个体作出行为选择。他们通过引入机体的心理感知活动，如知觉、情感、动机和思维等，进一步揭示了外部刺激因素与个体行为之间的关系。SOR 理论框架与 SR 理论框架均认为个体行为选择源于外部情景的刺激，不同在于 SOR 理论进一步解释了个体产生行为前的心理活动[184]，如图 2-6 所示。

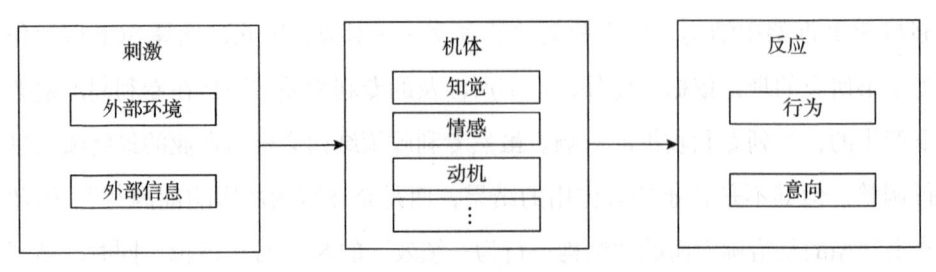

图 2-6 SOR 理论框架

早期的 SOR 理论或 SR 理论主要用于个体行为分析，尤其是个体消费行为的分析。梅农（Menon）等基于 SOR 理论分析了外界环境刺激是如何通过影响个体的情绪，进而使消费者产生购买行为[185]。王俊程等运用 SOR 理论框架分析了外部信息刺激、产品风险感知对消费者购买意愿的重要作用[186]。潘塔诺（Pantano）等在 SOR 理论模型的基础上研究了零售商的多渠道整合刺激对消费者购买行为的影响[187]。李创等基于 SOR 理论分析了新能源汽车消费促进政策对消费者购买意愿的影响[188]。后续逐渐有研究者将 SOR 理论和 SR 理论拓展到外部刺激对组织行为的影响研究上。李晨光运用 SR 理论框架研究了要素变动刺激下企业研发创新反应对最终绩效的影响[189]。邬龙基于 SR 理论分析了科研经费和人才投入的相关政策对技术创新产出和效率的影响[190]。巩见刚等的研究从环境不确定性刺激的角度研究了组织学习行为的问题[191]。阿克贡（Akgun）等基于 SOR 理论框架研究了外部环境对组织情绪的刺激作用导致的组织学习行为变化[192]。梁阜等基于 SOR 理论从组织学习和创新的视角研究了外部刺激的作用[193]。

本书采用 SOR 理论框架解释专利政策的刺激对于研发行为选择的影响机理，主要基于以下考虑：首先，SOR 理论框架的提出为个体或组织的行为研究奠定了理论基础和分析逻辑；其次，SOR 理论框架能够为分析专利政策刺激与企业的研发行为选择之间的逻辑关系提供理论支撑；再次，SOR 理论框架能够很好地诠释企业在政策刺激下产生的心理感知变化及其导致的行为结果；最后，SCP 理论框架主要是从较为宏观的层面来进行分析，在宏观外部环境结构对微观组织行为的影响上缺少从宏观到微观这种跨层级影响过程的理论解释，SOR 理论中的个体心理感知内容则能够很好地弥补 SCP 理论中的不足。

2.6　LDA 文本分析方法

隐含狄利克雷分布（Latent Dirichlet Allocation，LDA）是一种文档主题生成模型，由布莱（Blei）等在概率隐含语义分析（Probabilistic Latent Semantic Analysis，PLSA）的基础上引入狄利克雷（Dirichlet）分布后提出[194]。从文本分析的视角来看，文本语料库中的主题可以看作语料库中存在的术语的概率分布或为这些术语定义权重的聚类[195]。LDA 的原理是，假设文档是由多个主题按一定的随机概率分布生成，而每个主题又是由词按随机概率分布构成。因此，文档是具有不同概率的主题的集合，而主题是具有不同概率的词的集合。LDA 模型的另一个重要假设是"可交换性"（Exchangeability）或"词袋"（Bag-of-Words）假设，这意味着单词在文档中出现的顺序并不重要而与术语频率相关。

主题模型依赖由多个文档组成的语料库中词语的共现统计[196]。LDA 主题模型是一种使用联合分布来计算在给定观测变量下隐藏变量的条件分布（后验分布）的概率模型，观测变量为词的集合，隐藏变量为主题，其概率图模型如图 2-7 所示。

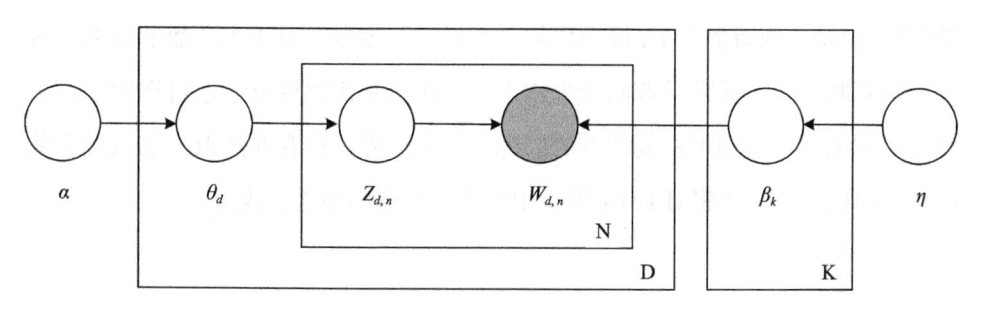

图 2-7　LDA 模型

LDA 的生成过程对应的观测变量和隐藏变量的联合分布如式（2-1）所示：

$$p(\beta_{1:K},\theta_{1:D},Z_{1:D},W_{1:D}) = \prod_{i=1}^{K} p(\beta) \prod_{d=1}^{D} p(\theta_d) \left(\prod_{n=1}^{N} p(Z_{d,n}|\theta_d) p(W_{d,n}|\beta_{1:K},Z_{1:D}) \right) \quad (2\text{-}1)$$

式（2-1）中连乘符号描述了随机变量的依赖性。其中，β 表示主题；θ 表示主题的概率；Z 表示特定文档或词语的主题；W 为词语。$\beta_{1:K}$ 为所有主题的集合，其中 β_k 是第 k 个主题的词的分布。第 d 个文档中该主题所占的比例为 θ_d，其中 $\theta_{d,k}$ 表示第 k 个主题在第 d 个文档中的比例。第 d 个文档包含的主题集合为 Z_d，其中 $Z_{d,n}$ 是第 d 个文档中第 n 个词所属的主题。第 d 个文档中所有词的集合记作 W_d，其中 $W_{d,n}$ 是第 d 个文档中第 n 个词。$p(\beta)$ 表示从主题集合中选取了一个特定主题，$p(\theta_d)$ 表示该主题在特定文档中的概率，$\prod_{n=1}^{N} p(Z_{d,n}|\theta_d)$ 表示该主题确定时，该文档第 n 个词所属的主题的概率，$p(W_{d,n}|\beta_{1:K},Z_{1:D})$ 表示该文档第 n 个词所属主题与该词的联合概率。

由于 LDA 模型能够降低文本向量维度，解决文本中存在的不确定性和噪声问题，实现文本数据快速有效的分析，现已成为主题分析中较为流行的方法。例如，李月运用 LDA 模型对我国突发公共卫生事件相关的政策进行主题分类，最后得到 25 个主题，并将其划分为防控措施，交通保障，市场和物资保障，教育、就业及文体活动，复产复工及其他服务五个类别[197]；张涛等运用 LDA 模型将收集的 50 个政策文本划分为信息安全、体育、旅游、文化四类[198]。但是，现有的 LDA 模型仅能对主题进行划分，对于主题数的选取没有统一的判断方式，通常学者们会采用人工判定或是困惑度方法进行选取。人工判定存在主观性高和可重复性低的问题，而困惑度指标存在选取主题数过多的问题。因此，本书还将对 LDA 模型中的主题选取问题进行改进。

2.7 惩戒回归方法

由于不同类型的专利政策之间存在多重共线性的风险，因此本书将采用机器学习算法中的惩戒回归结合最小二乘法（OLS）回归进行分析。常用的惩戒回归（Penalized Regression）有岭回归（Ridge Regression）、拉索回归（Lasso Regression）和弹性网回归（Elastic Net Regression）三种。本书将原始数据分为训练集和测试集，通过对训练集的训练及测试集的检验从三种惩戒回归模型中选出最优回归模型。

2.7.1 岭回归（Ridge Regression）

当自变量之间存在多重共线性或者样本数据为高维数据（High-Dimensional Data，解释变量的个数超过样本容量时会产生严重多重共线性）时，使用OLS回归会存在系数估计方差较大的问题，导致估计值不稳定，即参数估计 $\beta = (X^TX)^{-1}X^Ty$ 中 X^TX 不可逆，无法对 β 值进行求解，当 $|X^TX|$ 趋近于0，回归系数将趋于无穷大，此时估计的回归系数是无意义的。当存在高维数据情况时，OLS不存在唯一解，方差无穷大，即在样本内过拟合（Overfit），在样本外不具有预测能力。

岭回归的提出就是为了解决多重共线性导致的估计偏差问题。通过在OLS的目标函数（残差平方和）上加上一个惩罚项（或正则项，Regularization）来约束回归系数的大小，使得 $(X^TX+\lambda I)$ 满秩，求逆运算相对稳定。岭回归使用L2范数（即欧氏距离）作为惩罚函数，如式（2-2）所示：

$$\hat{\beta}_{\text{ridge}} = \arg\min \beta \left\{ \frac{1}{2}\sum_{i=1}^{n}(y_i - x_i\beta')^2 + \lambda\sum_{j=1}^{p}|\beta_j|^2 \right\} \quad (2\text{-}2)$$

其中，$\lambda > 0$ 为岭回归的惩戒系数，p 为潜在变量的个数，n 是样本大小。随着 λ 增加，惩戒强度变大，$|X^TX+\lambda I|$ 就越大，$(X^TX+\lambda I)^{-1}$ 就越小，模型的方差就越小。但是 λ 越大会使估计出的 β 更加偏离真实值，模型的偏差就越大。因此，需要对模型进行训练找到一个合理的 λ 来平衡模型的方差和偏差。岭回归的目标函数最小化问题等价于式（2-3）。

$$\begin{cases} \arg\min\left\{\dfrac{1}{2n}\sum_{i=1}^{n}(y_i - x_i\beta')^2\right\} \\ \sum_{j=1}^{p}|\beta_j|^2 \leqslant t \end{cases} \quad (2\text{-}3)$$

其中，t 为常数；由于约束集为 p 维参数空间中的圆球，以 $p = 2$ 的二维变量为例，$\beta = (\beta_1, \beta_2)$，此约束极值问题转化为图2-8，截面示意图如图2-9所示。

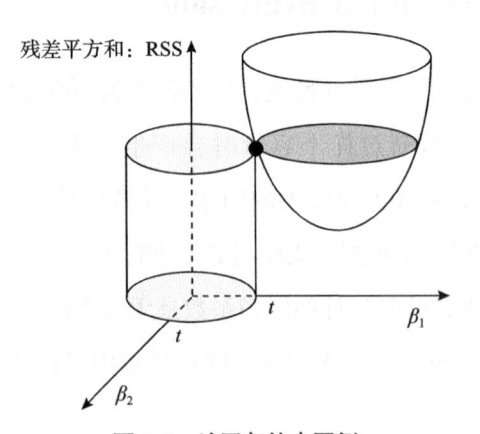

图 2-8　岭回归约束图例

图2-9中的抛物面等高线为OLS估计量，圆形区域为约束集。岭回归的估计量即为椭圆形等高线与圆球形约束集相切的位置。

模型中存在一个 $\lambda_{\max}$ 值，所有估计系数都恰好为零。随着 λ 减小，非零系数估计数增加。对于 $\lambda \in (0, \lambda_{\max})$ 一些估计系数正好为零，而有些则不为零。当使用岭回归进行变量选择时，估计系数为零的变量将被排除，而估计系数非零的变量将被包括在内。

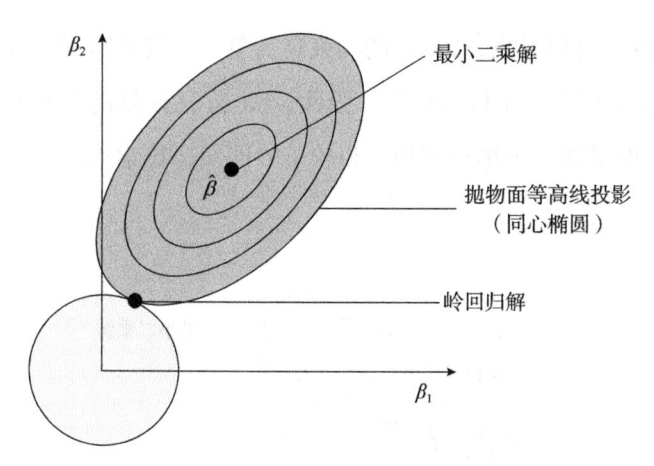

图 2-9 岭回归约束图例截面

2.7.2 拉索回归（Lasso Regression）

从图 2-9 中可以看出，由于岭回归的约束集为圆球形，因此，椭圆等高线与约束集相切的位置一般不会出现在坐标轴上，导致岭回归通常只是将回归系数进行收缩，而不会让某些回归系数严格等于零，故岭回归一般得不到稀疏解。蒂布希拉尼（Tibshirani）提出的拉索回归则解决了岭回归的这一问题。拉索回归将岭回归的惩罚项 L2 范数改为 L1 范数，如式（2-4）所示：

$$\hat{\beta}_{\text{ridge}} = \arg\min \beta \left\{ \frac{1}{2n} \sum_{i=1}^{n} (y_i - x_i \beta')^2 + \lambda \sum_{j=1}^{p} |\beta_j| \right\} \quad (2\text{-}4)$$

式（2-4）的最小化问题等价为如下约束极值问题，如式（2-5）所示：

$$\begin{cases} \arg\min \left\{ \dfrac{1}{2n} \sum_{i=1}^{n} (y_i - x_i \beta')^2 \right\} \\ \sum_{j=1}^{p} |\beta_j| \leqslant t \end{cases} \quad (2\text{-}5)$$

此时拉索回归的约束集不再是圆球，而是菱形或者高维菱状体。以 $p = 2$ 的二维变量为例，拉索回归的约束极值问题转化如图 2-10 所示。

从图 2-10 中可以看出，Lasso 的约束集为菱形，其顶点在坐标轴上，与椭圆等高线更容易相交于坐标轴位置。因此，Lasso 估计量的某些回归系数会严格等于 0，从而得到一个稀疏模型。相较于岭回归，拉索回归具有变量筛选和降维的功能。

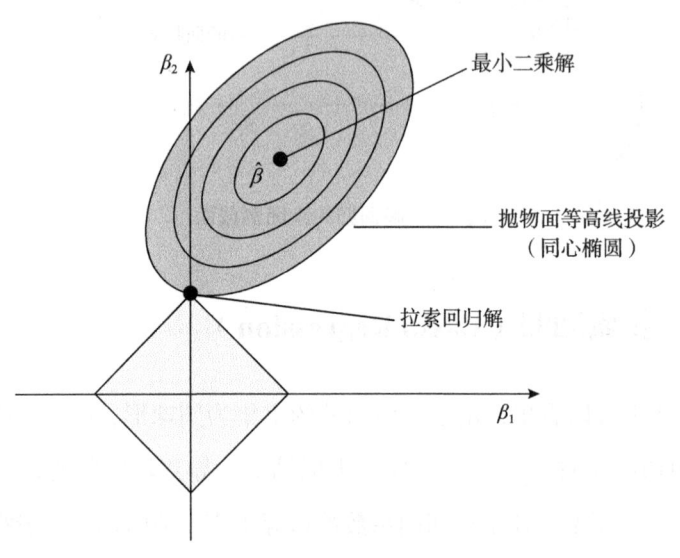

图 2-10　拉索回归约束图例截面

2.7.3　弹性网回归（Elastic Net Regression）

虽然拉索回归均能够降低预测方差，实现系数收缩和变量选择，但依然存在一定的局限。在拉索回归求解中，对于 $N \times P$ 最多只能选出 $\min(n, p)$ 个变量，当 $p > n$ 的时候，最多只能选出 n 个预测变量，因此，对于 $p \approx n$ 的情况，拉索回归不能够很好地选出真实的模型。当预测变量具有群组现象时，拉索回归只能选出其中的一个预测变量。通常情况下，如果预测变量存在较强的多重共线性，拉索回归和岭回归模型的准确性都会受到限制。基于上述局限，邹晖和哈斯蒂（Hastie）将岭回归和拉索回归相结合，同时使用 L1 和 L2 惩罚函数得到 Elastic Net 估计量[199]，如式（2-6）所示：

$$\hat{\beta}_{\text{ridge}} = \arg\min \beta \left\{ \frac{1}{2n} \sum_{i=1}^{n} (y_i - x_i \beta')^2 + \lambda \left[\alpha \sum_{j=1}^{p} |\beta_j| + \frac{(1-\alpha)}{2} \sum_{j=1}^{p} |\beta_j|^2 \right] \right\} \quad (2\text{-}6)$$

其中，α 为弹性惩戒系数，取值范围为 0 到 1，当 $\alpha=0$ 时为岭回归，当 $\alpha=1$ 时为拉索回归。岭回归虽然能够在一定程度上对模型进行拟合，但是回归结果容易出现失真。拉索回归虽然能够选取出较为有价值的变量，但是由于模型较为简单，与实际存在一定偏差。弹性网回归的惩罚函数为岭回归和拉索回归惩罚函数的凸线性组合，兼具二者的优点：一方面，弹性网回归能够有效选取重要的特征变量，删除对因变量影响较小的特征；另一方面，对模型的刻画也更为准确。

2.7.4 交叉验证

为了控制惩戒系数的大小，通常使用"交叉验证"（Cross-validation，CV）来确定，即选择使模型的预测误差最小时的惩戒值。其思想是，将数据集拆分为 k 个样本量一致的数据组，从 k 组中选 $k-1$ 组用于模型的训练，剩下的 1 组作为模型的测试。将 $k-1$ 个训练集和剩下的一个测试集进行配对。图 2-11 以 k 等于 10 的"10 折交叉验证"为例，其中白色区域为训练集，灰色区域为测试集。

每一种训练集和测试集下都会产生对应的模型及模型评分（如均方误差 Mean Squared Error，MSE），取所有配对模型平均得分最优时的 λ 为最优解。以图 2-11 为例可得 10 个 MSE 值，取平均值即为整个样本数据的"交叉验证误差"（CV error）。以 CV error 作为调节参数时，取值最小时对应的 λ 为最优解。

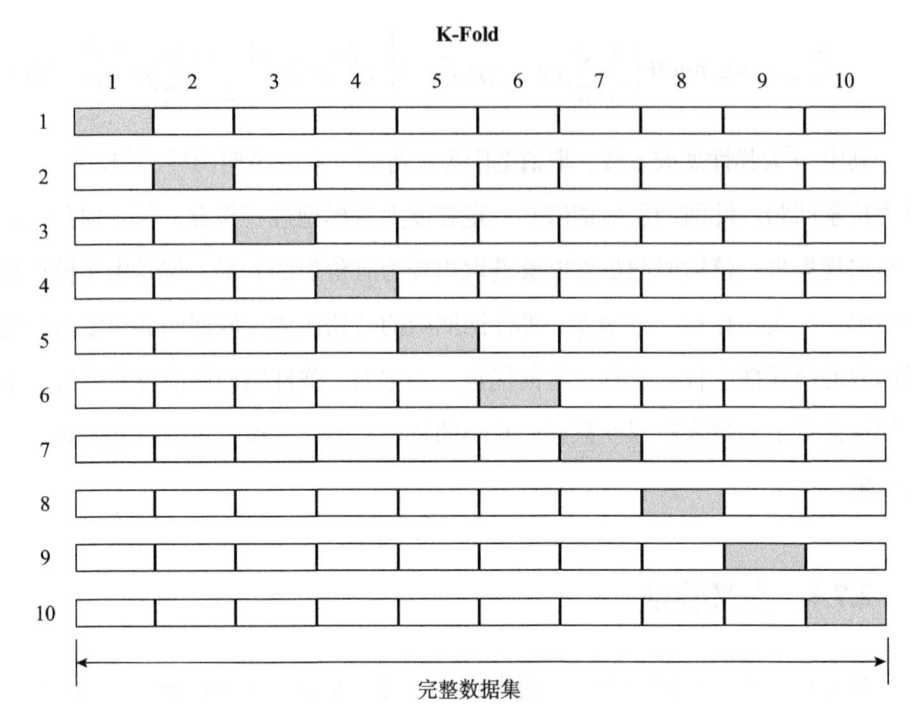

图 2-11 交叉验证图例

2.8 本章小结

本章对研究中所用的相关理论和研究方法进行梳理。涉及的理论主要有以下五种：第一，专利政策相关理论。主要包括创新系统理论、系统失灵理论和机理理论。创新系统理论是专利政策、研发行为及企业专利质量三者之间关系分析的基础。系统失灵理论则是分析专利政策作用方式和作用效果的基础。机理理论是分析专利政策对研发行为影响的基础。第二，组织行为双元性理论。自该理论提出之后，与之相关的研究大量涌现，但是学者们对于组织行为双元性问题的研究还存在争议，其原因是不同学者对于组织行为双元性的判定标准和研究视角不同。本书从技术研发的角度，对组织双元理论的内容进行丰富和扩展，以得出更为准确的分析结论。第三，专利质量相关理论。包括专利质量理论和专利计量学理论。本书基于专利质量理论的概念，结合专利计量学中的文本分析方法，通过构建更为合理的测度模型来实现专利质量的精确测量。第四，SCP 理论框架。SCP 理论框架中的"结构—行为—绩效"模型为本书的分析路径奠定基础。第五，SOR 理论框架。SOR 理论框架中的"刺激—机体—反应"模型能够对从专利政策到企业研发这一跨层次的影响关系进行解释，弥补了 SCP 理论框架的缺陷。在研究方法上，本书运用 LDA 文本分析方法对专利政策进行主题分析、维度划分和强度评价，并采用惩戒回归方法解决回归分析中不同维度专利政策可能出现的多重共线性问题。

第 3 章 基于 SCP-SOR 框架的企业专利质量影响机理研究

我国专利事业的发展取得了巨大的成就,但是"专利泡沫"的存在一定程度上制约了我国的高质量发展。本章主要分析企业专利质量问题的负面影响和产生的原因、研发行为对企业专利质量的影响,以及专利政策的作用方式及作用效果,并基于 SCP-SOR 分析框架构建企业专利质量的影响机理框架和分析路径,如图 3-1 所示。

图 3-1 企业专利质量影响机理研究框架

3.1 企业专利质量问题的影响分析

3.1.1 企业专利质量问题的负面影响

虽然专利数量的增长是全民创新动力和知识产权保护意识提升的表现，但专利质量问题已成为我国高质量发展的重要矛盾[148, 200]。专利数量增长而质量降低会给专利制度和社会经济发展带来一系列问题。

第一，大量质量较低的专利的产生对于社会资源是一种浪费，增加了创新主体的研发成本。未能进入市场化运用的专利通常被称为"沉睡专利"。我国专利数量大但转化率低是学术界和社会的共识。根据国家知识产权局的调查数据，2020年中国有效发明产业化率为34.7%，与发达国家60.0%~80.0%的水平相比，转化水平还有待提高。政府和企业投入的大量研发经费产生的科技成果，如果无法进入市场获得回报，对于社会资源是一种极大的浪费。此外，专利权的获取和维持需要企业投入一定的资金，企业如果仅是出于申请热度或是策略行为，对没有保护价值的技术进行专利申请，不仅使研发成本增加，对于社会来说也是一种资源浪费。

第二，问题专利的大量存在导致专利丛林形成和专利权滥用，阻碍了后续创新。专利劫持是指某些公司或个人通过获取和持有专利，并利用这些专利来获取不正当利益的行为。通常，这些专利并不用于实际的创新或生产活动。专利劫持者往往不参与产品开发或市场竞争，而是通过诉讼或威胁诉讼，迫使其他公司支付专利许可费或赔偿金从中获取经济利益。专利劫持策略通常是由权利人针对某件产品构建专利丛林，通过设置陷阱、欺诈和专利钓鱼来引诱同行落入圈套。此外，以数量代替质量的专利竞赛在地区和企业间盛行。大量未以质量为导向的专利的出现，违背了专利制度的初衷，阻碍了资源的有效利用，造成社会福利损失。

第三，专利质量问题降低社会对我国专利体制的认同，增加专利前景的不确定性。根据世界知识产权组织（WIPO）的数据，从 2009 年起我国国内年专利申请量约为 22.9 万件，与美国的 22.5 万件几乎持平，专利授权量也在 2011 年以 11.2 万件超越美国的 10.9 万件，到 2019 年，我国的专利申请量已达到 124 万多件，是美国的两倍。有学者指出，我国的大多数专利仅是细微改良（Minor Improvement）[201]。低质专利的存在影响了社会各界对我国专利制度的认同及我国专利事业的健康发展。

3.1.2 企业专利质量问题产生的原因

技术水平是一国经济增长的重要动力[202]。纵观中国的经济发展史，引进国外技术是我国经济发展不可或缺的方式[203]。改革开放至今，大量引进的先进技术帮助我国实现了飞速的经济增长[204]。然而，这一技术红利随着中国与发达国家的技术差距逐步缩小，以及西方对我国技术壁垒的不断增强而逐渐消失[205]。为保障经济可持续发展，我国政府开始重视国内的自主创新能力，通过建立完善的专利制度，赋予权利人对专利的独占特权，以达到激励创新活动的目标。但早期社会对创新和知识产权保护的意识淡薄，因此首先需要培养全民的专利意识，鼓励全社会进行专利申请，这也成为当时政策引导的主要方向。随着技术经济发展到一定程度，粗放式的专利发展模式已经不能满足我国对于技术质量和创新发展的需求，低质量专利的负面效应也逐渐影响我国专利事业的发展。因此，从量向质的转变成为我国现阶段发展的目标。我国企业专利质量产生问题的原因主要有以下三种。

第一，经济技术和知识产权意识发展阶段的客观必然。专利数量激增并不是我国独有的现象。从世界范围看，20 世纪 70 年代各国专利申请量还处于稳定水平，此后日本、美国的专利申请量相继出现激增，80 年代韩国的专利申请数迅速提升，90 年代中国、印度的专利申请数量也开始迅猛追赶[200]。

这一时期也大致是这些国家的技术和经济开始腾飞的阶段，因此，专利激增现象具有经济发展的必然性。我国专利的发展在过去一直都采取粗放型的发展方式，这种发展方式虽然在现今颇受诟病，但是由我国经济技术所处阶段决定的，这种发展模式有其存在的客观基础和必然性[206]。由于早期我国的知识产权保护意识薄弱，发明创造的成果无法得到有效的保护，社会大众甚至对知识抄袭、滥用的方便性产生了依赖，由此阻碍了我国知识产权事业的发展。因此，在当时引导社会认识专利制度、提升知识产权意识是首要目标。鼓励社会进行发明创造和专利申请成为推广知识产权保护意识的重要手段之一。

第二，专利政策引导方向和执行方式出现偏差。在早期，由于我国技术经济发展滞后，政府大多是以鼓励专利申请的方式来引导全社会进行创新。各地政府在执行上也推出一系列激励措施来鼓励当地的企业进行专利申请，对专利申请和授权给予资助的政策在各地区大为盛行。各省市和地区甚至还出现了专利数量竞赛的现象。由于政策的引导及大量的专利申请，专利审查机构对于专利的授权采取较为宽松的态度。此外，审查能力难以跟上庞大的数量增长导致评审的质量下降。事实上，我国政府也意识到了专利质量下降的问题。国家知识产权局在2008年出台了《关于规范专利申请行为的若干规定》，以此规范专利申请行为；2013年出台了《国家知识产权局关于进一步提升专利申请质量的若干意见》，明确专利资助要"量质并重、质量优先"。受制于创新能力评价的模糊性及专利质量测度方式发展的局限性，专利数量作为可量化的客观指标长久以来都是用来衡量一个企业、区域乃至国家创新能力的重要指标，因此专利"以量换质"的现象并没有得到彻底解决。

第三，企业创新和专利申请动力不足，专利制度信任感较低。企业是技术创新的重要主体，企业的创新意识在持续有效的创新过程中发挥着重要作用。然而，企业天然具有盈利偏好及风险规避的特征，如果缺乏引导和规制，许多企业的行为将会朝着短期盈利的最大化发展。由于我国专利制度建立的时间较晚，社会对于技术成果的保护意识较为薄弱。抄袭、模仿和假冒甚至一度成为中国企业的代名词。即便我国在较短的时间内建立了完善的专利保护制度，但是由于执法力度较弱、诉讼成本较高而侵权成本较低，专利保护制度并不能有效地约束企业的侵权行为。创新是一种高投入高风险的行为，如果创新成果不能得到保护，许多企业将放弃创新。即便企业有创新也不愿意以公开专利的形式来对自己的核心技术进行保护，或仅将非核心的边缘技术进行专利申请，从而导致专利质量低下。

3.2 研发行为的影响分析

3.2.1 研发行为与企业专利申请动机

企业开展研发的目的主要有三个：一是企业为满足自身发展，迎合市场需求而进行研发，目的是改善自身产品的性能，丰富产品功能。二是企业从更高远的战略目标出发为解决产业技术瓶颈、满足国家和社会需求进行研发，目的是产出突破性的创新成果。三是企业为了迎合政策需求、获取政策收益采取的策略性的研发行为。

根据企业的不同研发目的，其专利申请也具有不同的动机。第一种研发行为的目的是满足自身需求，因此企业申请专利的动机是保护自身的技术不受侵犯，维持或扩大产品的市场优势。第二种研发行为的目的是科技进步，因此企业研发和专利申请的动机是抢占技术高地。第三种研发行为的目的则几乎与创新无关，其专利申请的动机仅仅是获取额外的政策奖励。

企业不同的研发目的和专利申请动机与企业所处的创新系统的环境密切相关，而支撑和影响研发行为的创新环境是由专利政策营造的。创新环境包括制度、经济、文化、技术水平、基础设施、资源条件和服务等因素，它们的共同作用影响了企业研发目的，进而影响企业的专利申请动机。研发目的和专利申请动机则直接导致了企业采取不同的研发行为。政府根据企业的专利申请动机调整和优化专利政策，进而完善创新环境，促进整个创新系统的良性循环。

3.2.2 研发行为对企业专利质量的影响

企业基于不同研发目的和专利申请动机采取的不同研发行为最终将影响其专利质量。对于国家和社会来说，企业最优的研发动机应当是站在社会和国家的高度进行高质量的研发创新，提升整个产业的技术水平，即企业的研发目的是寻求技术突破，对于企业的盈利则放在更长远的规划上，通过专利申请抢占技术高地。在这种充满创新活力和积极性的研发动机下，企业产出的专利质量较高，且有可能成为突破技术路径或瓶颈的突破性创新成果。

次优的研发动机则是企业对现有技术和产品进行改进。企业此时的研发目的是短期盈利。企业在这一动机下采取的研发行为并未对自身产品或产业技术作出突破性的改进。其申请专利的目的是保持或适当提升现有产品的市场份额，防止现有的产品技术被竞争对手抄袭模仿，因此申请的专利质量处于中等水平。

如果企业的研发动机仅仅是为了获取政府资助，将严重扭曲其研发行为。在这一动机下，企业不会进行实质性的研发，采取的是一种策略性研发行为。企业申请专利的目的是获取专利补贴，增加企业收益。企业因此而大量申请的低质量专利将形成"专利泡沫"，造成我国专利数量激增的问题[207]。这种行为充斥在创新系统中将影响系统的良性运行。

专利政策的出台是为了促进整个创新系统的良性运行，因此针对企业的专利申请动机需要适时地调整政策内容。由于企业专利申请动机难以观察和评价，专利质量的评判就成为政府政策调控的主要依据。

3.3 专利政策的影响分析

3.3.1 专利政策的必要性

专利作为科技创新最重要的产出形式和信息载体，能够很大程度地体现一个国家的技术创新水平，在推动科技创新、产业升级中扮演着重要角色。同时，专利也成为国际竞争和贸易博弈的重要筹码。当科学技术成为经济发展的关键，以技术和知识为调整对象的专利政策成为一国社会经济发展的关键因素[5]。专利制度在公共政策体系中表现为专利政策[5]，其具体设计与发展是国家根据现实发展状况和未来需要而作出的公共政策选择和安排[5]。专利政策在引导国家技术变革、激活创新动能的过程中扮演着重要角色，是各个国家用来影响科技创新活动提升国家整体创新能力的重要工具[208]。具体来说，专利政策的必要性体现为以下三点。

第一，时代的发展需求。任何一种制度都是基于特定的社会、经济、技术环境产生[209]，专利政策的制定离不开专利制度运行所处的时代环境。1984年，《中华人民共和国专利法》的颁布标志着我国专利制度的建立。在改革开放的背景下，对我国内部来说，专利制度的确立是建立以竞争为基础的市场经济的基本条件。从外部环境来说，美国、日本、欧洲等国家和地区认识到技术创新对经济发展的重要作用，纷纷实施强专利政策刺激创新，专利制度趋于国际化。我国在改革开放之初建立专利制度与国际接轨是对内改革、对外交往的必然要求。随后我国逐渐认识到自主创新能力的重要性，通过修改专利法，出台一系列文件引导人民认识知识产权的重要性，刺激社会开展创新活动。2011年年底，我国专利申请总量跃居世界第一，成为专利大国。之后，我国从专利大国迈向专利强国。在这一阶段，我国逐渐发现"专利泡沫"的危害，一系列政策的出台为我国的专利事业发展保驾护航，指明方向。

第二，营造良好的创新环境。企业所处的创新系统需要通过专利政策来营造。专利政策与国家的创新导向和创新战略息息相关，涉及创新主体的研发和技术产出，以及专利的申请、代理、审查、保护、市场交易、产业化的各个环节，并且与系统中的人才、金融、资源等创新要素密不可分。专利政策对国家创新系统的建设起到关键作用。

第三，解决创新系统中的系统失灵问题。企业的创新是一个系统性工程，根据系统失灵理论，这一系统会产生组织失灵、制度失灵、基础设施失灵、互动失灵、能力失灵及锁定失灵的问题。专利政策的干预正是为了解决或协调这些问题。在专利制度建立之前，我国主要面临的是制度失灵问题，以及由制度失灵导致的企业各自封闭带来的互动失灵和企业缺乏创新动力的锁定失灵问题。我国专利政策的主要目标是构建合适有效的专利体系，其内容主要包括可专利性的规定、审查制度及法律保护等。过去的数十年是我国技术经济的高速腾飞期，也是专利数量的飞跃期。这一时期专利政策主要目的是解决制度不完善的失灵问题，构建创新环境内必要的基础设施，防止企业创新过程中出现产学研不互通的组织失灵和互动失灵问题，以及企业创新能力不足导致的能力失灵和锁定失灵问题。随着专利政策的完善，我国创新系统内的许多失灵问题得到有效的改善，但是还有一些问题依然没有得到完全解决。例如，专利政策内容还有待完善，无论是激励措施还是知识产权保护强度都存在一定的缺陷，制度失灵问题依然存在；企业的创新意识和能力还有待提升；服务于创新的基础设施建设和服务业规范还不完善，产学研用的桥梁还有待打通等。这些问题的存在影响了企业的研发行为及专利质量，亟须通过对专利政策进行完善来解决。

综上所述，我国专利政策的发展符合时代发展的需要，提高了技术水平，促进了经济发展，提升了国际地位。因此，本书将从专利政策的不同维度分析其作用方式和作用效果，找出专利政策产生负面影响的原因，为专利政策改进、提升企业专利质量、推进我国高质量发展提供对策建议。

3.3.2 专利政策的作用方式

根据系统失灵理论，企业研发所处的创新系统会存在一系列的失灵问题。政府通过不同类型的专利政策解决不同的失灵问题，由此对研发行为和企业专利质量产生不同的作用效果。根据专利政策的维度划分及各个维度的内容可知，不同类型的专利政策的作用不同，它们通过不同的方式影响着企业的研发行为和专利产出。本节根据 1.2.1 节对专利政策的划分，分别从专利创造、运用、保护、服务和管理五个维度讨论不同类型政策的作用方式和作用效果。

3.3.2.1 专利创造类政策作用方式

专利创造类政策主要解决的是系统内的锁定失灵问题。锁定失灵是企业层面的失灵问题，即企业对既有的研发路径产生依赖，受研发惯性的影响，排斥新技术、新工艺的研发，且难以接受新的商业模式和技术范式。产生锁定失灵的原因是企业具有盈利偏好和风险规避的特性，对于需要大量投入的研发持谨慎的态度。而创新需要大量的研发投入且具有很大的失败风险，如果预期投入和失败风险过大，企业将倾向于放弃投入过大的研发。为鼓励企业进行创新，减少企业的研发顾虑，我国出台了许多激励型的专利创造类政策鼓励企业研发。此外，专利创造类政策能够弥补专利制度的失灵。由于我国早期知识产权保护强度和意识较弱，社会上各类抄袭、盗版和模仿猖獗，企业创新成果难以得到保护，以至于企业的创新投入得不到应有的回报，降低了企业的研发积极性。通过专利创造类政策的支持能够弥补企业的部分损失。专利创造类政策作用机理如图 3-2 所示。

专利创造类政策的作用方式有三条途径：一是通过奖励性措施，给企业带来额外利润，如专利申请或授权的奖励；二是通过评奖或竞赛等鼓励性措施为企业带来研发创新的荣誉感和社会地位；三是通过研发补贴或对特定领域进行资金投入降低企业的研发压力。

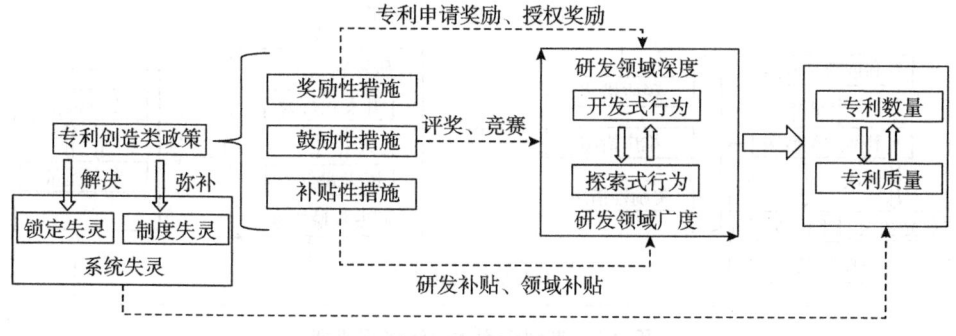

图 3-2 专利创造类政策作用机理

3.3.2.2 专利运用类政策作用方式

从专利制度激励技术发展的本质来看，专利运用类政策突破了专利制度的本体框架，兼具了更多市场功能。专利运用类政策的初衷与专利创造类政策一样都是实现技术激励，不同点在于专利创造类政策是直接对创新成果进行奖励，而专利运用类政策是以市场化的方式进行激励。专利运用类政策通过对研发过程末端的创新成果及市场化进程进行资金激励，同样解决了企业由于资金问题产生的研发风险规避和惯性依赖的锁定失灵问题。此外，专利运用类政策的出台除了弥补专利制度失灵问题对企业造成的损失，还在很大程度上解决了企业滥用专利创造类政策的问题。通过专利运用类政策也转变了企业只关注专利申请、不注重专利运用的行为。专利运用类政策通过鼓励专利的转让和许可及专利技术产业化和商品化等市场化的方式刺激企业创新。专利运用类政策作用机理如图 3-3 所示。

专利运用类政策的作用方式有三种途径：一是通过减免企业在专利运用或专利产品销售和进出口上的税收，使企业更快回收研发成本，以便投入下一轮的技术开发；二是通过技术推广措施将高质量的专利技术在全社会进行推广，既能够扩大企业技术的运用范围，加快企业成本回收，又能让全社会享受到高质量技术的运用，提升全民生活水平；三是通过奖励性措施对将专利技术成果转化为产品和生产力的企业进行奖励。

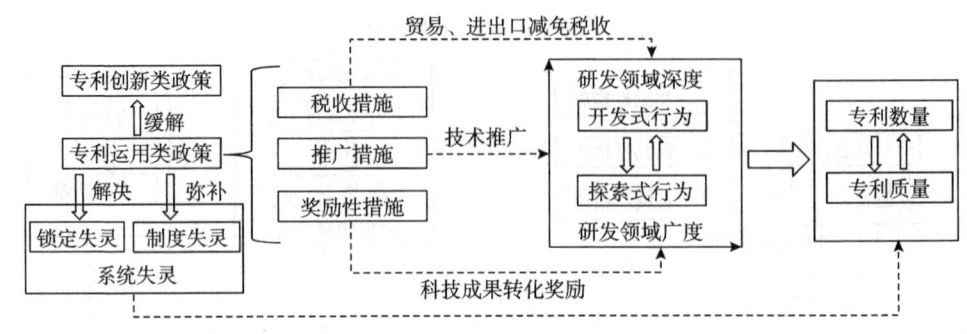

图 3-3 专利运用类政策作用机理

3.3.2.3 专利保护类政策作用方式

虽然专利创造类和运用类政策在一定程度上可以弥补专利制度失灵的问题，但无法根本解决。专利保护类政策的出台就是为了从根本上解决专利制度失灵的问题。企业运营的基本目的是盈利，企业进行创新的动机来源于创造行为产生的技术成果能够使企业在市场中获得竞争优势。但是技术创新存在一定程度的溢出效应，知识和技术的外溢导致的技术模仿会使企业的利益受到损害。当研发前景和结果的不确定性及技术外溢的可能性较高时，企业将缺乏研发的动力。专利保护制度的出现可以在很大程度上保护企业的技术成果，降低技术外溢的损失。此外，专利保护类政策还在一定程度上解决了企业间的互动失灵问题。企业间的互动失灵是由于企业间的价值观和知识结构差异造成的。如果专利制度无法有效保护企业的创新成果，那么企业间为了防止技术落入他人之手，将各自封闭，拒绝进行知识的交流和互动。随着创新复杂度和难度的增加，大多数企业难以以一己之力作出突破性的技术成果，企业间的合作不可避免。有效的专利保护制度能够在根源上解决对知识保护的顾虑，大大促进企业间的交流合作，解决系统内的互动失灵问题。专利保护类政策作用机理如图3-4所示。

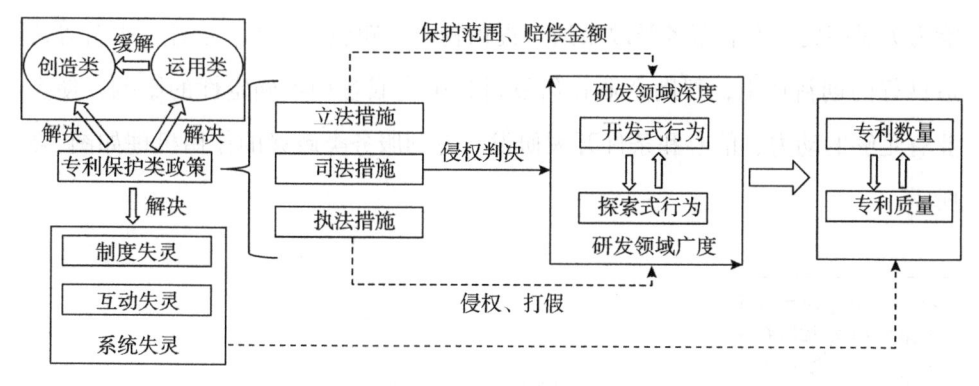

图 3-4 专利保护类政策作用机理

专利保护类政策的作用方式有三条途径：一是通过立法措施，在法律框架下制定专利保护的条件、范围、内容、程度和期限等，为专利保护的司法和执法程序提供依据；二是运用司法措施对发生侵权损害和权利纠纷的案件进行审判，为受到侵害的企业伸张正义，弥补损失；三是使用执法措施对侵犯知识产权的假冒、盗版等产品进行扣押、查封、没收或销毁，对权属纠纷进行调解，对侵权主体进行处罚。

3.3.2.4 专利服务类政策作用方式

企业的创新不仅需要自身的研发投入，还需要各方条件和资源的支持。专利服务类政策的出台就是为企业营造良好的创新环境服务。专利服务类政策为企业提供创新所需的资源，培育相关服务行业，建设公共服务平台、孵化园及产业园基地等，无论是对初创企业的创业资金、场地、咨询等需求，还是对成熟企业的研发投入、人才、市场需求，以及对市场上的专利权属和侵权问题的法律咨询等均有相对应的服务渠道，解决了基础设施失灵问题。因此，可通过文化宣传提高全民的知识产权意识，利用各类平台和服务机构为企业构建"政、产、企、学、研"的合作桥梁，打通"研发—技术成果—市场"的通道，解决系统中的组织失灵和锁定失灵问题；通过教育培训、人才引进和服务机构指导等弥补部分企业在创新时的技术、资源配置及管理上的能力不足，解决系统的能力失灵问题。专利服务类政策通过提供物质、知识、技术、治理、平台等营造良好的创新环境，帮助企业在研发过程中克服各种不确定性的影响，使企业有足够的动力、信心和条件开展研发。专利服务类政策的作用机理如图3-5所示。

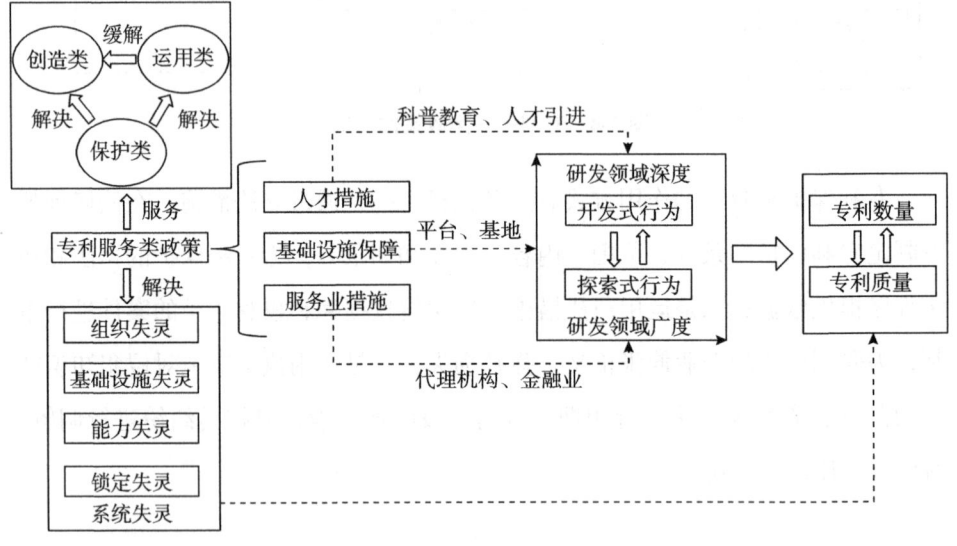

图 3-5　专利服务类政策作用机理

专利服务类政策的作用方式有三条途径：一是人才措施，通过科普教育提升企业的知识产权意识，补充企业创新和研发所需的各类人才；二是基础设施保障措施，通过建设各类基础设施，为企业研发提供良好的设施和环境；三是针对服务行业的措施，通过各类金融、知识产权服务业的建设和引导，为企业的研发活动提供多方位的支撑。

3.3.2.5　专利管理类政策作用方式

专利创造类政策和专利运用类政策是通过外部激励激发企业的发明动力，在这两种政策的刺激下企业的发明动机具有一定的被动性，而专利管理类政策则是希望通过完善制度、制定考核和评定标准、管理科技计划项目，以及制定知识产权战略方向提升行政部门的专利管理能力，指导各类专利政策的制定，促进企业的创新综合能力提升，激发企业的内部创新动能。专利管理类政策的内容贯穿专利创造、运用、保护的全过程，还为专利服务业提供指导，是各类专利政策的总框架，其作用对象有政府部门和创新主体两种。面向政府部门的专利管理类政策目的是提高政府部门的专利管理意识，使政府部门能够更好地认识专利对国家创新、贸易及经济增长的重要性，促进政府部门对制度和政策进行改进，完善各种专利激励政策的评价方式，解决系统中的制度失灵问题。面向创新主体的专利管理类政策目的是提升创新主体的创新意识和创新规划管理能力。对于企业来说，专利管理类政策的目的是推进企业的创新战略升级，解决企业的能力失灵问题。无论是面向政府部门还是面向创新主体的专利管理类政策，目的都是使创新主体将创新变成一种主动的行为习惯，促进企业提升创新综合能力，鼓励企业通过标准化的管理实现创新全过程的合理布局。专利管理类政策作用机理如图 3-6 所示。

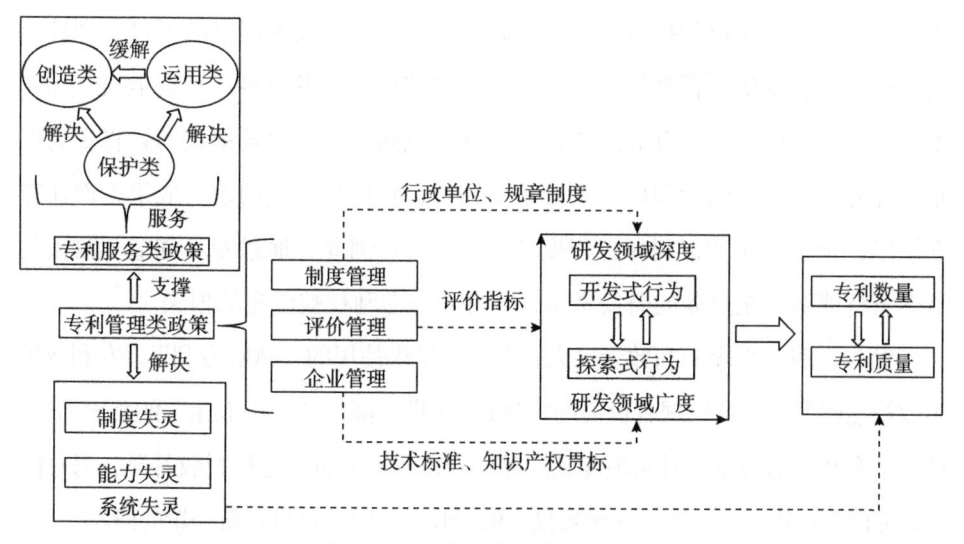

图 3-6 专利管理类政策作用机理

专利管理类政策的作用方式有三种途径：一是制度管理，通过构建和完善专利制度，规范行政单位的执法行为，增加企业对知识产权保护的信心，提高企业的研发积极性；二是评价管理，通过完善和改进各类评价指标和体系，纠正各类由于考核评价方式不合理造成的研发行为扭曲及社会上求量不求质的现象；三是为企业管理提供标准化指导，引导企业合理规划研发进程和行为，以研发突破性技术，形成技术标准为目标。

3.3.3 专利政策影响的正负效应

虽然专利政策在我国的经济发展和科技进步的进程中扮演着重要作用，起到一定的正面影响，但是由于出现了类似"专利泡沫"的问题，因此专利政策的负面效应也不容忽视。本书根据不同专利政策类型的内容及作用方式，结合现有研究分析专利政策作用可能产生的正面和负面效应。

专利政策的正面作用效应有以下五点。

第一，专利创造类政策通过财政补贴弥补了企业研发资金的匮乏。企业研发和创新需要大量的投入，然而创新的失败风险及投入回报的不可预期性会极大地降低企业研发积极性。尤其是具有突破性的研发项目，其资金投入和研发风险更高，如果没有有效的支持，创新系统内企业的研发锁定问题将更为严重。此外，由于我国专利保护制度还不完善，在保护企业的创新成果方面还存在缺陷，侵权处罚和权利保护程度还有待改善。因此，通过专利创造类政策的资金支持能够补充企业的研发资金，弥补企业专利权被侵犯的损失。

第二，我国现今专利数量庞大，存在大量未使用的"睡眠专利"。专利运用类政策能够促进市场挖掘有价值的"睡眠专利"，降低"专利泡沫"的负面影响。此外，专利运用类政策对实现专利产品化和市场化的企业进行税收补贴，通过降低企业的生产成本，加快企业研发投入的回收，激励企业投入新一轮的研发。

第三，专利保护类政策通过提高专利保护强度，提升司法和执法力度，规范权力范围和赔偿惩罚的方式，能从根本上解决创新系统中的专利制度失灵问题。专利保护的提升使企业的创新成果能够得到有效的保护，并且使企业能够最大限度地获得专利权所带来的收益，极大地促进企业的创新积极性。

第四，专利服务类政策通过建设交流平台、创新园区和基地，培育金融、专利代理和法律咨询等服务业，为企业的创新全过程保驾护航。其有助于降低企业研发的盲目性，打通企业与政产学研的沟通桥梁，提高企业的维权胜诉率，使企业能够进行高质量的研发。

第五，专利管理类政策作为专利政策的整体框架性内容，是指导专利创造、运用、保护和服务类政策顺利制定和执行的总纲文件。专利管理类政策通过对社会的技术、经济和制度环境进行监测，适时调整政策内容，能够有效地维持创新系统的健康发展。

由于专利政策的系统性和复杂性，其作用除了正面的积极效果外，还存在负面效应，主要表现在以下五点。

第一，专利创造类政策对专利申请和授权的过分激励会扭曲企业的研发动机，使企业摒弃正常的研发创新，转向采取策略性的研发行为来快速获取大量专利权，以便利用政策获取收益。这是造成我国"专利泡沫"重要原因之一。

第二，企业研发创新需要一定的过程和时间，对于一些突破性创新来说，其从研发到产出的过程较为漫长。专利运用类政策的过分激励会导致企业过分关注研发效率，追求从研发到产品的快速运用。这将使企业放弃投入时间较长的开拓性研发，转而追求"短、平、快"的研发方式。

第三，专利权利的过分保护会扭曲专利制度的初衷，使专利制度沦为一些企业实行排他竞争的手段。例如，自20世纪80年代以来，美国知识产权采用的是一种强保护形式，对于专利权益的保护范围缺乏足够清晰有效的定义扭曲了对发明者的激励作用，导致大量的诉讼纠纷产生，影响了发明者的创新动力。

第四，专利服务的目的是为企业营造良好的创新环境，作为企业研发的支撑。但是由于部分服务主体的能力缺失及错误引导，接受服务的企业出现研发方向错误，造成研发成效下降等问题。

第五，专利管理类政策作为总纲领，如果产生错误的引导将导致其他几类政策的制定出现偏差。例如，有的创新能力、人才评估及专利质量评价体系存在以数量代替质量的方式，导致其他类政策在制定和实施上也以数量为导向，扭曲了企业的研发动机，产生以专利数量代替质量的问题。

本书后续实证部分将对专利政策的作用效果提出具体假设，运用真实数据来验证我国专利政策的作用结果，分析产生负面效应的原因，并提出建议。

3.4 基于 SCP-SOR 的专利政策、研发行为对企业专利质量的影响机理框架和路径

3.4.1 企业专利质量的影响机理框架

通过上述分析可知，专利政策、研发行为和企业专利质量具有密不可分的关系，并且分别对应创新系统中的外部环境、创新主体和产出三个要素，如图3-7所示。这三者的关系也与 SCP 理论框架中的"结构—行为—绩效"相对应，即专利政策所营造的外部环境结构与"结构"对应，研发行为与"行为"对应，企业专利质量与"绩效"对应。系统中的外部创新环境由专利政策营造，包括制度、经济、文化、技术水平、基础设施等内容。系统的外部环境支撑了企业的研发行为，而企业的研发行为影响了专利产出的质量。根据 SOR 理论框架中的"刺激—机体—反应"可知，企业会受到外部环境的刺激，即"刺激—机体"，而外部环境刺激将导致企业采取不同的研发行为，即"机体—反应"。创新系统中由专利政策营造的外部环境会对企业的研发目的和专利申请动机产生刺激。企业在不同的研发目的和专利申请动机下产生不同的研发行为，导致产出的专利出现质量差异。良好的专利创造环境需要通过专利政策来营造，由于创新系统存在系统失灵现象，专利政策需要适时调整或出台一些措施来维持或激发企业的创新活力，如加大基础设施建设、改善专利制度环境等。对于政

策制定者来说，企业的研发行为和动机难以观测，因此，政府通常以研发成果的情况作为观测创新系统是否有效运行的指标，而专利作为企业研发产出的可观测变量，常常被用作政策调整的依据。在我国专利制度开始实行的初期，专利意识还未被大众所接受，专利数量较少，因此各地区出台了一系列刺激企业产生专利申请动机的政策，极大地提升企业的专利产出。当前，我国专利质量的增长与数量增长并不匹配，专利政策逐渐转为质量优先的导向。由此可见，专利政策营造创新环境，创新环境支撑研发行为并影响企业的研发目的和专利申请动机，企业在不同的目的和动机下进行研发产生专利，而政府根据专利的质量对专利政策进行调整，整个创新系统内的过程形成闭环。企业专利质量的影响机理如图3-7所示。

从图3-7中可以看出，专利是企业研发活动的产出，其质量与企业的研发行为有关，而企业的研发活动并不是独立产生的，它受专利政策的影响。专利政策导致外部环境结构发生变化，进而影响企业的研发行为及企业产出的专利的质量。

3.4.2 企业专利质量的影响机理和分析路径

根据前述分析和企业专利质量的影响机理框架可知，影响企业专利质量的因素主要有专利政策及研发行为，这一逻辑与SCP理论框架中的"结构—行为—绩效"模型的内涵相符。因此，本书基于SCP理论框架构建了"专利政策—研发行为—企业专利质量"的分析路径。其中，专利政策与SCP框架中的结构因素对应，研发行为与行为因素对应，企业专利质量与绩效因素对应。由于SCP理论框架对于专利政策到研发行为这一从宏观到微观层面的作用机理缺乏一定的解释力，因此在SCP框架的基础上，本书引入SOR理论框架中的"刺激—机体—反应"模型来对专利政策到企业的研发行为这一跨层次的影响关系进行解释，如图3-8所示。

图 3-7 企业专利质量的影响机理

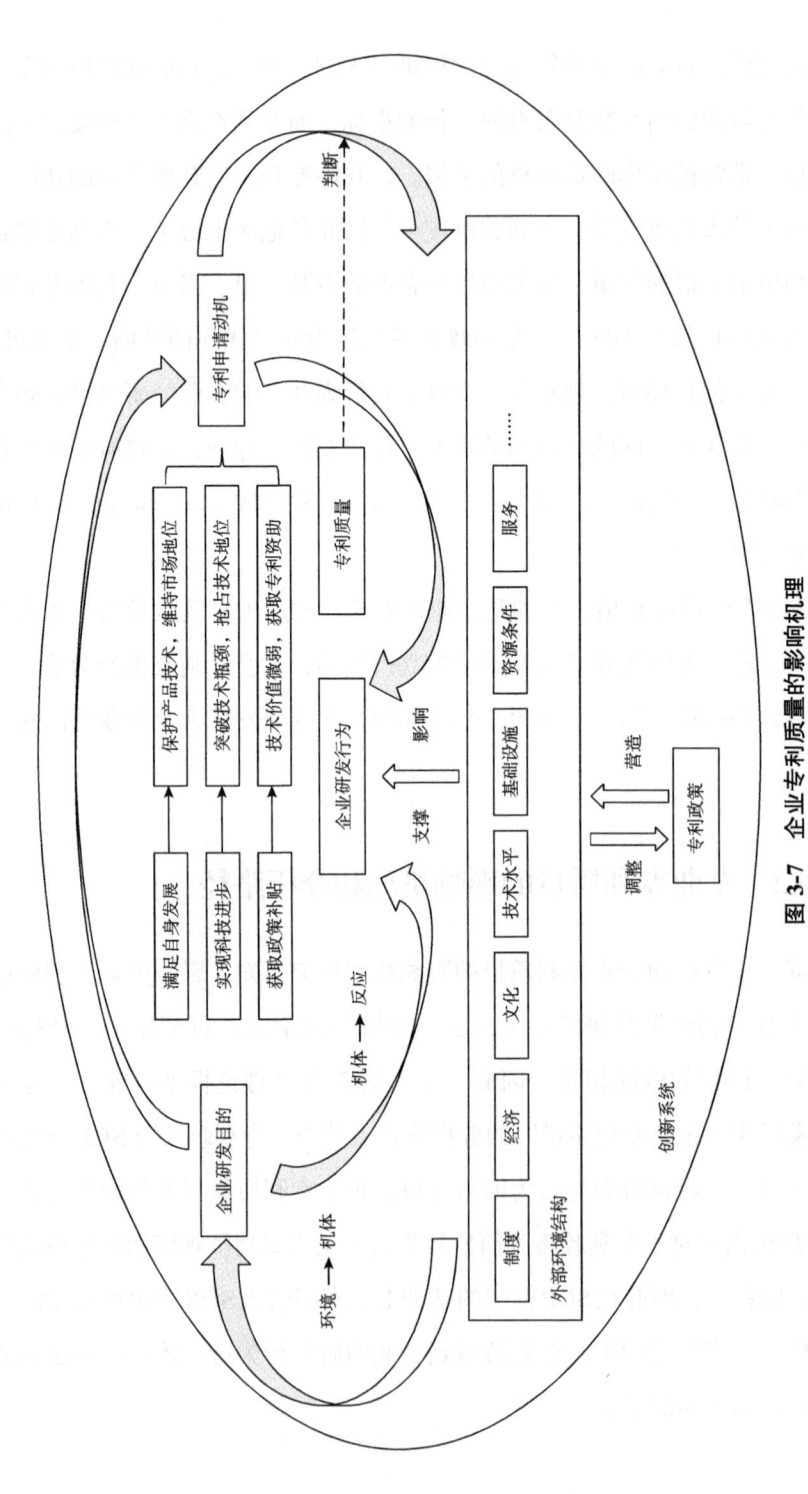

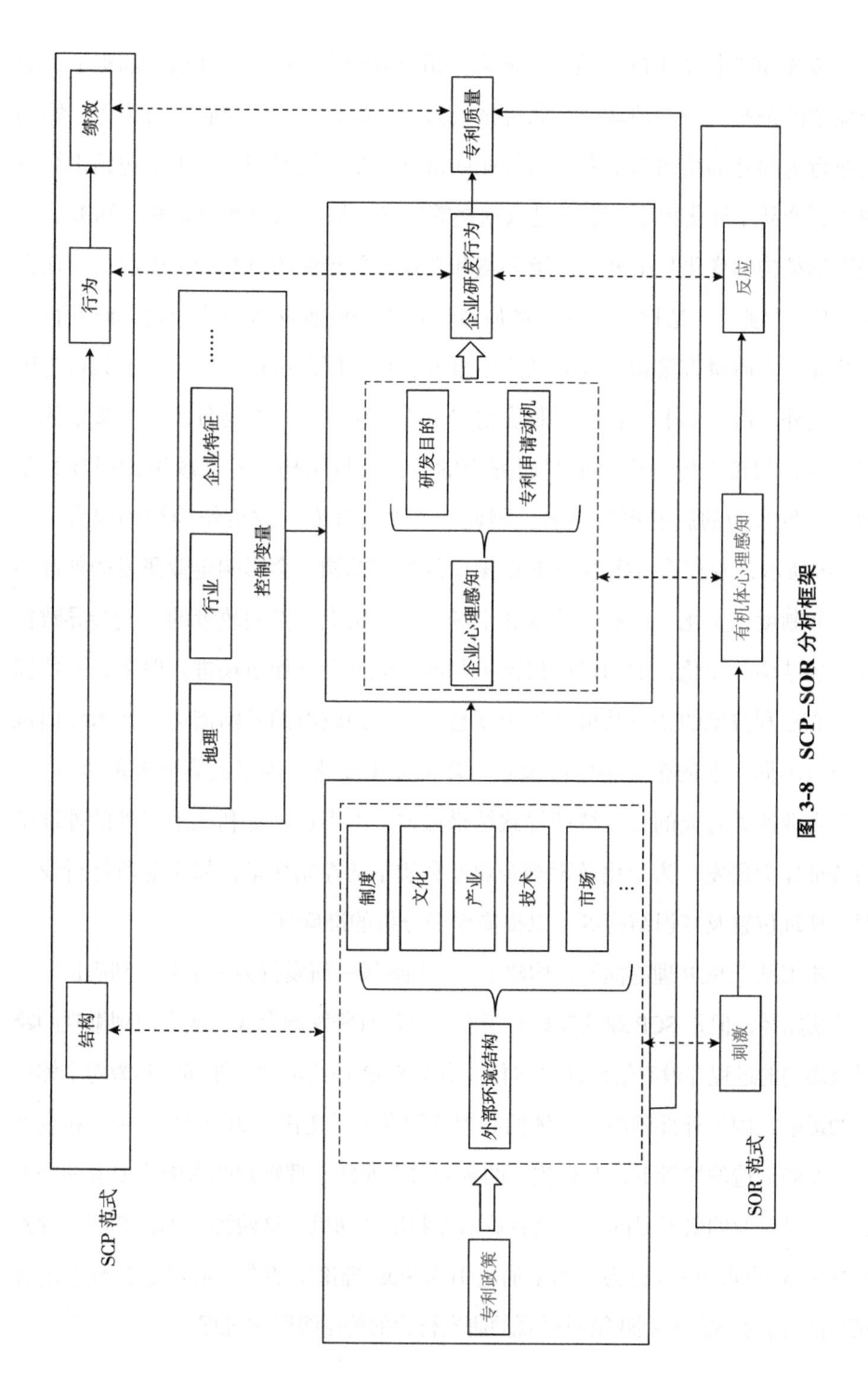

第3章 基于SCP-SOR框架的企业专利质量影响机理研究

图 3-8 SCP-SOR 分析框架

传统 SCP 框架中的"绩效"通常是指企业的经济绩效，在这一前提下，影响绩效的企业行为多种多样，如价格行为、交易行为、资源获取行为等。影响企业行为的外部结构因素大多与行业或市场的竞争情况相关，主要包括市场集中度、产品差异化程度和市场进入壁垒等因素。根据 SCP 框架的理论可知，这些市场结构的变化是由外部政策环境和企业所处行业的自身特征引起的。而在本书中，"绩效"是指企业的专利质量，作为企业研发活动的产物，研发行为与企业专利质量直接相关且对其产生重要影响，因此选择研发行为作为行为因素。此外，由于本书是在专利制度情景下进行研究，目的是分析专利政策的作用机理，相较于传统产业组织研究中的外部市场结构，专利政策的引导和激励对研发行为的影响更为显著。因此，本书选择专利政策作为结构因素。如图 3-8 所示，专利政策作为 SCP 框架中的外部结构，会影响企业研发的外部环境，如制度、文化、产业、技术和市场等。事实上，专利政策的改变会导致传统市场结构的变化，如知识产权保护制度的提升会增加市场进入壁垒，一些拥有核心专利技术的企业其市场集中度会提升，而政府的补贴措施和技术导向也会导致不同产业的企业集中度及竞争环境发生变化。为了提高研究的准确性，避免企业所处行业的自身特征导致结果偏差，本书还将专利政策以外的外部结构特征作为研发行为变化及影响企业专利质量的控制变量，如企业所处行业类型、地理位置及知识结构等，以提高模型分析的准确度。

　　本书基于 SCP 理论框架，构建了"专利政策—研发行为—企业专利质量"这一分析路径，但是 SCP 理论框架对于专利政策对研发行为这一从宏观到微观的跨层级影响的过程并没有给出理论解释。根据 SOR 理论可知，外部的刺激对个体行为的影响是因为外部刺激使个体的心理感知发生了变化。如图 3-8 所示，在企业进行专利创造的情景下，专利政策的刺激对企业的心理感知的影响主要有两个方面：一是企业的研发目的，二是企业的专利申请动机。这两种心理感知变化导致企业采取不同的研发行为。本书通过引入 SOR 理论中的个体心理感知概念解释 SCP 框架下宏观的专利政策对微观的研发行为的跨层级影响机理。

综上，本书认为专利政策作为外部结构因素，刺激了企业的心理感知，导致企业采取不同的研发行为，而企业不同的研发行为又导致了专利质量出现差异。

3.5 本章小结

本章构建了论文的整体分析框架。首先，对企业专利质量问题的负面影响和产生的原因进行分析，发现影响企业专利质量的关键因素是研发行为和专利政策。其次，分析研发行为与企业专利申请动机的关系，以及研发行为对企业专利质量的影响；分析专利政策的作用方式和作用效果。最后，在前述分析基础上，基于 SCP-SOR 理论框架提出影响企业专利质量的机理框架，并构建"专利政策—研发行为—企业专利质量"的分析路径。本章的内容为后续章节的研究奠定了整体框架和分析逻辑。接下来，本书将对企业专利质量、研发行为及专利政策进行测度，并运用实证方法具体分析专利政策、研发行为和企业专利质量的关系。

第 4 章　基于合成引文的专利质量测度研究

纳林（Narin）作为专利计量学的创始人，首次将专利引文分析纳入研究[155]，并在后续研究中逐渐扩大运用范围，尤其是在对专利进行价值或质量评价时广泛运用[54, 210]。专利引文分析的原理是，当一项在先专利被在后专利引用，那么这两项专利的引用关系就建立了，这种引用关系表明了在先专利的某些技术内容是在后专利的基础。一般认为，被引用次数越多的专利，其技术内涵越重要，因此这类专利常常被视为高质量的专利。虽然专利引文的这一概念在理论上具有一定的准确性，但是在实际运用上仍然存在许多问题。首先，专利是否被引用存在一定的主观性问题；其次，是否对所有的在先相关技术均进行引用同样存疑；最后，专利的引用需要经历较长的时间才能获得足够的数据，时效性较低。本书针对引文分析的缺陷和问题，运用大数据文本分析方法，构建合成引文关系。基于这一关系，结合专利新颖性和影响力的理论，进一步构建专利质量的测度模型，如图 4-1 所示。本书提出的专利质量测度模型能够解决真实引文存在的主观性、数据缺失及时效性问题。

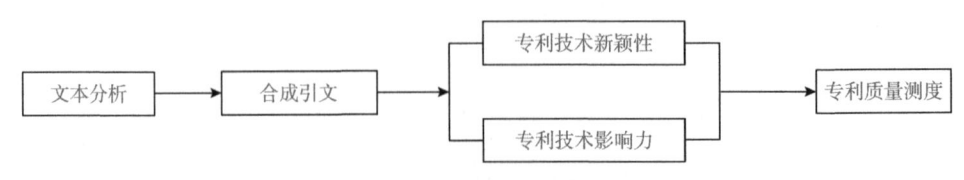

图 4-1　专利质量测度研究框架

4.1 专利质量的评价维度

从 1.2.3 节对于专利质量概念的分析可知，专利质量的评价有别于对专利价值的评估。本书对专利质量的定义是从技术层面出发，不以企业的主观市场需求作为判断的依据，而是以专利所包含的内容在整个技术发展过程中的地位及所起的作用作为客观判断的依据。从技术的角度来看，一项高质量的专利首先应当是新颖的，即该专利所包含的某些技术之前从未被提出；此外，一项高质量的专利还应当是具有影响力的，即该专利的出现为后续的技术发展指明了方向或奠定了基础。基于这一定义，本书将从专利的新颖性和影响力来对专利质量进行评价。

一项具有新颖性的专利应当是不同于在先专利的[15]。从技术内涵上看，一项新颖性较高的专利应当包含之前从未出现过的技术内容。从文本分析方法上看，技术相关的专利具有较高的文本相似度[177]，而具有高新颖性的专利可以认为与之前的专利相比具有较低的文本相似度[15]。阿茨（Arts）等认为，专利的文本相似度是与其行业类别（通常用专利分类号来区分）高度相关的，同领域的专利具有更高的文本相似度[177]，反之则相似度较低。因此，值得注意的是，在评价一项专利的新颖性时，如果将它与非相关行业的专利进行比较，由于技术内容没有交集，会得出一个较低的文本相似度，导致该专利在计算数值上显得非常具有新颖性，但是，这样的比较是没有意义的。例如，将一个计算机行业的专利与一个化学行业的专利进行比较，二者毫无关联，因此，尽管从模型计算上具有较高的新颖性，但是从实际意义上来说，这样的新颖性数值其实是一种噪声，它会使专利的新颖性数值假性增高。为了克服这一缺陷，在计算专利的新颖性时，本书仅比较与目标专利具有行业相关性的在先专利。每一项专利的文本都包含一个或多个用来表征其产业类别的专利分类号，可以认为这些专利分类号就是该专利的技术内容所涉及的相关产业。因此，本书在计算新颖性时，比较的是与目标专利领域相同的在先专利，排除非相关领域专利的比较，降低领域非相关性带来的噪声影响。当两个专利具有一定的行业相关性后，二者间的行业差异可以认为是一种技术领域运用的拓展，是一种新颖性的体现。

一项具有影响力的专利应当对后续的技术发展方向和路径产生影响。从技术上看，后续的专利与高影响力的专利具有相似的核心技术或方法。传统的判断专利的影响力的方法是运用引文分析，这种方法认为，高影响力的专利是被引用较多的专利。传统的引文分析方法存在两个问题：第一，如果出现被引用频率相同的两个专利，二者间谁的影响力更高将难以判断；第二，专利撰写人很难将所有相关的先前专利都写进引文中，甚至发明人参照了某些在先专利技术也并不一定都写入引文当中。为了解决传统引文分析方法的第一个问题，冯克（Funk）等提出了一种运用引用结构判断专利影响力的模型[54]，即判断一件目标专利被在后专利引用时，在后专利是否还引用了目标专利所引用的专利，如果在后专利只引用了目标专利而未引用目标专利所引用专利，则称目标专利改变了既有的研究路径。而文本分析方法很好地解决了传统引文分析法的第二个问题。专利文本包含了该技术所有的技术内容，因此，从文本分析方法上看，高影响力的专利与后续专利具有较高的文本相似度[15]。但是，现有的文本分析方法还存在两个问题：一是当两项专利与未来专利相比的文本相似度较高时，如何区分它们各自的影响力；二是如何确定每一项专利在技术发展路径中扮演的角色。冯克（Funk）等的方法在一定程度上解决了第二个问题，提出的衡量专利在技术发展路径中角色重要性的方法为本书的研究提供了依据和借鉴，但是由于引文数据自身的局限，引文数据并不能完整地表示整个技术的发展历程。为了解决这一问题，同时改进传统文本分析的局限，本书在提出的合成引文概念的基础上，结合技术发展路径综合评估专利影响力。

4.2 基于文本相似度的专利合成引文构建

4.2.1 合成引文模型构建

真实的专利引文数据来源于发明人在专利文档上所记录的引用文献，以及审查员在专利审查时所添加的与专利技术相关的文献。专利的引文在一定程度上可以反映专利技术的来源及后续发展情况，经常被用来判断专利的质量。但是由于引文是人为添加产生，并且需要一定的时间才会出现引用记录，因此运用引文信息判断专利质量通常会出现时效性较低、主观性较强及引用不全的问题。由于真实引文数据存在的局限，本书提出"合成引文"概念，这是一种基于海量专利文本分析并运用文本相似度来构建的虚拟引文关系。"合成引文"构建了所有专利之间的相似度关系，相较于真实引文信息更能够体现出专利技术发展的完整脉络。

在一个特定文档中，不同词语的重要性往往并不相同。因此，计算文本相似度时，应当对词语的重要性程度进行区分以提高计算精度。常用的一种词语重要性赋权方法是"术语—频率—逆文档频率"转换（Term-Frequency-Inverse-Document Frequency，TF-IDF），如式（4-1）所示：

$$\text{TFIDF}_{p,w} = \text{TF}_{p,w} \times \text{IDF}_w \qquad (4\text{-}1)$$

其中，$\text{TF}_{p,w}$ 为词频（Term Frequency），用于表示一个词 w 相对于文档 p 的重要程度。它通过统计词 w 在文档 p 中出现的次数在文档总长度的占比来体现，如式（4-2）所示：

$$\text{TF}_{p,w} = \frac{c_{p,w}}{\sum_k c_{p,l}} \qquad (4\text{-}2)$$

IDF_w 表示词 w 的逆文档频率（Inverse-Document Frequency），定义如式（4-3）所示：

$$\text{IDF}_w = \log\left(\frac{\text{样本文档数量}}{1+\text{样本中包含词语 } w \text{ 的文档数量}}\right) \quad (4\text{-}3)$$

IDF 测量的是词汇 w 的信息度。虽然一个词在一份文档中出现的次数越多，表示该词汇对于这篇文档的重要性越高，但是在整个文档集中，包含该词汇的文档越少，该词汇的信息度就越高。因此，通过词汇重要度和词汇信息度的乘积就能计算出一个词汇 w 在整个语料库下对于某一特定文档的重要程度。

对于一般文档的词汇度量大多是无时间向量的，但是专利是与时间相关的，尤其是后续的专利新颖性和影响力判断，更是与时间序列不可分割。因此，本书借鉴凯利（Kelly）等的方法[15]，将逆文档数重新定义成一个基于时间节点的变量，即"后向逆文档数"（Backward-IDF），如式（4-4）所示：

$$\text{BIDF}_{w,p} = \log\left(\frac{\text{时间早于文档 } p \text{ 的文档数量}}{1+\text{时间早于文档 } p \text{ 且包含词语 } w \text{ 的文档数量}}\right) \quad (4\text{-}4)$$

技术的发展是随时间变化的，评价一个技术名词的重要性应当只与现有专利所包含的词汇进行比较。如果与后续的专利也进行比较，那么可能会导致一个具有高影响力的词由于后续出现较多，反而降低了信息度。由于可知的专利词汇出现的最早时间为其申请日，因此在衡量词汇的重要性时，应当以所要的专利的申请时间为节点，以不超过该节点的在先专利作为文档集来计算词汇的信息度。改进后的 TF-BIDF 公式如式（4-5）所示：

$$\text{TFBIDF}_{w,i,t} = \text{TF}_{w,i} \times \text{BIDF}_{w,t} \qquad t = \min(i, j) \quad (4\text{-}5)$$

其中，$\text{TFBIDF}_{w,i,t}$ 表示词汇 w 对专利 i 在时间节点 t 时的 TF-BIDF 值。

假设所有专利的语料库集合为 W，根据 TF-BIDF 公式计算出每一个词在不同专利中的 TF-BIDF 值，构建每一个专利的 W 维词向量，然后进行归一化处理，如式（4-6）所示：

$$V_{i,t} = \frac{\text{TFBIDF}_{i,t}}{\|\text{TFBIDF}_{i,t}\|} \quad (4\text{-}6)$$

最后，根据归一化后的专利词向量，计算每一对专利之间的 Cosine 相似度，如式（4-7）所示：

$$p_{i,t} = V_{i,t} \times V_{j,t} = \frac{V_{i,t} \times V_{j,t}}{\|V_{i,t}\| \times \|V_{j,t}\|} = \frac{\sum_{i=1}^{w} V_{i,t} \times \sum_{j=1}^{w} V_{j,t}}{\sqrt{\sum_{i=1}^{w}(V_{i,t})^2} \times \sqrt{\sum_{j=1}^{w}(V_{j,t})^2}} \quad (4\text{-}7)$$

计算后的文本相似度取值范围为 0~1。

基于文本相似度计算结果，本书构建了一个合成阈值 T，该阈值的取值与专利文本相似度一致，其范围为 0~1。合成引文的构建方式是，对于特定取值的合成阈值 T，如果一对专利的文本相似度大于合成阈值 T，则认为这对专利存在合成引用关系（Synthetic Citation），如式（4-8）所示。

$$\begin{cases} \text{Similarity(Patent } A \text{ and Patent } B) > T & \text{True synthetic citation} \\ \text{Similarity(Patent } A \text{ and Patent } B) \leqslant T & \text{False pair} \end{cases} \quad (4\text{-}8)$$

选取不同的合成阈值可以得到不同的合成引文数据，合成阈值越小，得到的合成引文对越多。合成阈值越小，专利间的合成引用关系就越多，但是这种选取方式选取的数据关系过于宽泛，引入了较多的噪声，降低了后续的计算准确度，且计算量过于庞大。由于合成阈值 T 的选择将会影响到整体专利数据所构建的合成引用对，进而影响基于专利技术展开的技术发展全貌及专利质量判断，所以选取适合的合成阈值 T 是构建专利合成引用对的关键。

尽管真实专利引文数据不能非常准确地反映技术的发展全貌，但是经过大量的研究验证，真实专利引文数据与专利质量具有较强的相关性，专利引文数据可以在一定程度上反映专利质量。为了确定适合的合成阈值 T，本书将选取 0~1 的不同合成阈值 T 来构建不同阈值下的合成引文数据，并与真实专利引文数据进行比较后最终确定。与国外较成熟的专利分析方法及指标体系相比，国内目前对专利分析的重视度仍不够、利用较少，分析中对专利信息资源的加工程度较低，且专利数据库中对专利的引用情况没有记录（我国专利对于是否引用相关技术并无强制要求，且专利说明书扉页的引文信息大多是审查员援引的最相关技术而非发明人借鉴的技术，因此我国专利目前难以进行引证分析[211]），以至于一些重要的分析方法如专利引文分析及其相应指标都无法利用，而合成引文可以很好地弥补中国专利数据引文不全的缺陷。为了更好地验证合成引文方法的可行性及合成阈值 T 的选择，本书选择美国的专利数据进行验证。

4.2.2 数据收集与处理

本节对中国专利和美国专利进行合成引文构建。计算步骤如图 4-2 所示。总共分为三步。第一步是数据收集，确定数据的来源、数据量大小及数据的范围。第二步是数据清理，包括分词、语料库构建、剔除停用词及文本到词汇 ID 的转换四个子步骤。第三步是文本相似度计算，采用第 4.2.1 节的模型进行计算。由于本书需要用到美国专利数据和中国专利数据，这两种数据存在一定的差异，接下来将对这两种不同数据的处理流程进行详细说明。

数据收集。本书运用 Python 编写爬虫程序，从美国专利商标局官网数据库下载申请年份为 1960—2012 年的美国授权发明专利文本信息，共计 5 899 281 条。每一个专利文本包括专利号、申请年份、标题、摘要、权利要求和说明书。从各类专利数据库（国家知识产权局数据库、专利之星、德温特专利数据库）下载申请年份为 1986—2017 年的中国授权发明专利文本信息。最终获得 3 158 197 条专利数据。每一项专利文本包括专利号、申请年、标题、摘要、发明人、权利人和专利分类号。

本书使用的整体专利数据年份为 1986—2017 年，其原因是：①1985 年 4 月 1 日是我国专利法实施的第一天，本书通过数据爬取能收集到的最早的发明专利是在 1986 年申请。②本书在专利质量的分析上针对的是已授权的发明专利，排除未授权的专利。由于发明专利的授权需要经过实质审查程序，通常需要

```
┌─────────────────────────────┐
│  Step 1 数据收集             │
│   • 数据来源                 │
│   • 数据大小                 │
│   • 数据范围                 │
└─────────────────────────────┘
              ↓
┌───────────────────────────────────────────────────┐
│                   ┌─────────────────────────┐     │
│                   │ Step 2.1 检查数据准确性 │     │
│                   └─────────────────────────┘     │
│                   ┌─────────────────────────┐     │
│                   │ Step 2.2.1 文本分词      │     │
│ Step 2 数据清理    └─────────────────────────┘     │
│         Step 2.2 文本转换                         │
│                   ┌─────────────────────────┐     │
│                   │ Step 2.2.2 剔除停用词    │     │
│                   └─────────────────────────┘     │
│                   ┌─────────────────────────┐     │
│                   │ Step 2.2.3 文本转词 ID   │     │
│                   └─────────────────────────┘     │
└───────────────────────────────────────────────────┘
```

┌───┐
│ Step 3.1 专利文本词频计算及语料库构建   │
│ ┌──────────────────────────────┐ ┌─────────────────────────┐ │
│ │ Step 3.1.1 词频计算（TF）   │ │ Step 3.1.2 语料库字典   │ │
│ │ $TF_{p,w} = \dfrac{c_{p,w}}{\sum_k c_{p,l}}$ │ │ • 计算每一时间节点之前 │ │
│ │ • 计算每一个词对应于每一个专利的词频除以文本总长 │ │   的所有词的词频   │ │
│ └──────────────────────────────┘ └─────────────────────────┘ │
└───┘

Step 3.2 计算向后逆文档值（BIDF）
$$BIDF_{w,p} = \log\left(\dfrac{\#patents\ prior\ to\ p}{1+\#documents\ prior\ to\ p\ that\ include\ term\ w}\right)$$
• 某一词汇在申请日时间节点前在多少专利中出现

Step 3 文本相似度计算

Step 3.3 计算 TF-BIDF
$$TFBIDE_{w,j,t} = TF_{w,j} * BIDF_{w,t},\quad t = \min(i,j)$$

Step 3.4 归一化 TF-BIDF
$$V_{i,t} = \dfrac{TFBIDF_{i,t}}{\|TFBIDF_{i,t}\|}$$
• 用专利文本长度对词汇 TF-BIDF 进行归一化

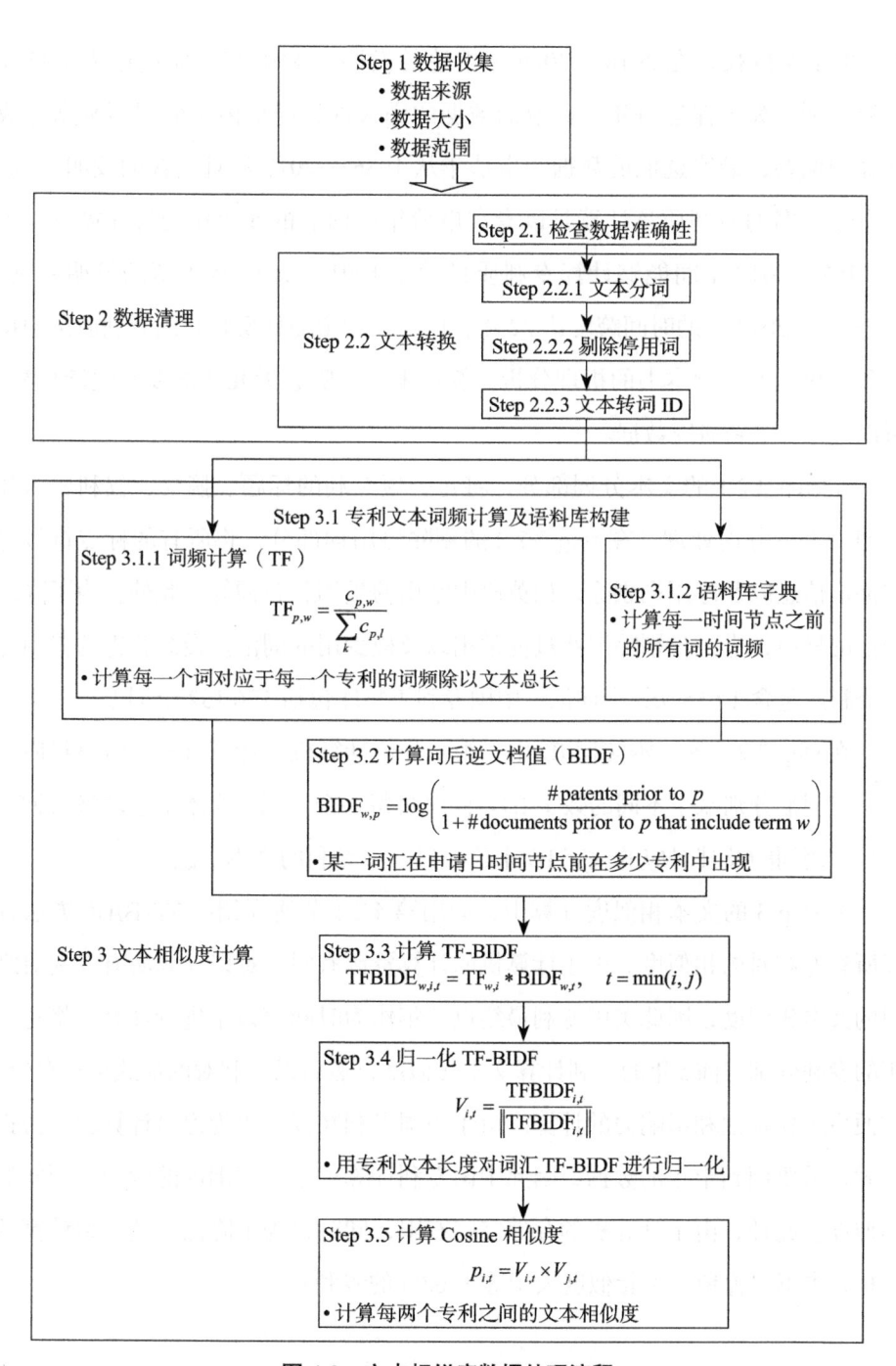

Step 3.5 计算 Cosine 相似度
$$p_{i,j} = V_{i,t} \times V_{j,t}$$
• 计算每两个专利之间的文本相似度

图 4-2　文本相似度数据处理流程

3~5 年才能授权，在 2018—2020 年申请的发明专利中存在大量还未审核完毕的专利。为了保证每年所获取的数据的完整性，避免由于数据不平衡造成计算的偏差，最终选取的数据为申请年从 1986—2017 年且授权的发明专利。③由于本书的专利质量计算是以专利申请年份前后的 5 年作为时间窗口，因此 1986—2017 年间能够计算专利质量的是 1991—2012 年申请的发明专利。④ 1991—2012 年的时间跨度达 22 年，已能较为全面地反映我国专利质量的特征和变化，不影响本书的机理分析。⑤在未来，随着近几年的专利逐渐授权，可以进一步更新研究数据。

在 step 2.2.1 的文本分词部分，将每一项专利的标题、摘要、权利要求和说明书进行分词处理。在 step 2.2.2 的剔除停用词部分，将所有的标点符号等非词汇信息以及停用词剔除，如英语中常用的量词和介词等。此外，为了降低词汇的噪声，进一步剔除那些过度常用以及极少用的词汇。最终获得的美国专利语料库包含 1 655 055 个词汇，中国专利语料库包括 176 132 个词汇。

在 step 2.2.3 的文本转词 ID 中，为了降低计算机的计算负担，将语料库中的所有词汇分别赋予不同的数字 ID。同时将每一个专利的文本信息转换成词汇向量，用词频及其对应的数字 ID 来代表每一项专利的文本信息。

在 step 3 的文本相似度计算中，运用第 4.2.1 节所介绍的 TF-BIDF 方法计算所有专利对的相似度。由于计算机的计算资源有限，难以计算所有专利对之间的文本相似度，因此美国专利最终以 5 年作为时间窗口来进行计算。将每一年的专利分别与前 5 年的专利计算文本相似度，然后以专利对的形式进行存储，方便后续新颖性和影响力的计算。由于中国专利在以 5 年为窗口计算影响力指标时，需要用到十年的数据，因此中国专利计算了十年范围内的两两专利间的相似度。此外，由于计算机的存储空间有限，同时也为了降低后续模型计算的负担，本书只保留文本相似度大于等于 0.05 的专利对。

4.2.3 合成引文的可行性验证

使用申请年份为 1960—2012 年的美国授权专利数据来验证合成引文构建的可行性。在构建引文数据时，以 5 年为窗口，即以每一项专利的申请年份的后五年所申请的专利的文本相似度及合成阈值 T 来判定是否存在合成引用关系。同样地，将真实引文数据以每一项被引专利的申请年份为基准年份，与其后五年的引用数据作为比较样本。

首先，以 1960—1999 年的美国专利数据来确定合理的合成引文阈值 T，以 5 年为窗口，获取 1960—1994 年的合成引用对，然后再以 1960—2012 年的所有专利进行验证。合成阈值 T 的取值为 0.1~0.9。构建合成引文时，以每一对专利的文本相似度是否大于阈值 T 作为构建合成引文的标准。表 4-1 显示了不同合成阈值 T 下的合成引文的对数、同时具有合成引文关系及真实引文关系的专利对数及其相关比例。其中，申请年在 1960—1994 年的所有专利对数为 125 600 431 218 对，5 年窗口的真实专利引用对数为 6 392 684 对。

表 4-1 合成引文对数与真实引文对数比较

T	合成引用对数 / 对	合成引用对与真实引用对交集 / 对	合成引用对中包含的真实引用对数占比 /%	合成引用对中的真实引用对在真实引用对中占比 /%
0.1	25 843 606 293	5 578 635	0.0216	87.2659
0.2	5 445 747 106	4 375 971	0.0804	68.4528
0.3	1 516 095 871	3 181 769	0.2099	49.772
0.4	459 929 795	2 139 946	0.4653	33.4749
0.5	140 218 000	1 320 251	0.9416	20.6525
0.6	39 922 084	739 870	1.8533	11.5737
0.7	9 744 801	372 293	3.8204	5.8237
0.8	1 904 234	167 520	8.7972	2.6205
0.9	396 808	71 643	18.0548	1.1207

由表 4-1 可知：第一，合成引文对数远大于真实引文对数，说明在技术背景相关性上，真实引文数据引用不完整的情况非常严重；第二，随着合成阈值 T 的增加，合成引文对数急剧下降。为了增加合成引文的准确性，使其能够捕获真实的技术发展轨迹，应当选取合适的合成阈值 T。表 4-1 显示，当合成阈值 T 等于 0.1 时，能够捕获到大约 87.3% 的真实引用对；当合成阈值 T 等于 0.2 时，能够捕获到 68.5% 的真实引用对；当合成阈值 T 等于 0.3 时，能够捕获到 49.8% 的真实引用对。根据已有研究，真实的引用关系能在一定程度上反映出技术的发展路径。因此，在选取合成阈值 T 时，应当使合成引文数据尽可能包含真实引文数据，但是考虑到计算量及噪声影响，不能使合成阈值 T 过小。根据合成引文对与真实引文对的关系可知，当合成阈值 T 为 0.1，所能捕获的真实引文对大于 T 值为 0.2 和 0.3 的时候，其构建的合成引用对数分别为 0.2 和 0.3 时的 4.75 倍和 17.05 倍，所构建的合成引文数据量过于庞大，不仅增加了后续的计算量，还会引入许多引用噪声。而当合成阈值 T 为 0.3 时，合成引文对数较少，其捕获的真实引用对数还不足 50%，损失了过多的技术相关引用对，会造成后续计算的不准确。综上考虑，初步确定合成引用阈值 T 为 0.2。

由上一步的文本相似度分析发现，真实专利引文数据出现了严重的引用不全的现象。接下来将验证合成阈值 T 为 0.2 时能否尽可能多地捕捉到真实引文数据中的被引专利。选取 1960—2012 年的所有美国专利，同样以 5 年为窗口，并以合成阈值 T 等于 0.2 为基准构建合成引文。具体验证步骤分为四步：第一步，统计各年的合成引文中的被引专利个数；第二步，将合成引文中的被引专利与真实的被引专利进行比较，统计相同专利的个数；第三步，计算相同的专利个数在总合成被引专利中的占比；第四步，计算相同的专利个数在真实被引专利中的占比。计算结果见表 4-2。

表 4-2 合成被引专利数与真实被引专利数比较

年份	真实被引专利/件	合成被引专利/件	相同专利/件	相同专利在合成被引专利中的占比/%	相同专利在真实被引专利中的占比/%
1960	44 425	48 920	44 401	90.762 469 3	99.945 976 4
1961	45 908	50 407	45 875	91.009 185 2	99.928 117 1
1962	48 731	53 231	48 704	91.495 557 1	99.944 593 8
1963	50 539	55 407	50 508	91.158 156 9	99.938 661 2
1964	52 642	57 725	52 621	91.158 077 1	99.960 107 9
1965	57 606	63 364	57 580	90.871 788 4	99.954 865 8
1966	54 509	60 140	54 485	90.596 940 5	99.955 970 6
1967	54 361	59 946	54 338	90.644 913 8	99.957 690 3
1968	57 787	63 398	57 759	91.105 397 6	99.951 546 2
1969	59 996	65 188	59 974	92.001 595 4	99.963 330 9
1970	61 285	65 968	61 266	92.872 301 7	99.968 997 3
1971	61 819	66 423	61 799	93.038 555 9	99.967 647 5
1972	59 350	63 383	59 333	93.610 274 0	99.971 356 4
1973	62 398	66 272	62 371	94.113 652 8	99.956 729 4
1974	62 836	66 474	62 808	94.485 061 8	99.955 439 6
1975	62 374	65 870	62 345	94.648 550 2	99.953 506 3
1976	62 475	65 803	62 446	94.898 408 9	99.953 581 4
1977	62 591	65 966	62 566	94.845 829 7	99.960 058 2
1978	62 237	65 574	62 201	94.856 193 0	99.942 156 6
1979	62 528	65 696	62 508	95.147 345 3	99.968 014 3
1980	63 203	66 468	63 175	95.045 736 3	99.955 698 3
1981	60 918	63 898	60 884	95.283 107 5	99.944 187 3
1982	62 116	65 009	62 093	95.514 467 2	99.962 972 5
1983	59 096	61 547	59 067	95.970 559 1	99.950 927 3
1984	64 381	67 055	64 357	95.976 437 3	99.962 721 9
1985	68 625	71 435	68 600	96.031 357 2	99.963 570 1
1986	72 280	75 093	72 255	96.220 686 3	99.965 412 3
1987	78 480	81 468	78 449	96.294 250 5	99.960 499 5
1988	86 845	90 142	86 802	96.294 735 0	99.950 486 5

续表

年份	真实被引专利/件	合成被引专利/件	相同专利/件	相同专利在合成被引专利中的占比/%	相同专利在真实被引专利中的占比/%
1989	92 439	96 100	92 398	96.147 762 7	99.955 646 4
1990	95 413	99 352	95 386	96.008 132 7	99.971 702 0
1991	96 294	100 254	96 266	96.022 103 9	99.970 922 4
1992	99 843	103 902	99 813	96.064 560 8	99.969 952 8
1993	104 049	108 312	104 016	96.033 680 5	99.968 284 2
1994	118 254	123 334	118 225	95.857 590 0	99.975 476 5
1995	137 864	144 624	137 809	95.287 780 7	99.960 105 6
1996	138 394	144 769	138 361	95.573 638 0	99.976 155 0
1997	160 951	169 366	160 904	95.003 719 8	99.970 798 6
1998	158 363	168 080	158 325	94.1962161	99.976 004 5
1999	167 519	179 793	167 484	93.153 793 5	99.979 106 8
2000	178 139	194 844	178 109	91.411 077 6	99.983 159 2
2001	181 873	206 934	181 830	87.868 595 8	99.976 357 1
2002	178 462	211 353	178 425	84.420 377 3	99.979 267 3
2003	165 476	204 835	165 447	80.770 864 4	99.982 474 8
2004	152 280	200 384	152 263	75.985 607 6	99.988 836 4
2005	141 098	201 735	141 080	69.933 328 4	99.987 242 9
2006	129 502	205 863	129 492	62.902 027 1	99.992 278 1
2007	117 250	210 946	117 236	55.576 308 6	99.988 059 7

由表 4-2 可以看出，以合成阈值 $T = 0.2$ 为基准所构建的 1960—2000 年的合成被引专利几乎涵盖了 100% 的真实被引专利，真实被引专利在合成被引专利中也占到 90% 以上。2000—2007 年的合成被引专利数量逐渐大于真实被引专利数，但合成被引专利能够抓取到几乎百分之百的真实被引专利。这是由于：第一，自 2000 年后，美国的专利申请数量逐年上升。第二，随着技术的迅速发展，每一个技术领域都有越来越多的人进行研究，对于发明人或专利撰写人来说，相似的或可参考的专利技术越来越多，使得他们更难以把所有的相关技

术都作为引文写入专利文献中。通过 2000 年后的数据还能看出，随着技术的爆发式提升，专利数量的暴增，引用不全的现象越来越严重。第三，现有研究已表明，专利的引用具有滞后性，年份越近的专利其被引用的概率越低。从表 4-2 可以看出，2001—2007 年真实被引用过的专利数逐渐下降，合成引用对中的被引专利数依然呈上升趋势，而上升的趋势与真实世界中技术的快速发展更一致。

由此可以得出，合成引文几乎能够完全捕获真实被引专利；比真实引文数据更能反映真实的技术发展全貌；对于技术大发展的当代，合成引文数据较真实引文数据能够捕获更多的在先相关技术。基于上述验证可知，只要选取合适的合成阈值 T 来构建合成引文数据，不仅不会遗漏真正有价值的专利，且比真实引用数据更可靠有效。

合成引文的构建能够很好地弥补中国专利数据的不足，更好地描绘中国的技术发展脉络。因此，本书在后续的中国专利分析和质量评价中，都将采用合成引文方法。从对美国专利的研究可知，当合成引文的阈值 T 取值为 0.2 时，既能够包含 90% 以上的被引用的专利数据，又能降低合成引文的计算数量及相关性较低的数据噪声影响，此时的合成引用对占所有引用对的 4.34%。由于中国专利缺乏引文数据，本书用计算得出的美国专利数据中合成引用对占总专利对数的比率来确定中国专利的合成引文阈值。最终确定，中国合成引文的阈值为 0.22，此时的合成引用对占 4.45%，与美国专利的合成引用对的占比基本一致。

4.3 基于合成引文的专利质量模型构建

4.3.1 基于合成引文的专利新颖性测度

根据传统的引文分析理论，一项新颖性较高的专利由于与在先技术存在较大的差别,所以其引用的在先技术较少。但是专利的引文通常会出现引用不全或主观性过强的问题,因此以专利是否引用在先技术或引用了多少的在先技术来判断其新颖性是不够准确的。本书提出的合成引文能够很好地解决这一问题。由于合成引文是基于文本相似度得出,所以,通过合成引文的数量和数值就可以更加准确地判断与一项专利相关的在先技术有多少,以及它们在多大程度上存在关联。

因此,在剔除与领域完全不相关的专利并使用合成引文方法后,专利新颖性的判定如图 4-3 所示。图 4-3 中横坐标表示合成引文数量及文本相似的程度,纵坐标表示行业相似度。第一,当目标专利与先前专利相比,行业相似度很高且文本相似度较高时,目标专利的新颖性较低。第二,当行业相似度较高且文本相似度较低时,目标专利具有一定的新颖性。第三,当目标专利与先前专利相比,行业相似度较低且文本相似度较高时,目标专利具有一定的新颖性。在具有行业相关性的前提下,目标专利的新颖性与行业差异度有关,此时的行业差异度体现的是目标专利可运用的领域范围。当两个目标专利与同一个在先专利具有相同的文本相似度时,与在先专利行业差异大的目标专利新颖性更高。一个在某一领域提出的技术,经过一定时间的开发可能会延伸到另一技术领域。例如,一种简单的制备石墨烯薄片的方法于 2004 年提出,其技术类别属于物理和材料领域,在后续的研发中,这一方法可以运用到电子、生物等领域。这就解决了这样一个问题,假设目标专利 A 和目标专利 B 与在先专利 C 相比时具有相同的文本相似度,但是与在先专利 C 相比,目标专利 B 属于同一个领域,目标专利 A 还包括其他领域,且在先专利 C 的某些技术在目标专利 A 所在的其他领域是首次出现。显然,目标专利 A 比目标专利 B 具有更高的新颖性。第四,当目标专利与先前专利相比,行业相似度和文本相似度都非常低时,说明目标专利是一个具有很强新颖性的专利。

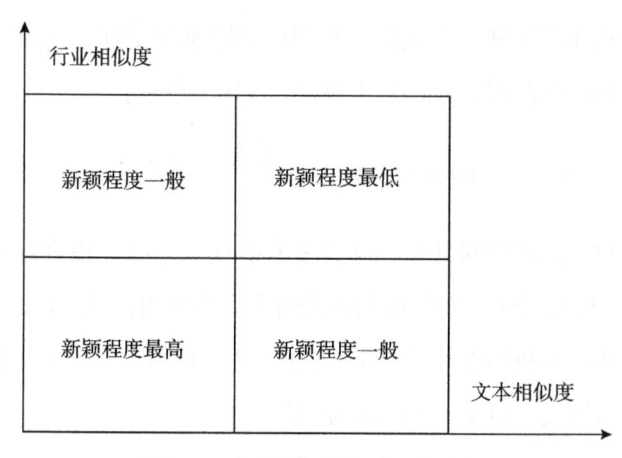

```
         行业相似度
              │
              │
              │  新颖程度一般  │  新颖程度最低
              │               │
              │───────────────┼───────────────
              │               │
              │  新颖程度最高  │  新颖程度一般
              │               │         文本相似度
              └───────────────┴──────────────→
```

图 4-3 专利新颖性程度二维坐标

据此，提出专利新颖性的计算公式如式（4-9）所示。

$$p_{\text{novelty}} = \sum_{0}^{j} \frac{1}{p_{\text{sim}\_j}} \times \frac{1}{C_{\text{sim}\_j}} \quad (4\text{-}9)$$

其中，p_{sim_j}表示与目标专利具有合成引用关系的专利对间的文本相似度；C_{sim_j}表示具有合成引用关系的专利对之间的行业相似度；j表示需要与目标专利进行比较的合成引文个数，j值的大小与合成引文的数量及比较的年份范围有关。

4.3.2 基于合成引文的专利影响力测度

高影响力的专利对后续专利的产生是不可或缺的[54]。这一思想是用技术的发展脉络来衡量专利的影响力。借鉴这一思想，本书用 4.2.1 节构建的合成引文来构建影响力测度模型。首先，要判断目标专利与多少个在后专利具有合成引文关系。其次，判断目标专利与多少在先专利具有合成引文关系。最后，判断与目标专利具有合成引文关系的在先专利又有多少与目标专利的在后合成引文能够形成合成关系。当在后引文仅与目标专利具有合成引用关系，且与目标专利的在先合成引文没有关系时，表明目标专利对该在后专利具有很大影响力；

反之，目标专利并不是唯一对该在后专利产生影响的专利，其影响力由于在先具有影响的专利的存在而下降。公式如式（4-10）所示：

$$\text{Imapct\_judge} = \frac{-f_{i,t}b_{i,t} + 2f_{i,t}}{2} \quad (4\text{-}10)$$

当在后专利与目标专利具有合成引用关系时，$f_{i,t}=1$，没有合成引用关系时为 0；当在后专利与目标专利的在先合成引文有合成引用关系时，$b_{i,t}=1$，否则为 0。因此，目标专利的影响力判断值的取值区间为（0，1），值越大表示目标专利的影响力越大。以图 4-4 所示为例。

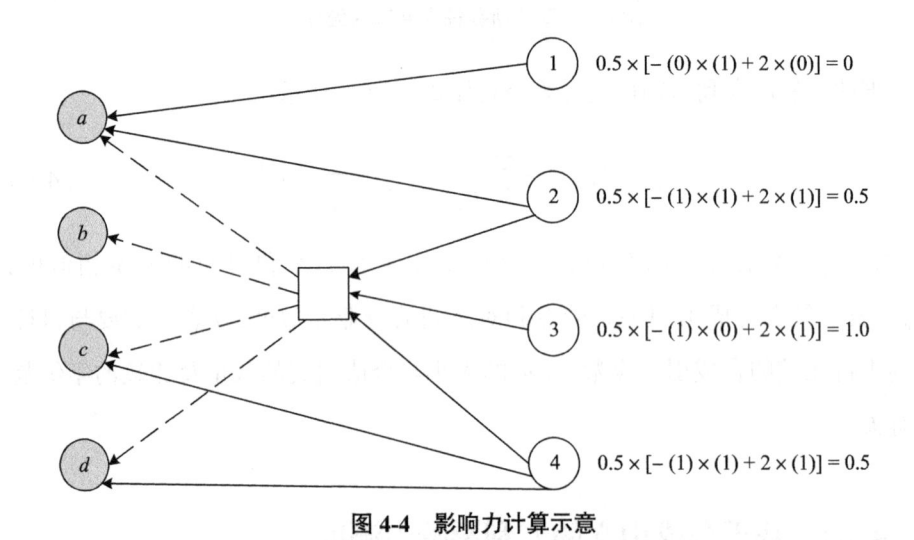

$0.5 \times [-(0) \times (1) + 2 \times (0)] = 0$

$0.5 \times [-(1) \times (1) + 2 \times (1)] = 0.5$

$0.5 \times [-(1) \times (0) + 2 \times (1)] = 1.0$

$0.5 \times [-(1) \times (1) + 2 \times (1)] = 0.5$

图 4-4　影响力计算示意

图 4-4 中方框为目标专利，灰色圆圈为与目标专利具有合成引用关系的在先专利，白色圆圈为与目标专利具有合成引用关系的在后专利，箭头表示合成引用关系。根据公式（4-8）可知，在后专利 1 仅与目标专利的在先合成引文 a 具有引用关系，因此，目标专利对专利 1 的影响力判断值为 0。在后专利 2 与目标专利及目标专利的在先合成引文 a 具有合成引用关系，因此目标专利对专利 2 的影响力判断值为 0.5。在后专利 3 仅与目标专利具有合成引用关系，因此目标专利对专利 3 的影响力判断值为 1。在后专利 4 与目标专利及目标专利

的在先合成引文 c 和 d 有合成引用关系，因此目标专利对专利 4 的影响力判断值为 0.5。

当计算出目标专利对所有的在后合成引文的影响力判断值后，以目标专利与在后专利的文本相似度作为影响力权重（基于第 4.2.1 节的文本相似度模型所计算出的值）乘以影响力判断值，进行累加，得到目标专利的影响力，如式（4-11）所示：

$$p_{\text{impact}} = \sum_{i=0}^{n} \left(\frac{-f_{i,t} b_{i,t} + 2 f_{i,t}}{2} \times p_{\text{sim}\_i} \right) \tag{4-11}$$

其中，n 表示与目标专利具有合成引用关系的在后专利的个数；p_{sim_i} 是目标专利与第 i 个在后合成引文的文本相似度。

4.4 专利质量测度结果分析

根据已有研究，一项高质量的专利应当与在先技术相比具有较高的新颖性，同时又能对后续的技术发展产生较大的影响。因此，本书构建的专利质量模型以新颖性和影响力的乘积作为表征。由于计算后所得的新颖性和影响力数值较大，本书将新颖性和影响力分别取对数后再作乘积，如式（4-12）所示：

$$P_{\text{quality}} = p_{\text{novelty}} \times p_{\text{impact}}$$
$$= \ln\left(\sum_{0}^{j} \frac{1}{p_{\text{sim}\_j}} \times \frac{1}{C_{\text{sim}\_j}} + 1 \right) \times \ln\left[\sum_{0}^{i} \left(\frac{-f_{i,t} b_{i,t} + 2 f_{i,t}}{2} \times p_{\text{sim}\_i} \right) + 1 \right] \tag{4-12}$$

其中，j 表示与目标专利进行新颖性比较的在先专利的件数；i 表示与目标专利进行影响力比较的在后专利的件数。

图 4-5 展示的是 1991—2012 年中国上市公司专利质量的概率密度图。从图中可以看出，专利质量的分布基本符合正态分布，质量处于中间偏左的专利占大多数，说明我国上市公司的大部分专利的质量处于中等偏低水平。

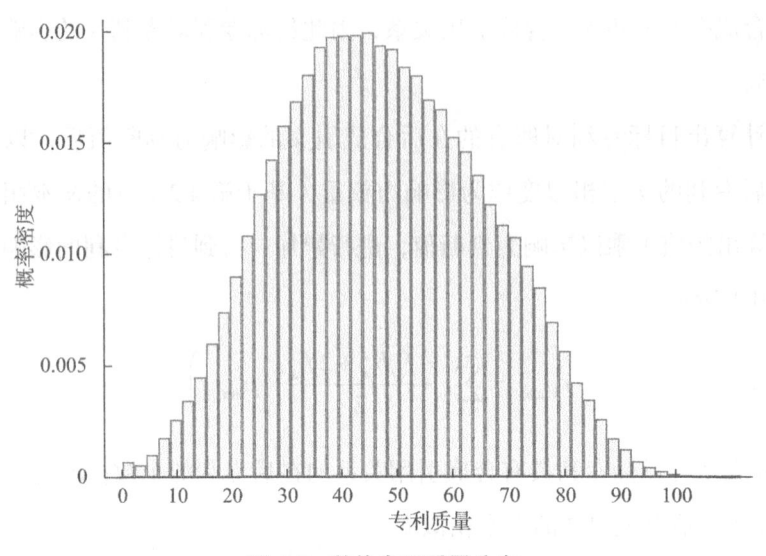

图 4-5　整体专利质量分布

图 4-6 是年平均专利质量、平均影响力和平均新颖性（取自然对数后的平均值）的曲线图。

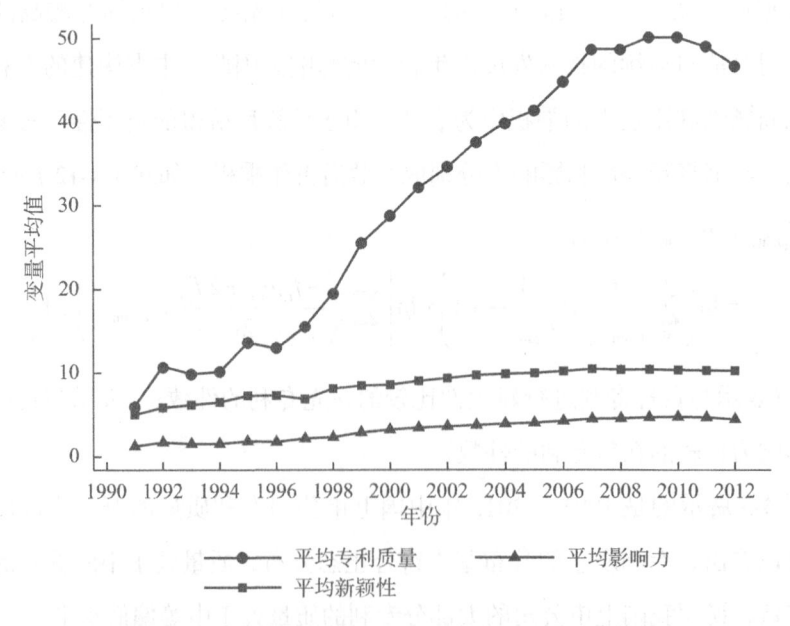

图 4-6　年平均专利质量、平均影响力和平均新颖性

从图 4-6 中可以看出，在不同年份，平均专利质量存在一定的波动，尤其在 1996—2007 年这一阶段，平均专利质量增长较快，2007—2010 年这一阶段平均专利质量增长平缓，2010—2012 年平均专利质量出现下降。专利的平均新颖性和平均影响力与专利的平均质量变化趋势基本一致。后续章节将通过专利政策和研发行为分析导致企业专利质量产生差异的原因，并提出提高企业专利质量的建议。

由于有的上市公司在不同地区存在分公司，并且不同地区的不同政策会对该地区企业的专利申请行为产生不同影响，如果以总公司所属地来对专利所属地区进行分类会产生较大偏差，且难以体现区域间的差异，因此，本书接下来以专利申请时所在的省份进行分类统计和分析。

图 4-7 至图 4-37 是以各专利申请时所在的省（自治区、直辖市）[1]进行分类后统计的专利质量在时间序列上的分布图。

（a）序列图（样本数：2910 件）　　（b）残差与拟合图（两倍标准差区间）

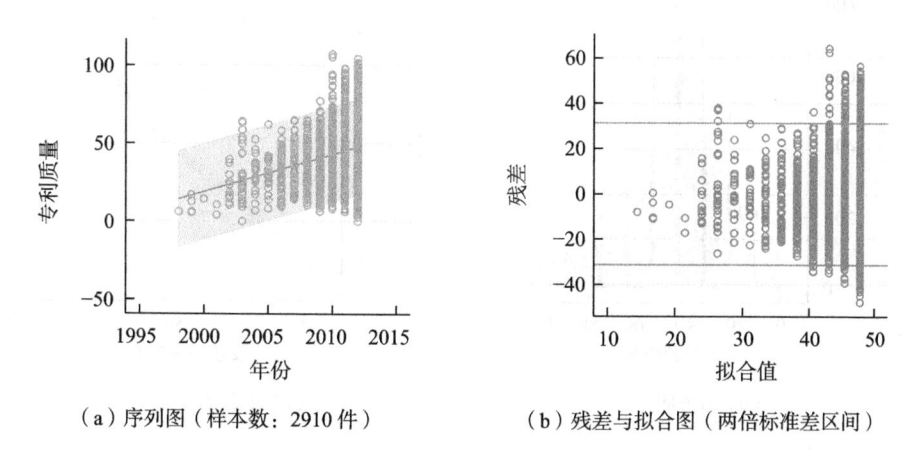

图 4-7　安徽省上市公司专利质量分布

---

[1] 本书统计数据范围不包括中国香港、澳门和台湾地区，下文不再说明。

(c)箱形图　　　　　　　　　　　　(d)一阶差分图

(e)直方图　　　　　　　　　　　　(f)正态分布图

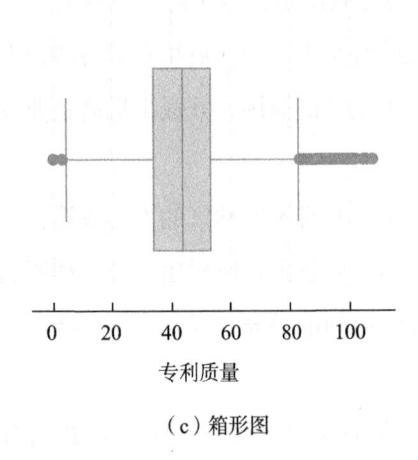

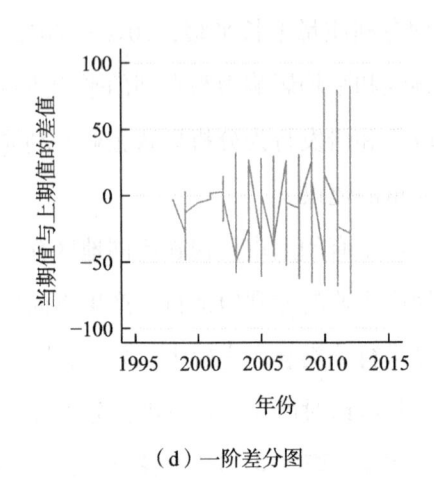

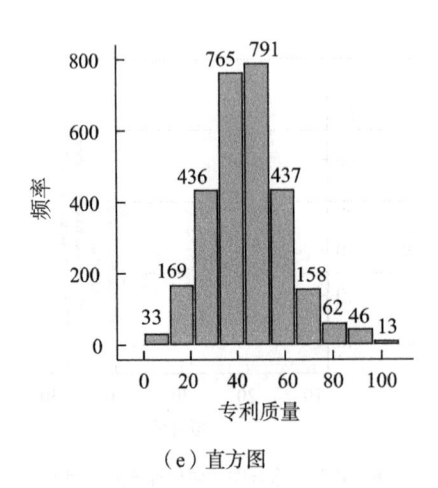

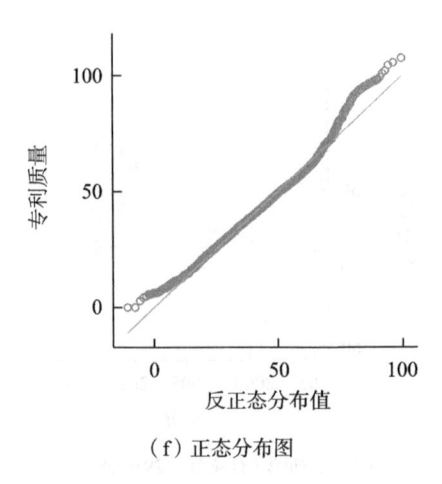

图 4-7　安徽省上市公司专利质量分布（续）

(a) 序列图（样本数：28 743 件）

(b) 残差与拟合图（两倍标准差区间）

(c) 箱形图

(d) 一阶差分图

(e) 直方图

(f) 正态分布图

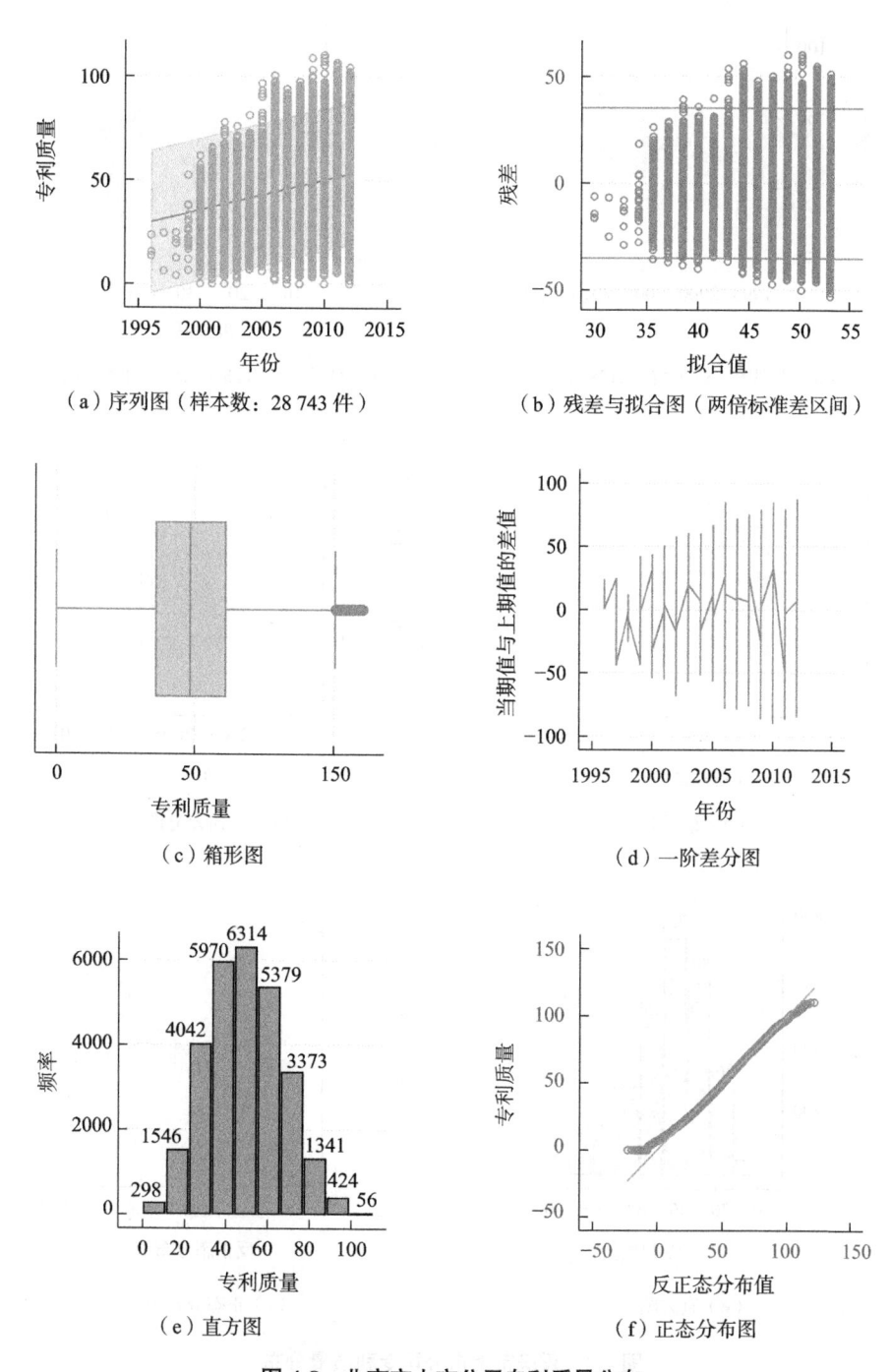

图 4-8　北京市上市公司专利质量分布

(a)序列图（样本数：2478 件）

(b)残差与拟合图（两倍标准差区间）

(c)箱形图

(d)一阶差分图

(e)直方图

(f)正态分布图

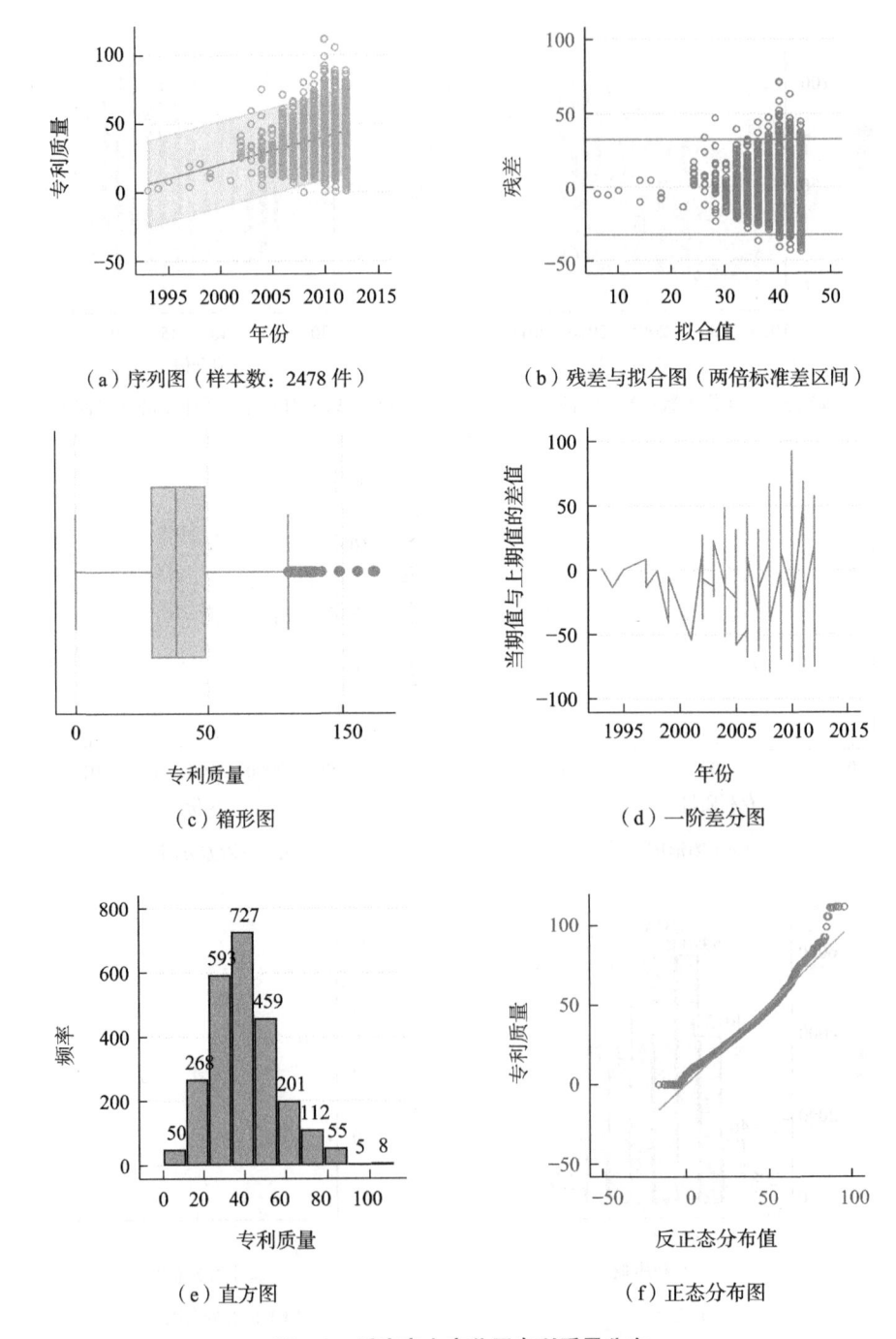

图 4-9　重庆市上市公司专利质量分布

第4章 基于合成引文的专利质量测度研究

(a) 序列图（样本数：1958件）

(b) 残差与拟合图（两倍标准差区间）

(c) 箱形图

(d) 一阶差分图

(e) 直方图

(f) 正态分布图

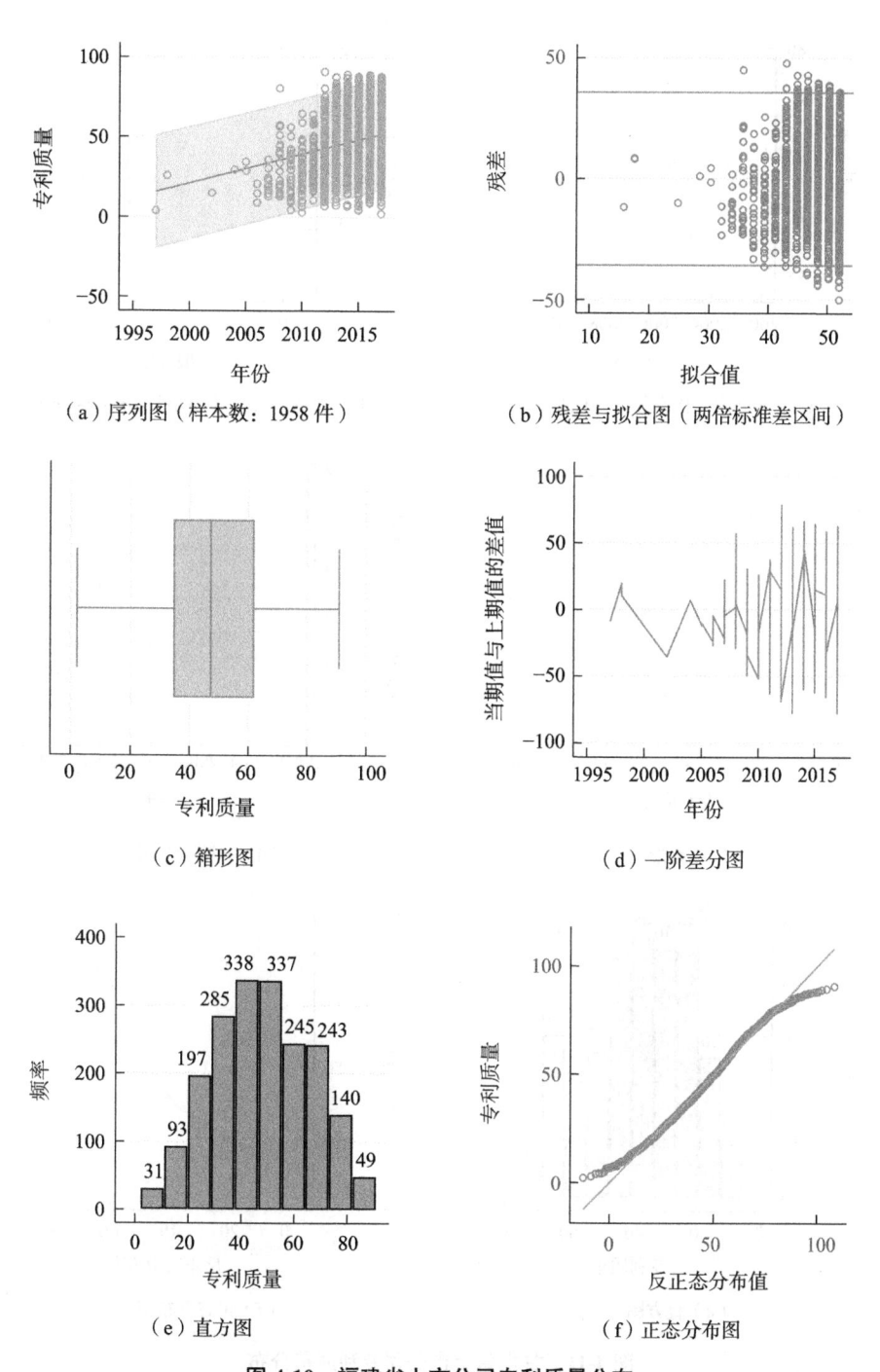

图4-10 福建省上市公司专利质量分布

(a)序列图（样本数：301件）

(b)残差与拟合图（两倍标准差区间）

(c)箱形图

(d)一阶差分图

(e)直方图

(f)正态分布图

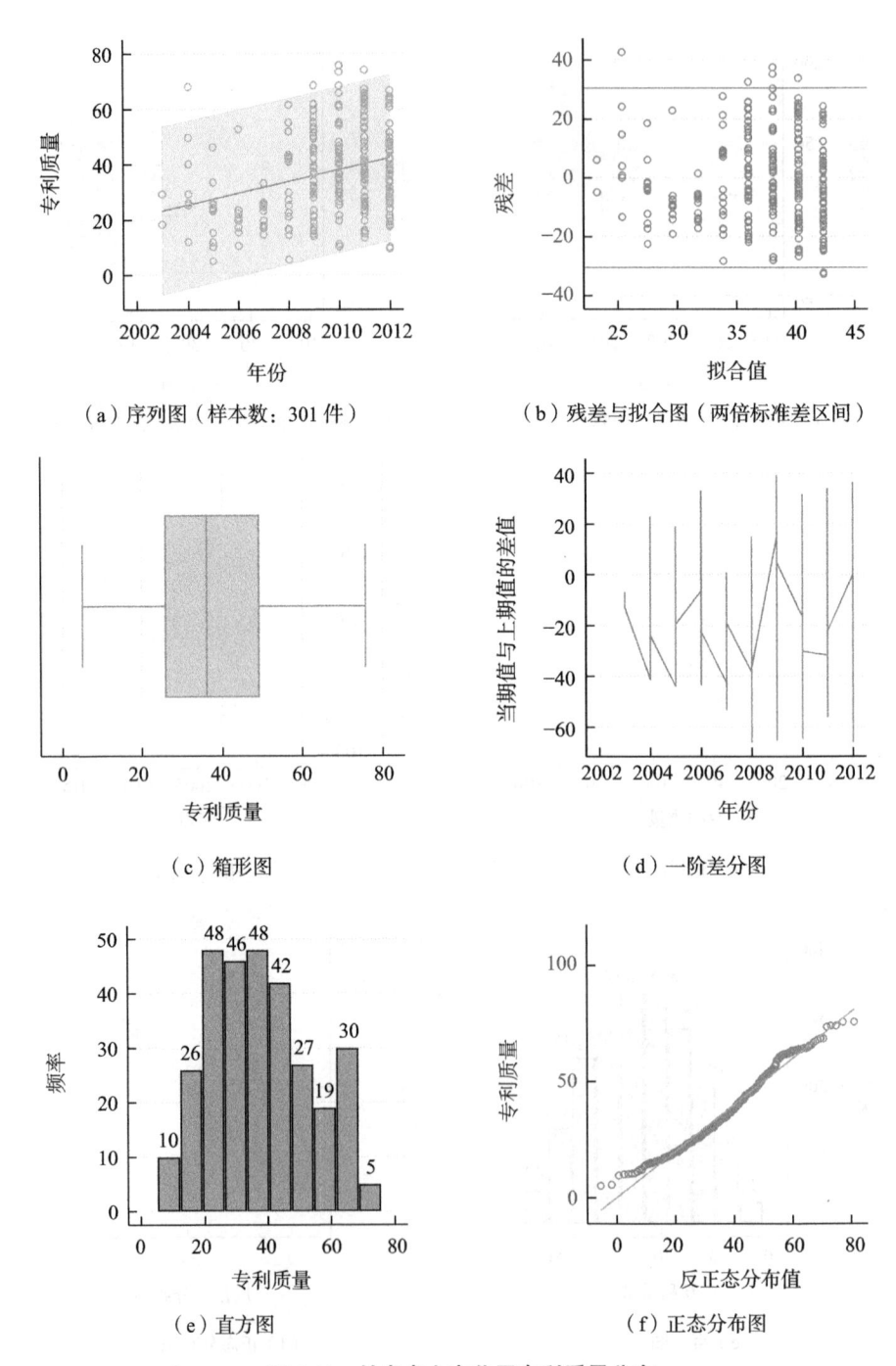

图4-11 甘肃省上市公司专利质量分布

（a）序列图（样本数：47 017 件）

（b）残差与拟合图（两倍标准差区间）

（c）箱形图

（d）一阶差分图

（e）直方图

（f）正态分布图

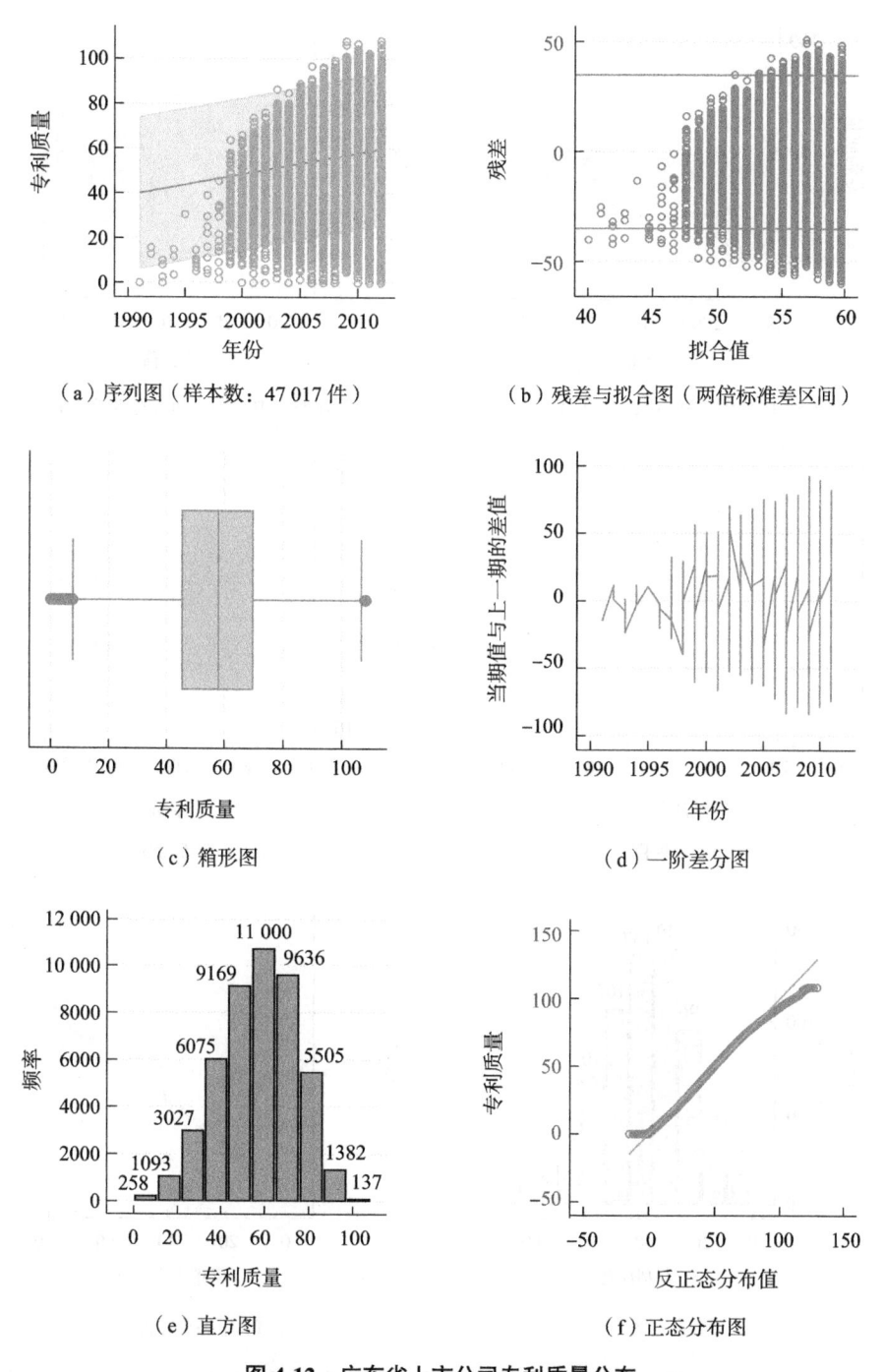

图 4-12　广东省上市公司专利质量分布

(a)序列图（样本数：644件）

(b)残差与拟合图（两倍标准差区间）

(c)箱形图

(d)一阶差分图

(e)直方图

(f)正态分布图

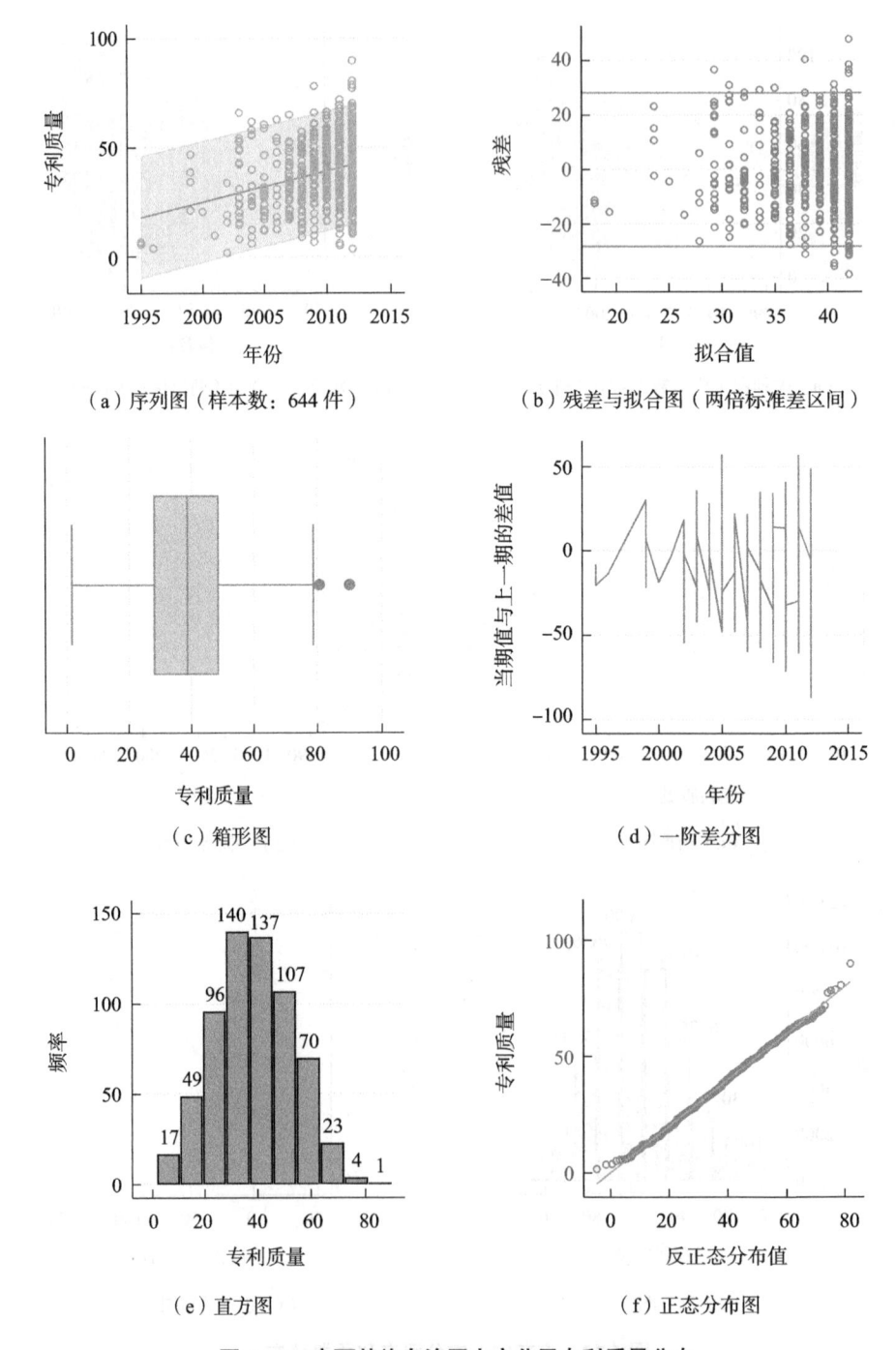

图 4-13　广西壮族自治区上市公司专利质量分布

— 110 —

第 4 章 基于合成引文的专利质量测度研究

（a）序列图（样本数：765 件）

（b）残差与拟合图（两倍标准差区间）

（c）箱形图

（d）一阶差分图

（e）直方图

（f）正态分布图

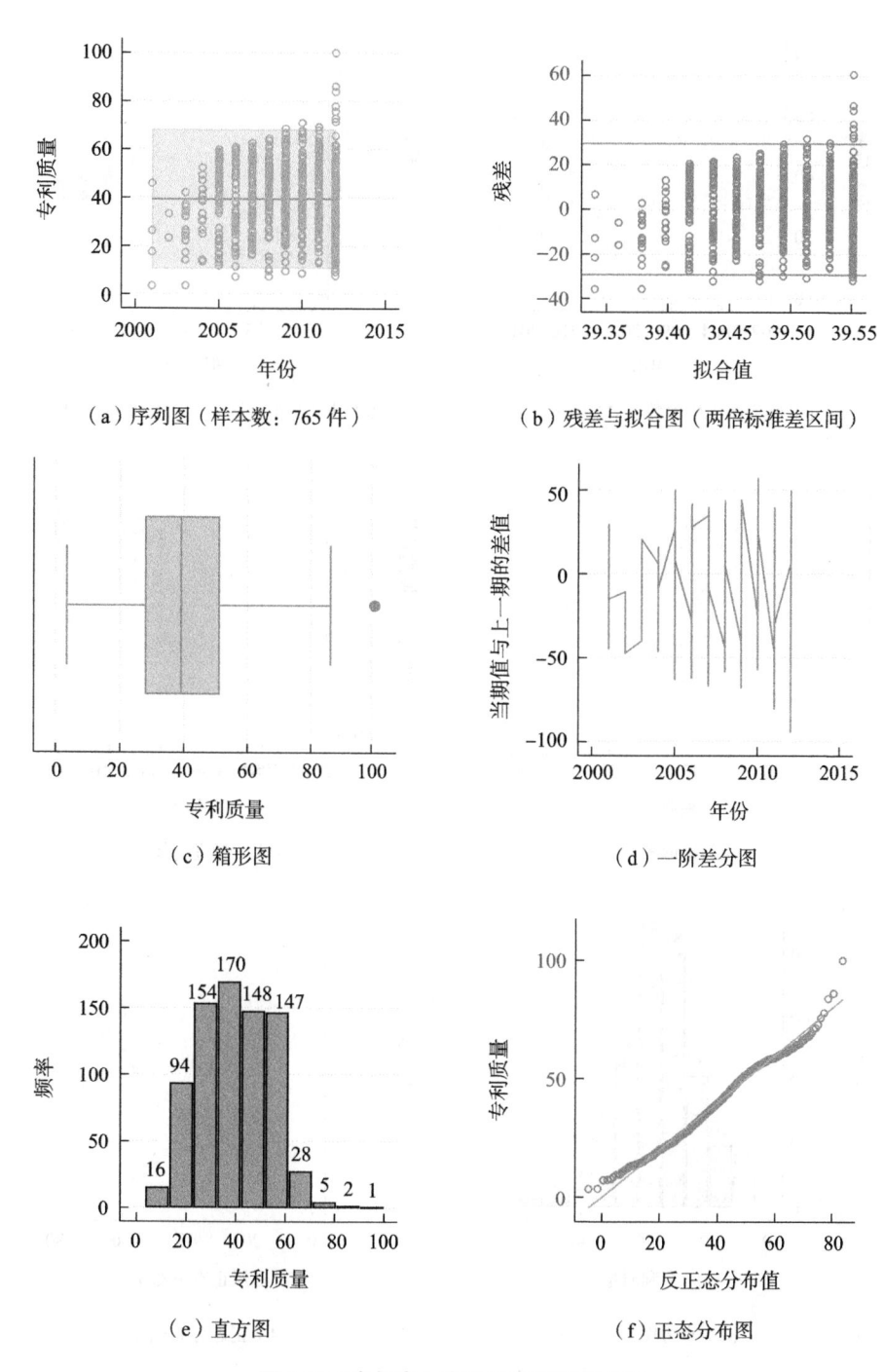

图 4-14 贵州省上市公司专利质量分布

(a)序列图（样本数：325件）　　(b)残差与拟合图（两倍标准差区间）

(c)箱形图　　(d)一阶差分图

(e)直方图　　(f)正态分布图

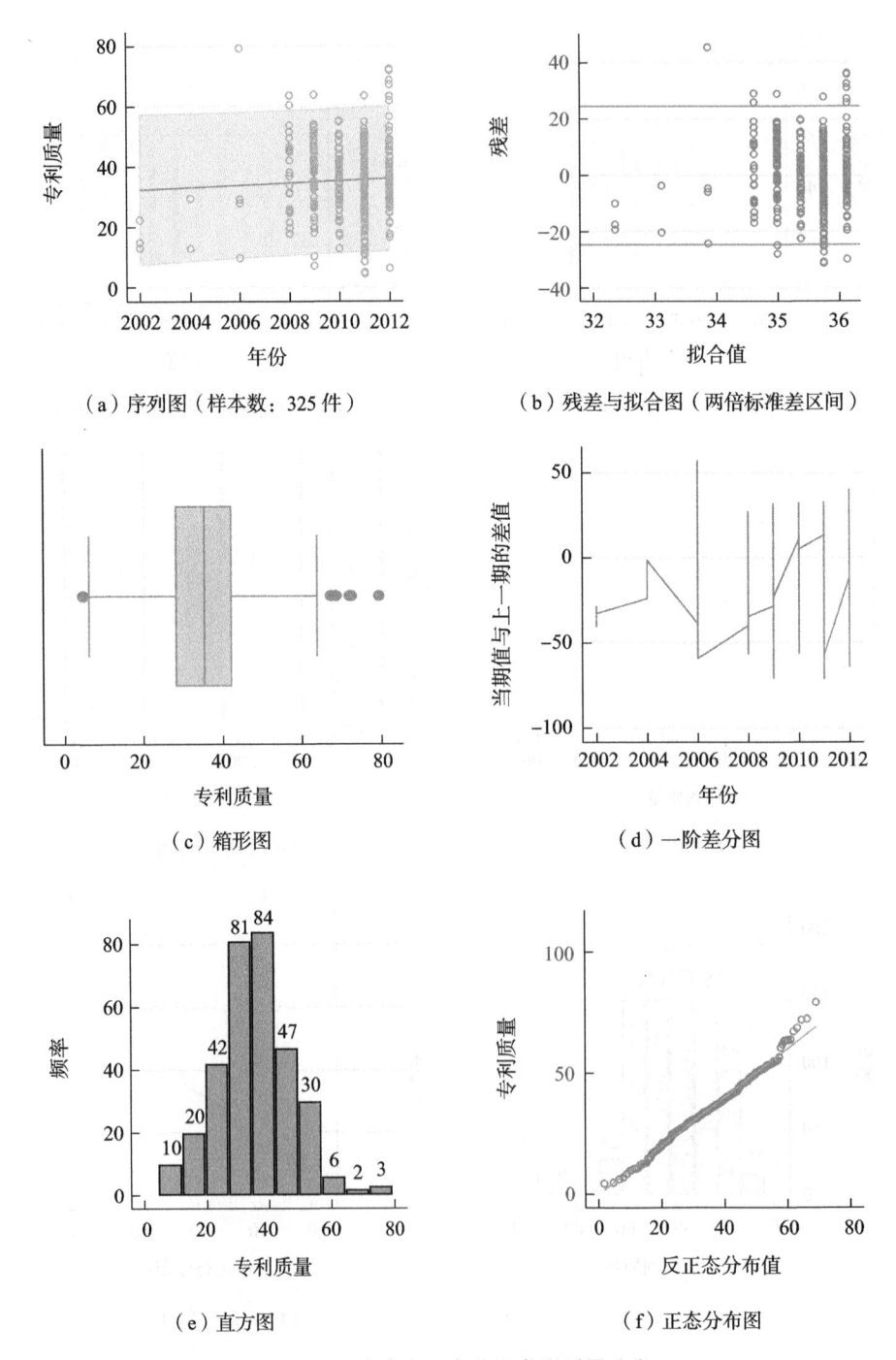

图 4-15　海南省上市公司专利质量分布

第4章 基于合成引文的专利质量测度研究

（a）序列图（样本数：1773件）

（b）残差与拟合图（两倍标准差区间）

（c）箱形图

（d）一阶差分图

（e）直方图

（f）正态分布图

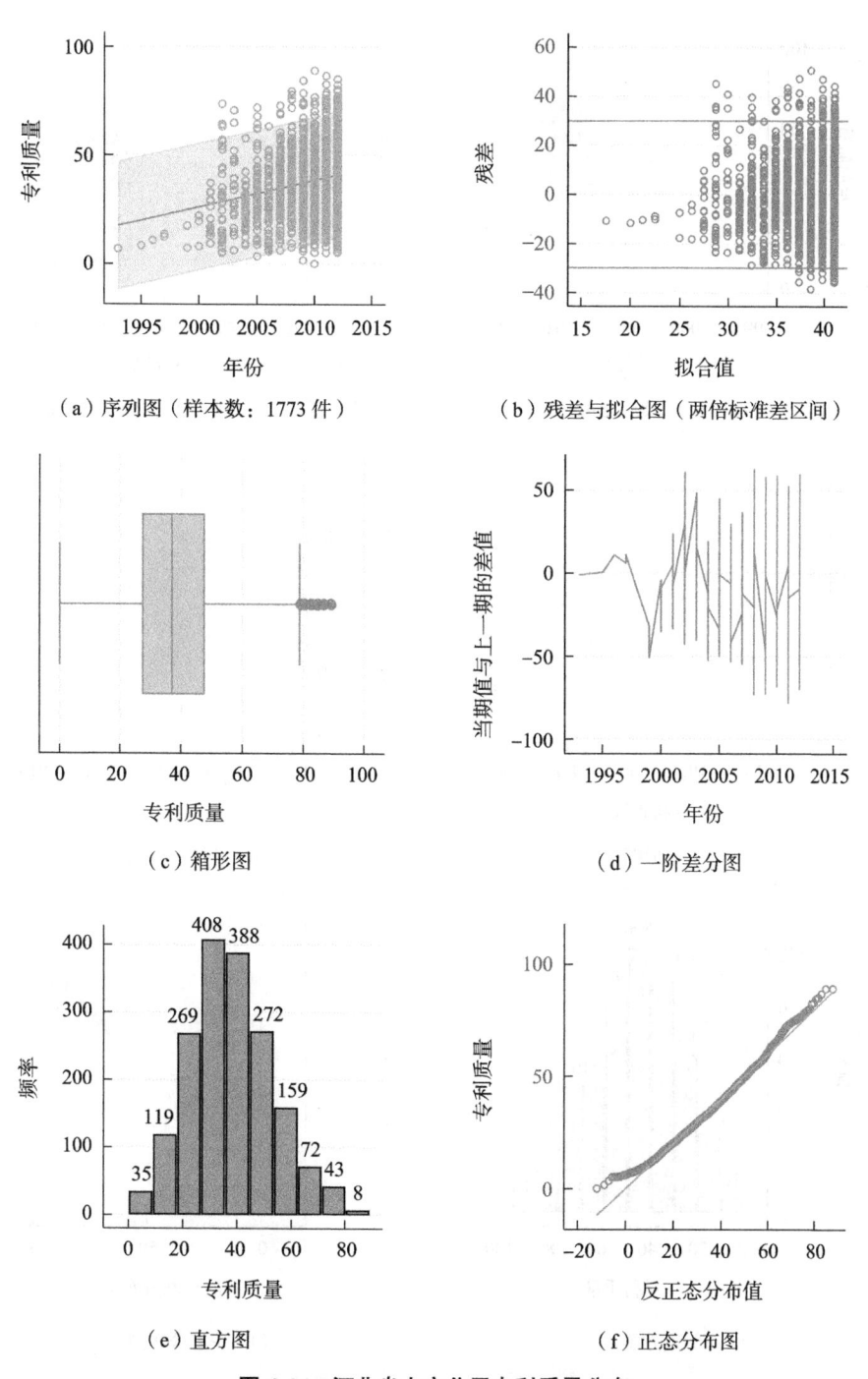

图4-16 河北省上市公司专利质量分布

(a) 序列图（样本数：2308 件）

(b) 残差与拟合图（两倍标准差区间）

(c) 箱形图

(d) 一阶差分图

(e) 直方图

(f) 正态分布图

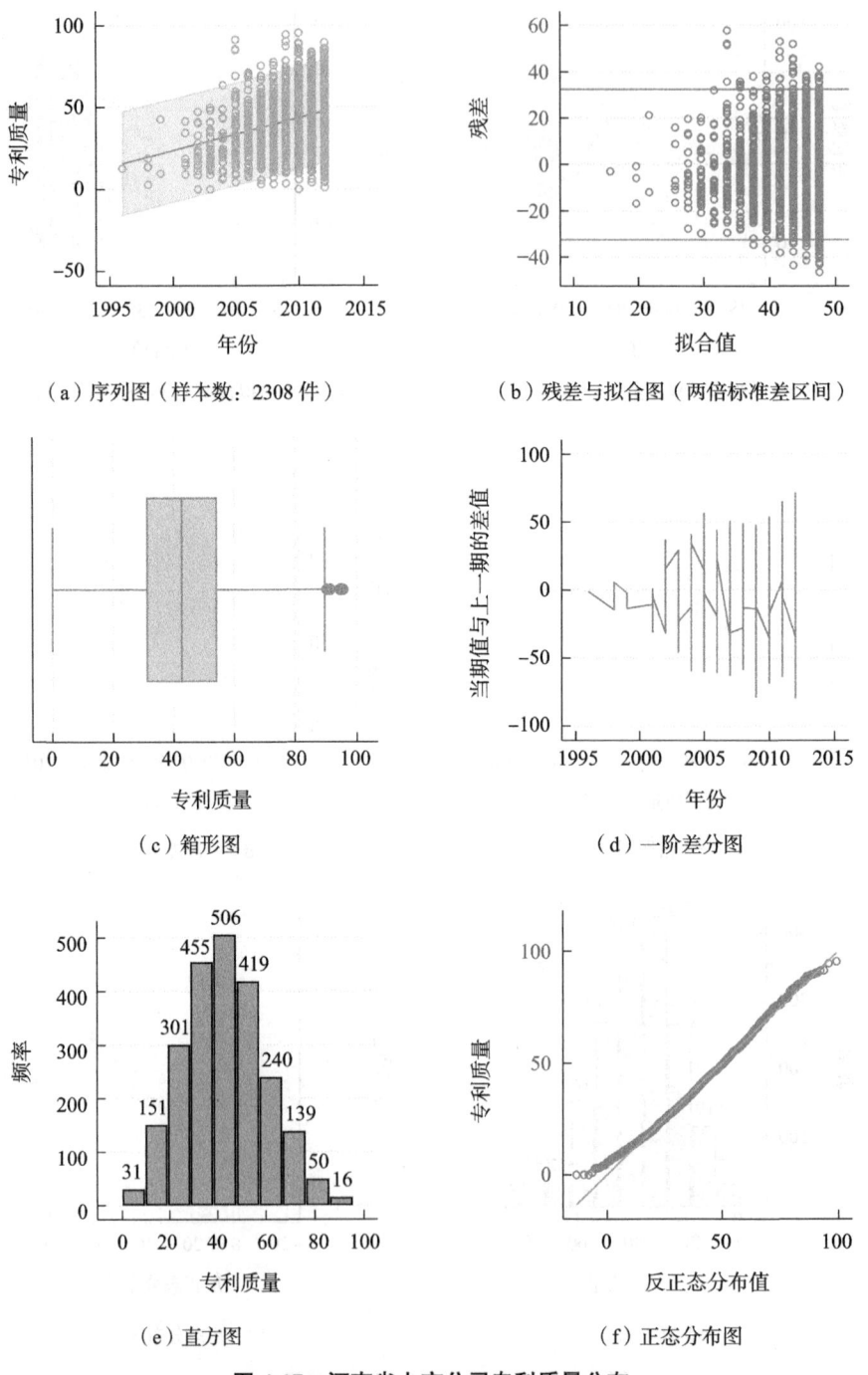

图 4-17　河南省上市公司专利质量分布

第4章 基于合成引文的专利质量测度研究

（a）序列图（样本数：767件）

（b）残差与拟合图（两倍标准差区间）

（c）箱形图

（d）一阶差分图

（e）直方图

（f）正态分布图

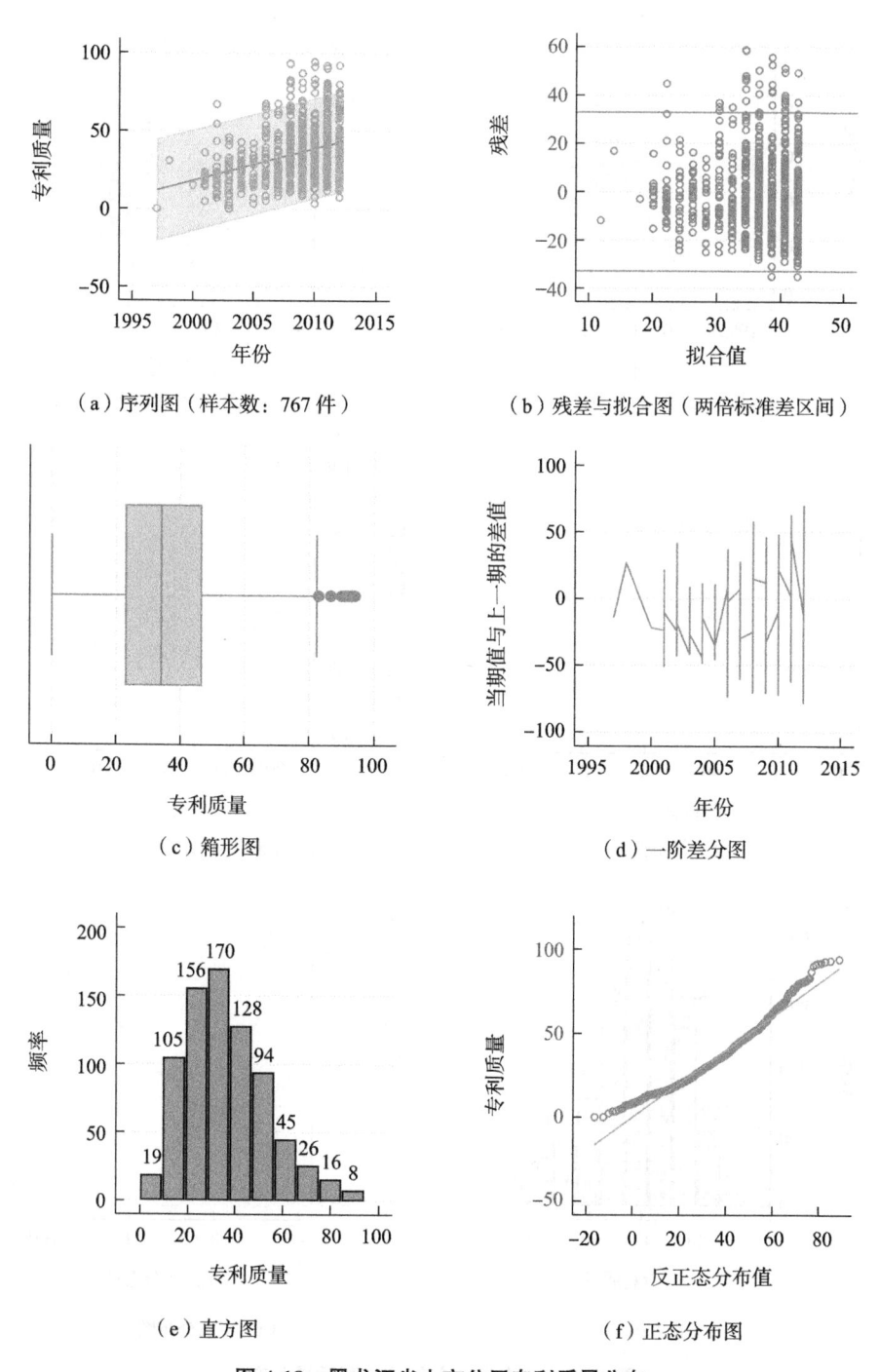

图 4-18 黑龙江省上市公司专利质量分布

- 115 -

(a) 序列图（样本数：3560 件）

(b) 残差与拟合图（两倍标准差区间）

(c) 箱形图

(d) 一阶差分图

(e) 直方图

(f) 正态分布图

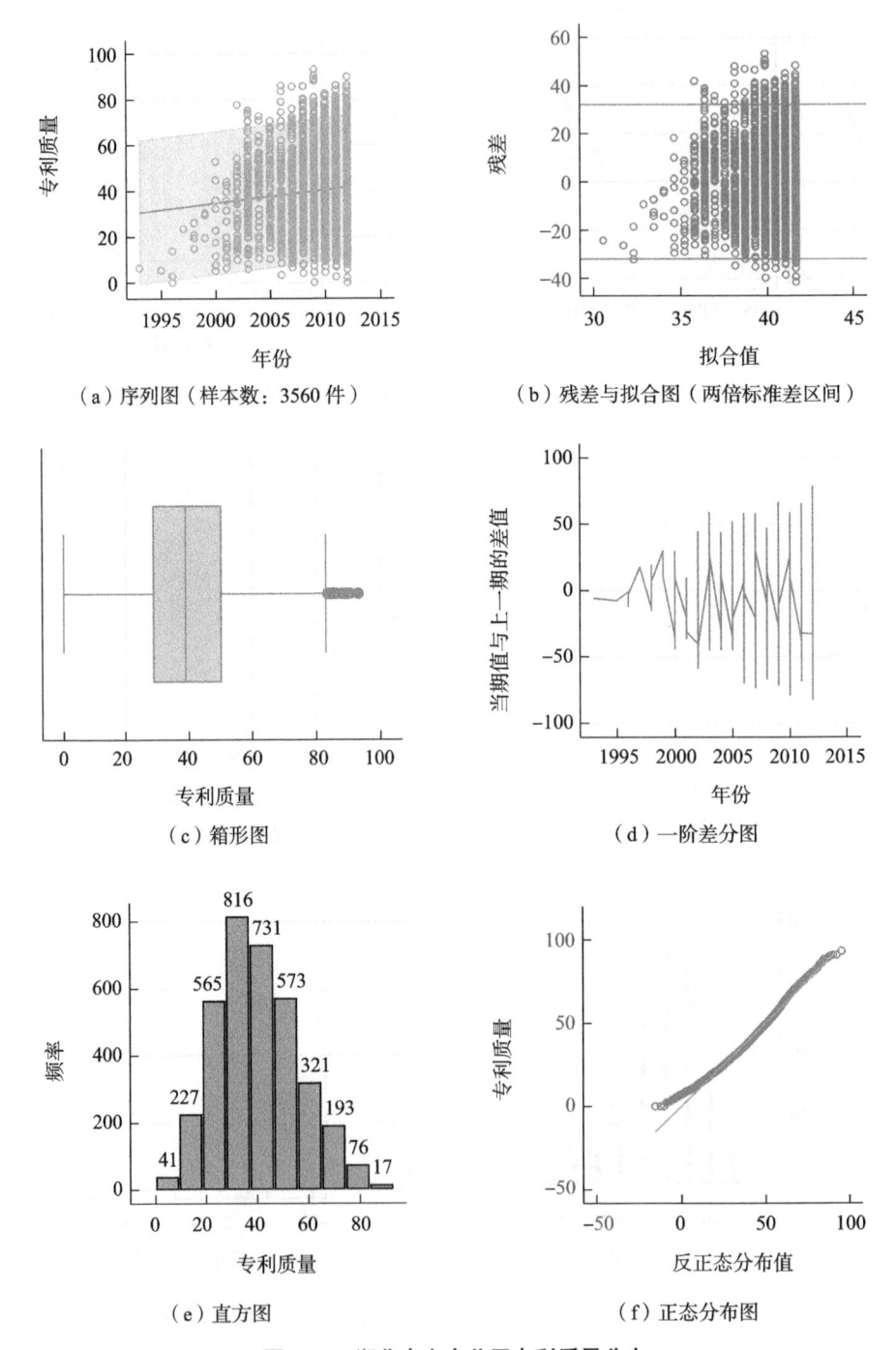

图 4-19　湖北省上市公司专利质量分布

(a）序列图（样本数：4628 件）　　（b）残差与拟合图（两倍标准差区间）

(c）箱形图　　（d）一阶差分图

(e）直方图　　（f）正态分布图

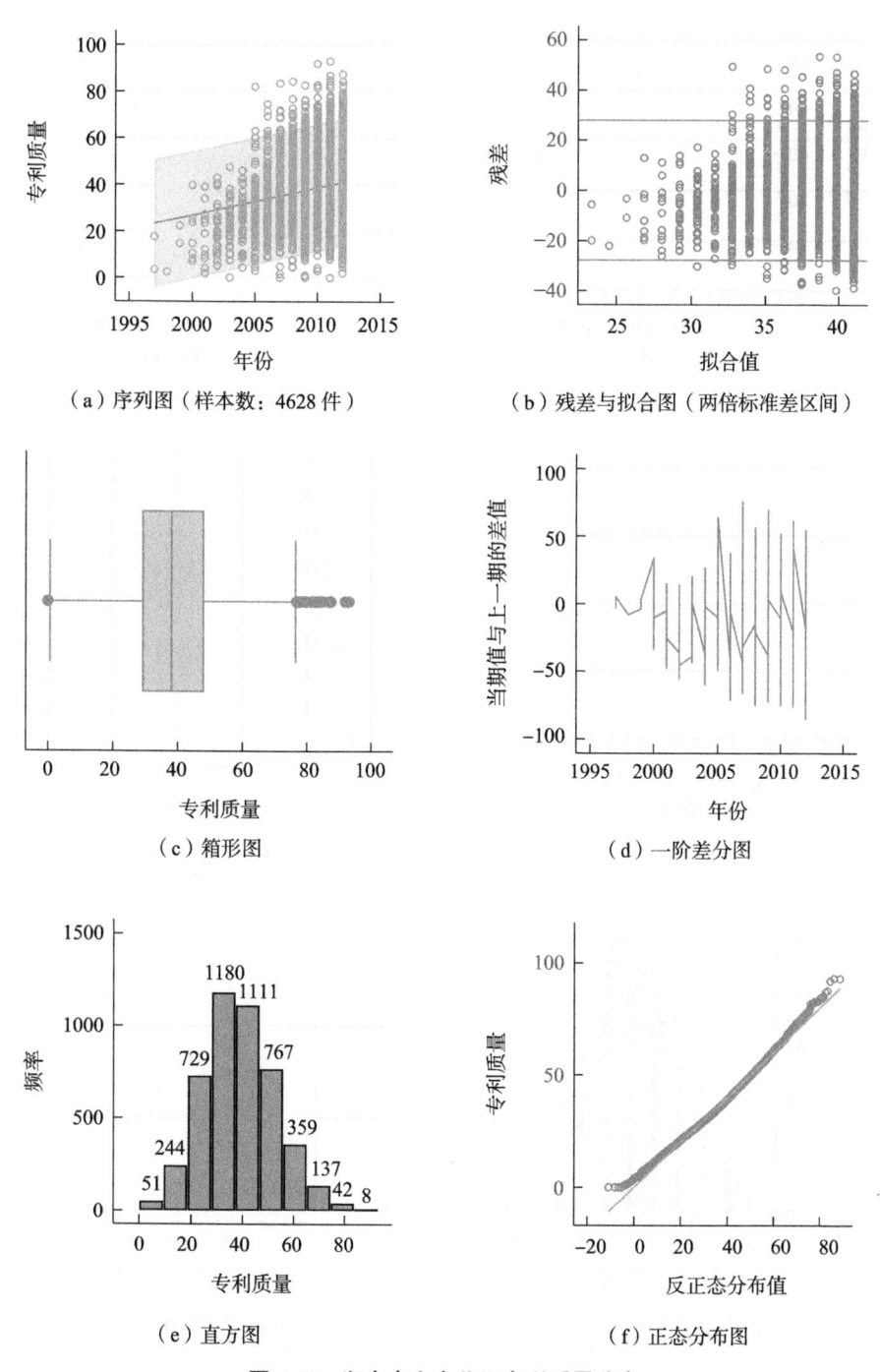

图 4-20　湖南省上市公司专利质量分布

(a) 序列图（样本数: 451 件）

(b) 残差与拟合图（两倍标准差区间）

(c) 箱形图

(d) 一阶差分图

(e) 直方图

(f) 正态分布图

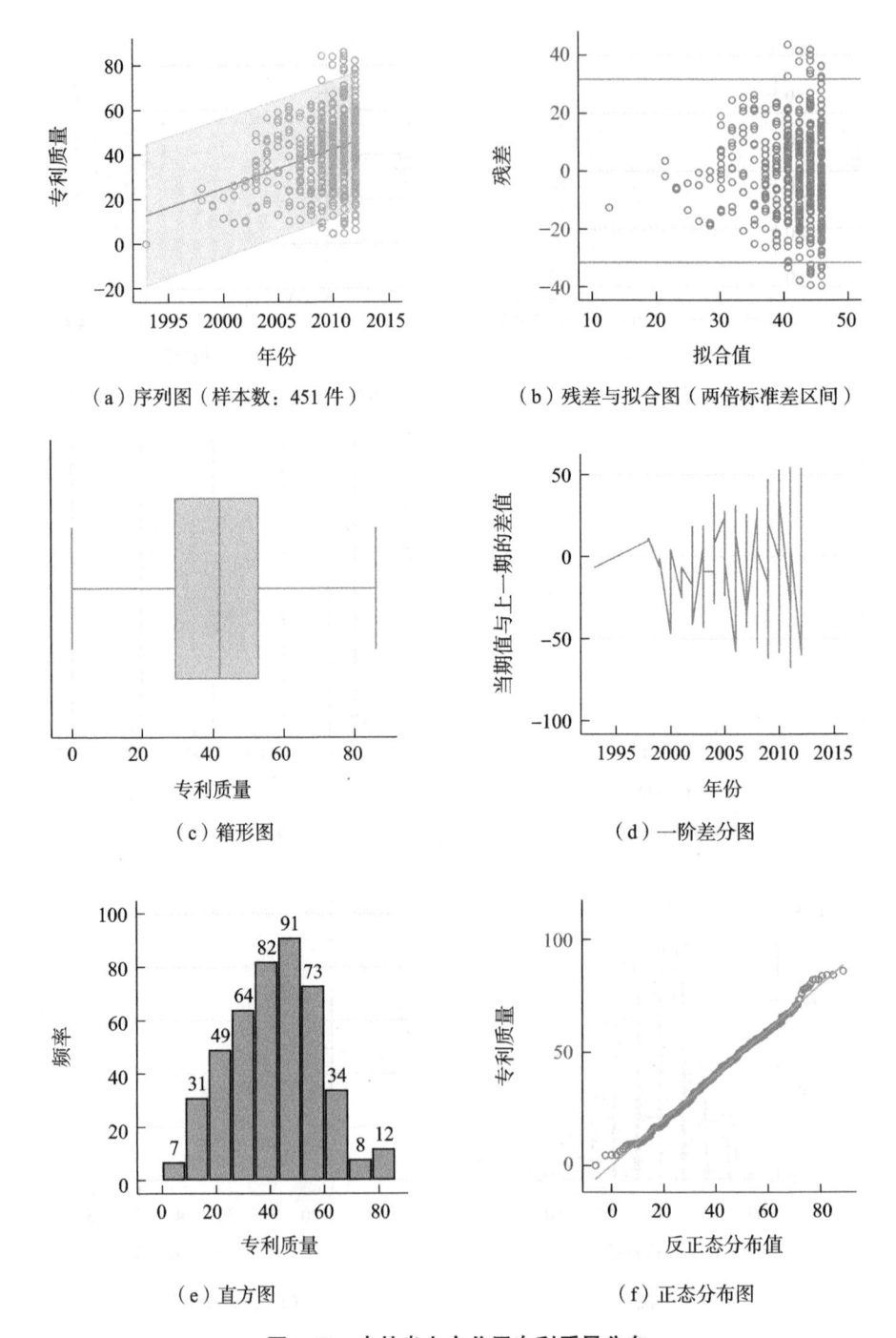

图 4-21　吉林省上市公司专利质量分布

(a)序列图（样本数：8623 件）　　(b)残差与拟合图（两倍标准差区间）

(c)箱形图　　(d)一阶差分图

(e)直方图　　(f)正态分布图

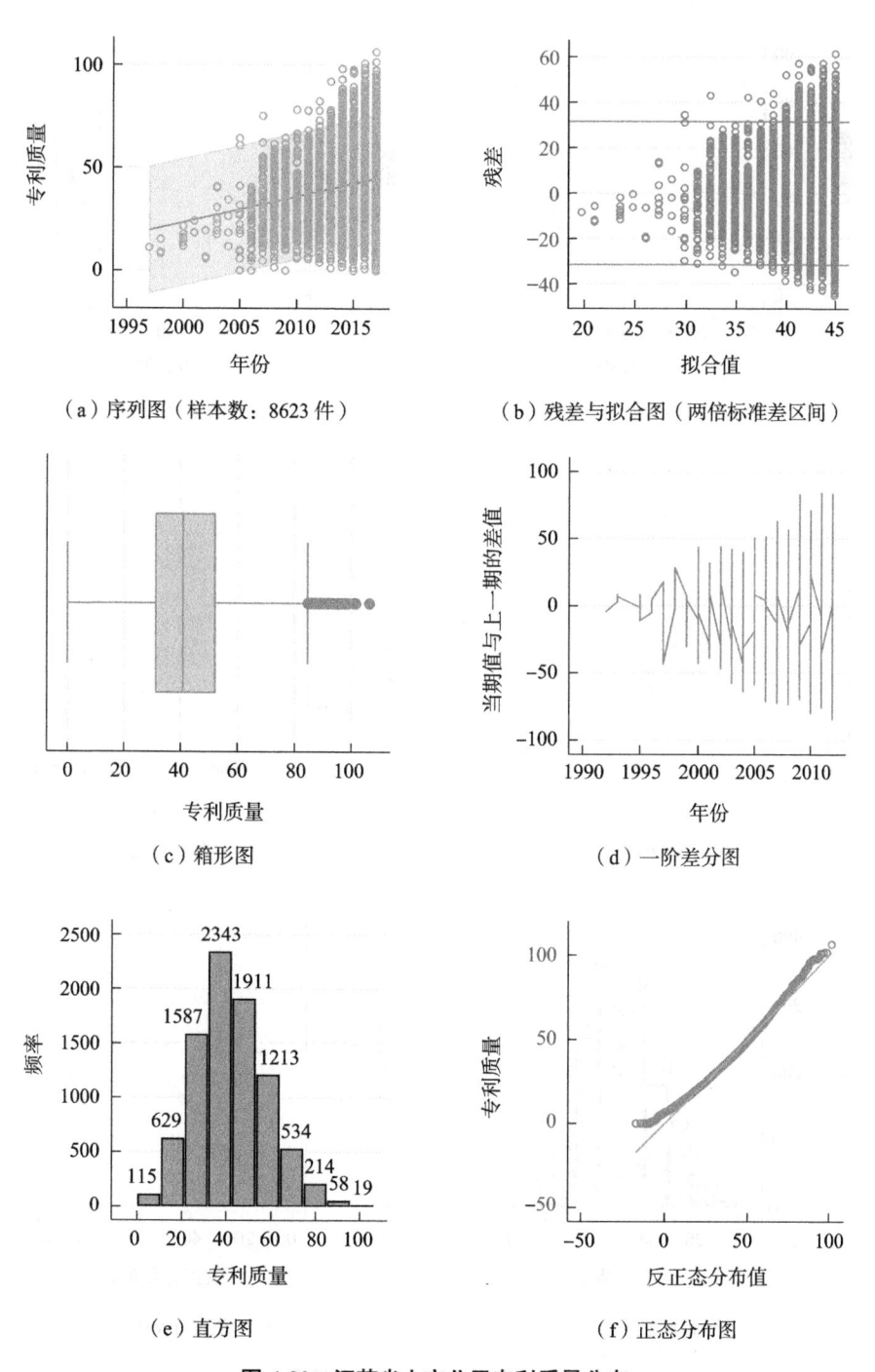

图 4-22　江苏省上市公司专利质量分布

(a)序列图(样本数：1292件)

(b)残差与拟合图(两倍标准差区间)

(c)箱形图

(d)一阶差分图

(e)直方图

(f)正态分布图

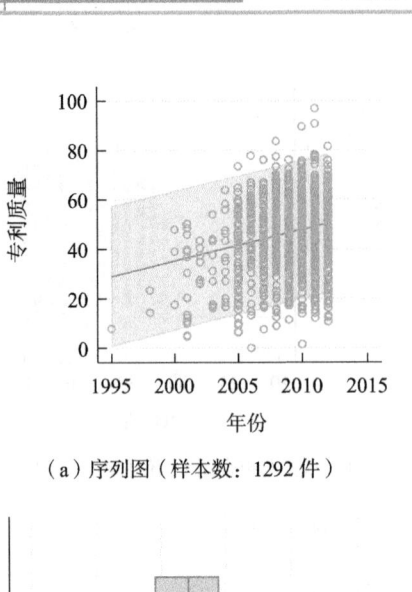

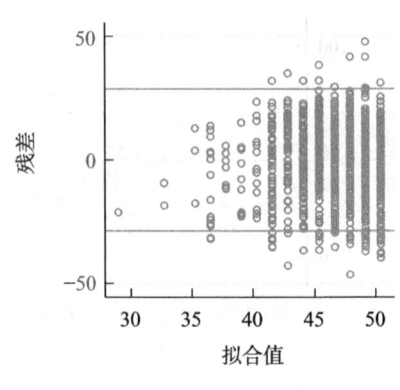

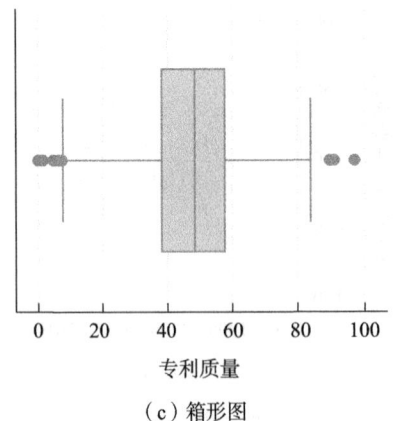

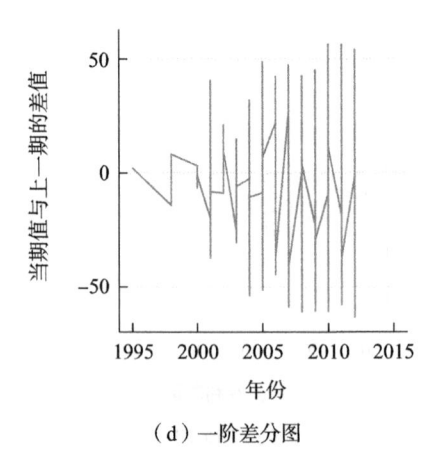

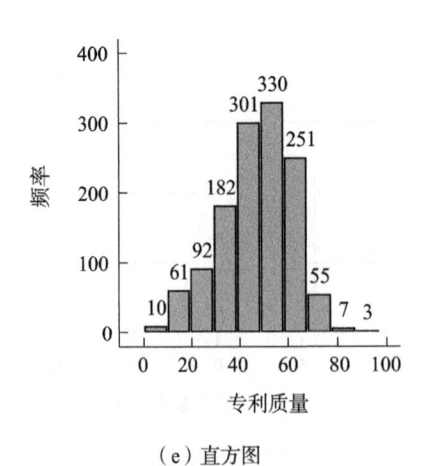

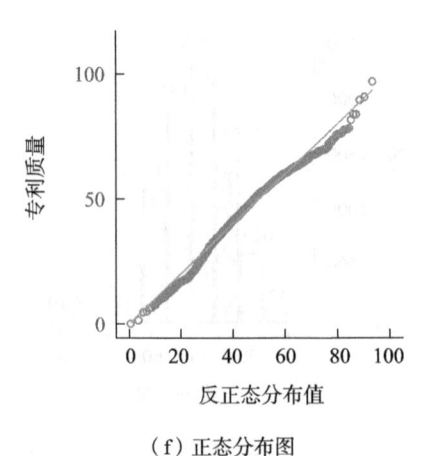

图 4-23　江西省上市公司专利质量分布

第 4 章　基于合成引文的专利质量测度研究

（a）序列图（样本数：2589 件）

（b）残差与拟合图（两倍标准差区间）

（c）箱形图

（d）一阶差分图

（e）直方图

（f）正态分布图

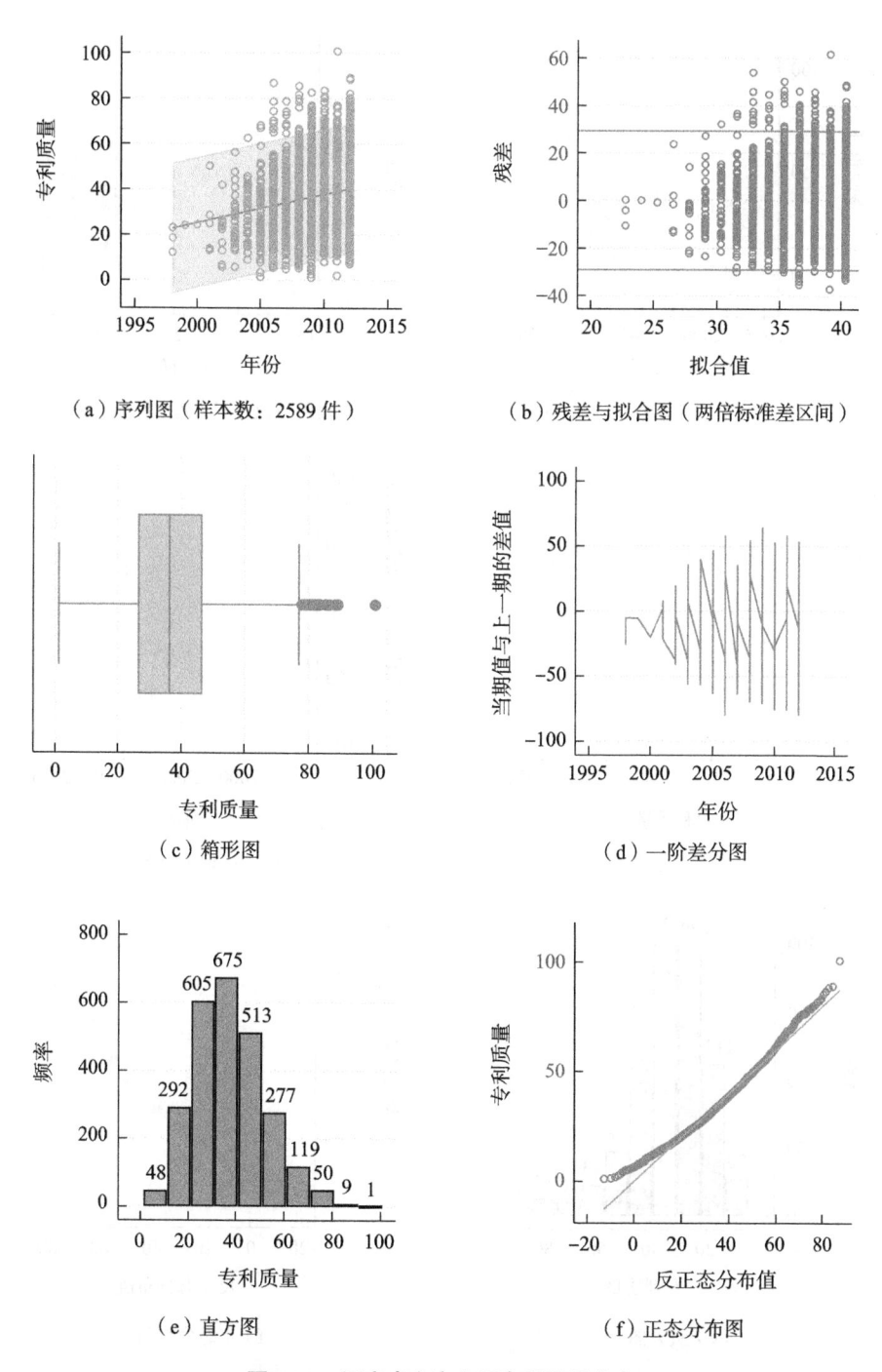

图 4-24　辽宁省上市公司专利质量分布

(a)序列图(样本数：737件)

(b)残差与拟合图(两倍标准差区间)

(c)箱形图

(d)一阶差分图

(e)直方图

(f)正态分布图

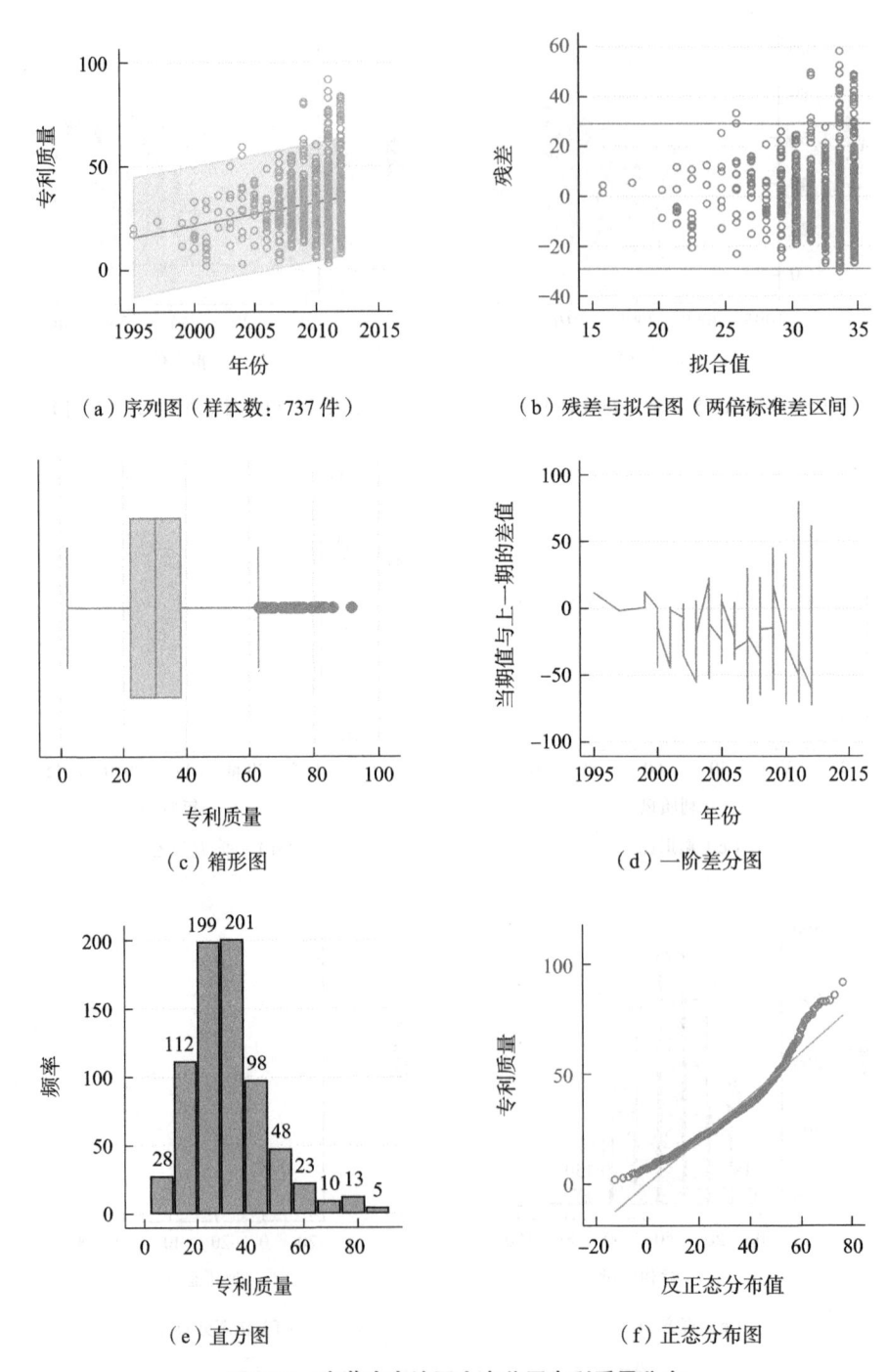

图 4-25 内蒙古自治区上市公司专利质量分布

(a)序列图(样本数: 171 件)　　(b)残差与拟合图(两倍标准差区间)

(c)箱形图　　(d)一阶差分图

(e)直方图　　(f)正态分布图

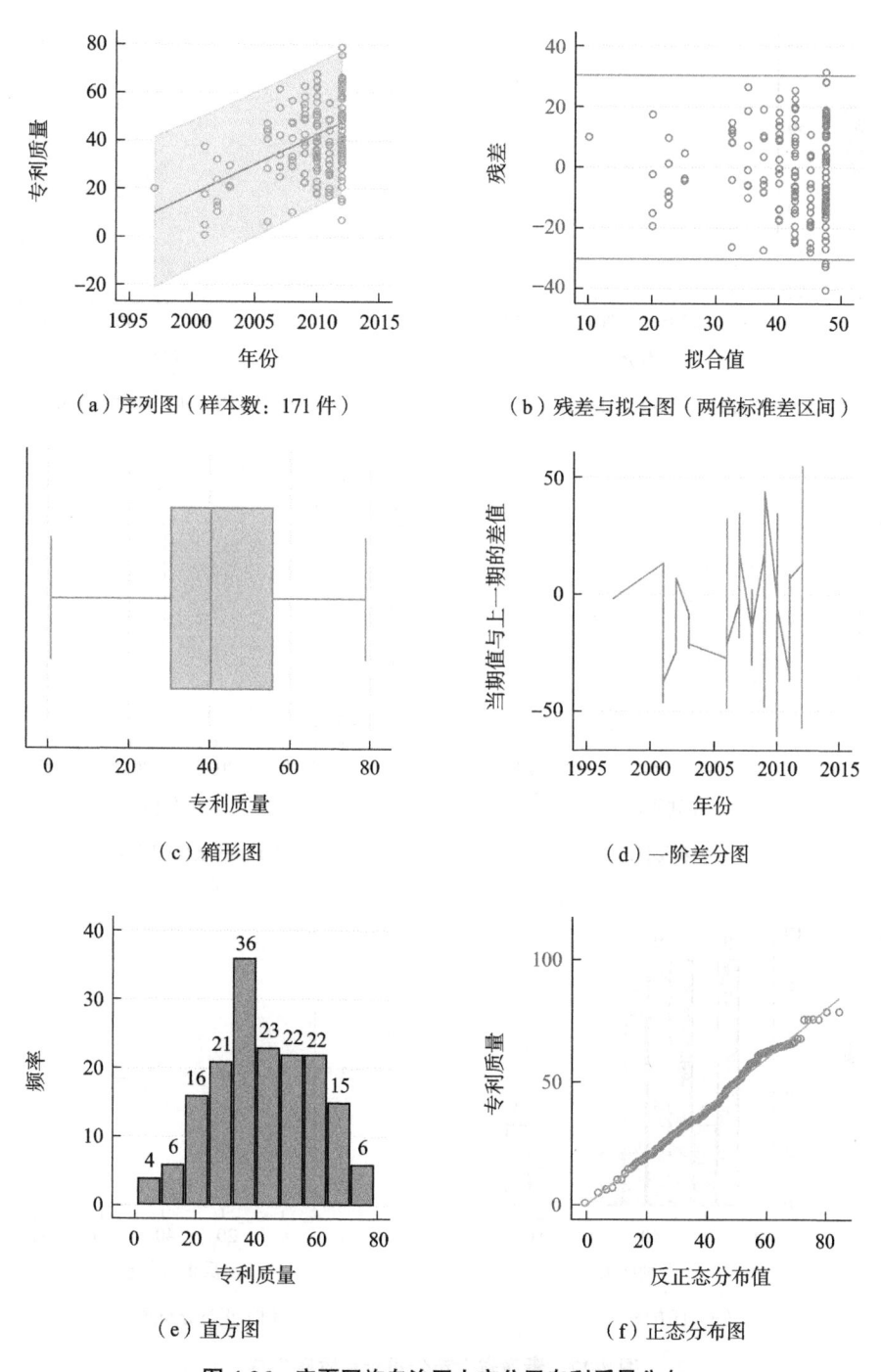

图 4-26　宁夏回族自治区上市公司专利质量分布

(a)序列图（样本数：43件）

(b)残差与拟合图（两倍标准差区间）

(c)箱形图

(d)一阶差分图

(e)直方图

(f)正态分布图

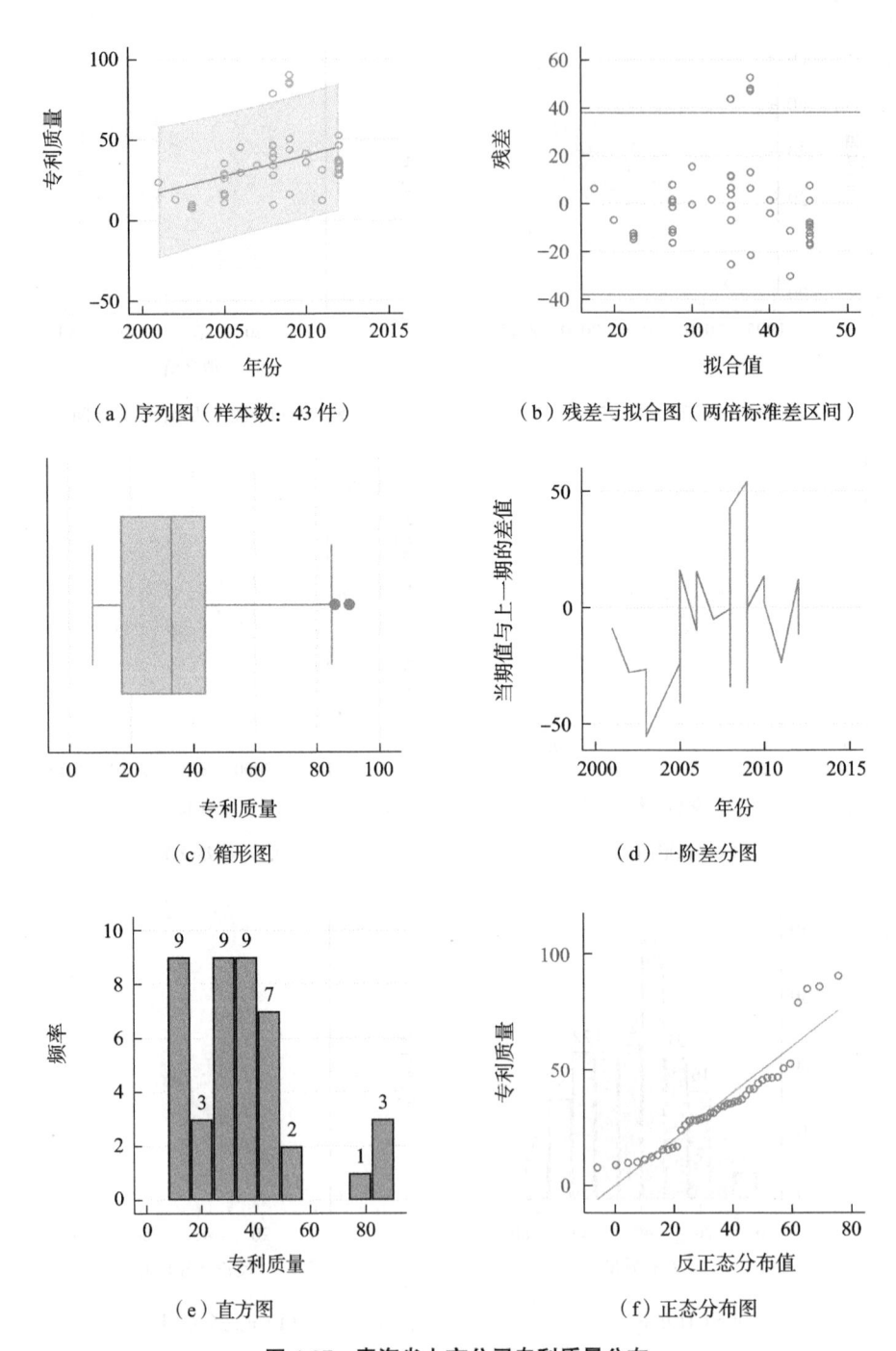

图 4-27　青海省上市公司专利质量分布

第 4 章　基于合成引文的专利质量测度研究

（a）序列图（样本数：5543 件）

（b）残差与拟合图（两倍标准差区间）

（c）箱形图

（d）一阶差分图

（e）直方图

（f）正态分布图

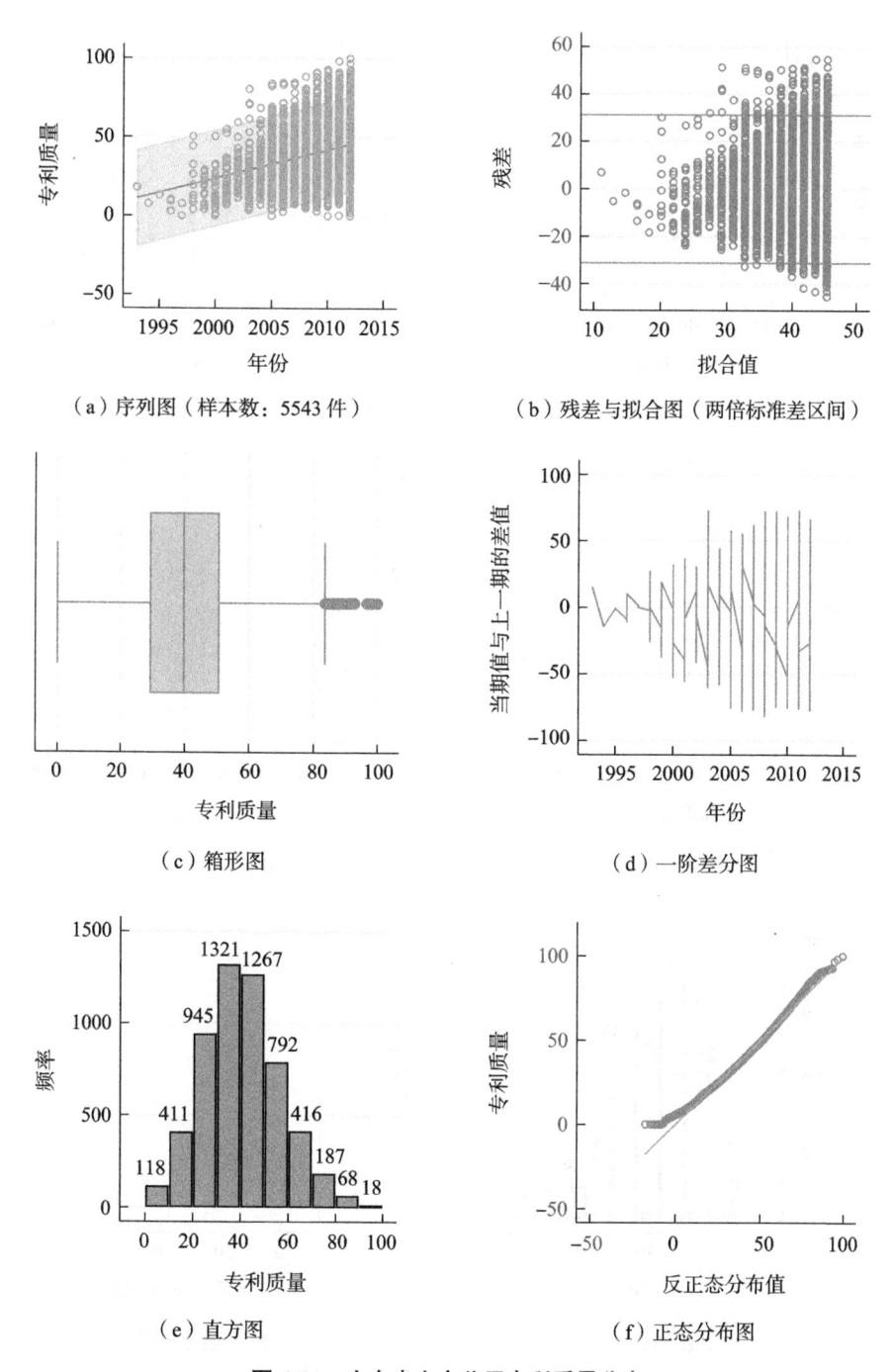

图 4-28　山东省上市公司专利质量分布

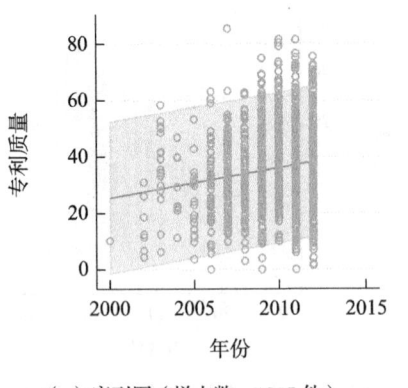

(a) 序列图（样本数：1377 件）

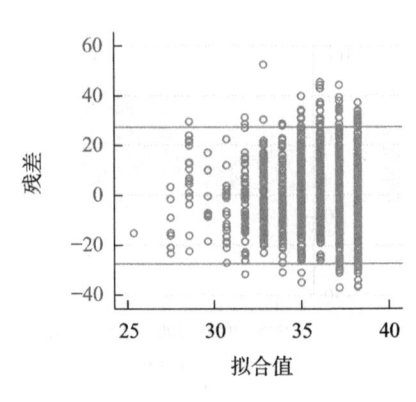

(b) 残差与拟合图（两倍标准差区间）

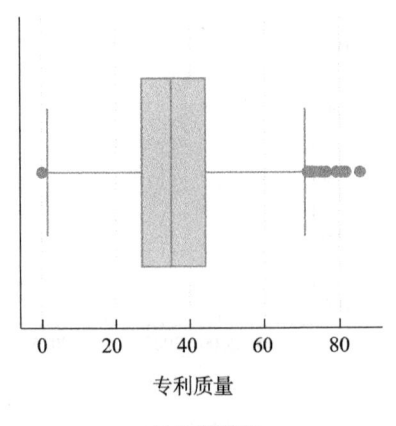

(c) 箱形图

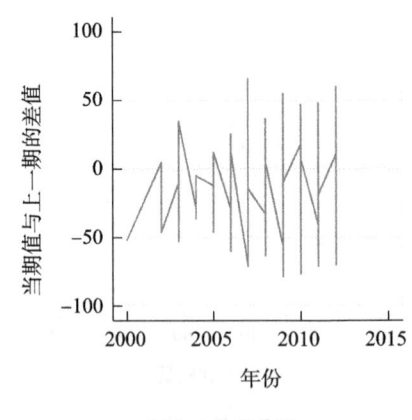

(d) 一阶差分图

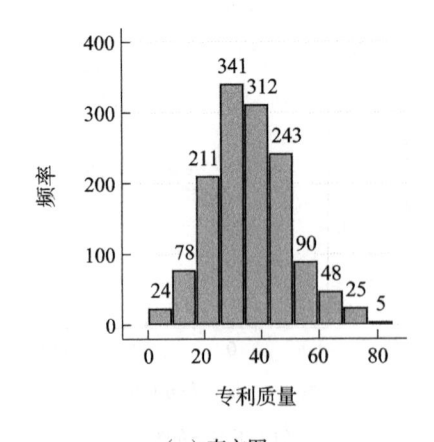

(e) 直方图

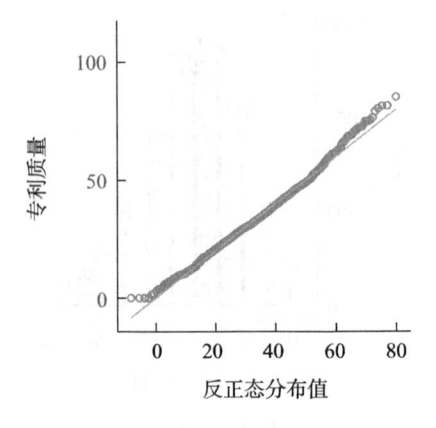

(f) 正态分布图

图 4-29　山西省上市公司专利质量分布

（a）序列图（样本数：1237件）

（b）残差与拟合图（两倍标准差区间）

（c）箱形图

（d）一阶差分图

（e）直方图

（f）正态分布图

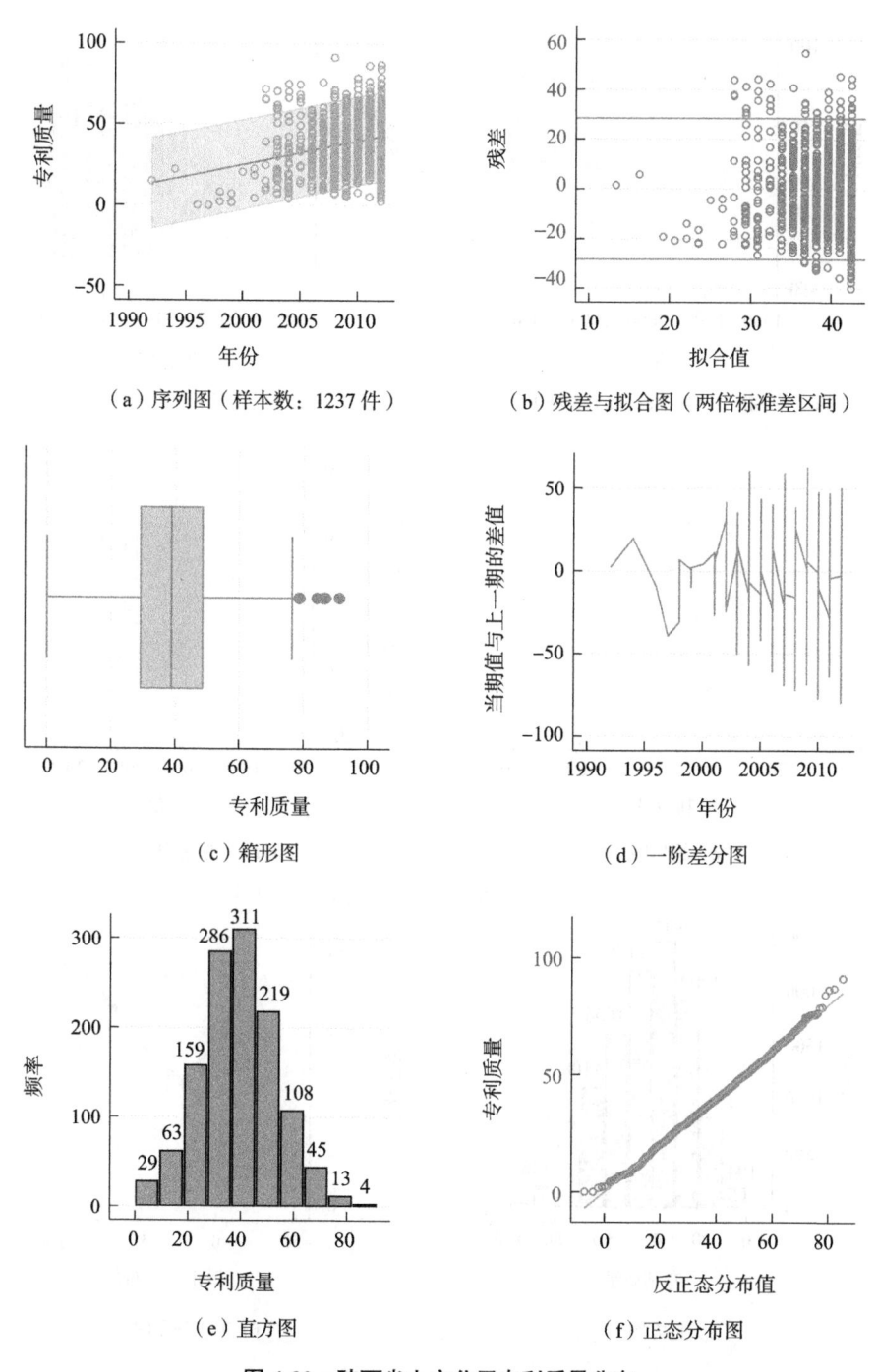

图 4-30 陕西省上市公司专利质量分布

(a)序列图(样本数：11 153件)

(b)残差与拟合图(两倍标准差区间)

(c)箱形图

(d)一阶差分图

(e)直方图

(f)正态分布图

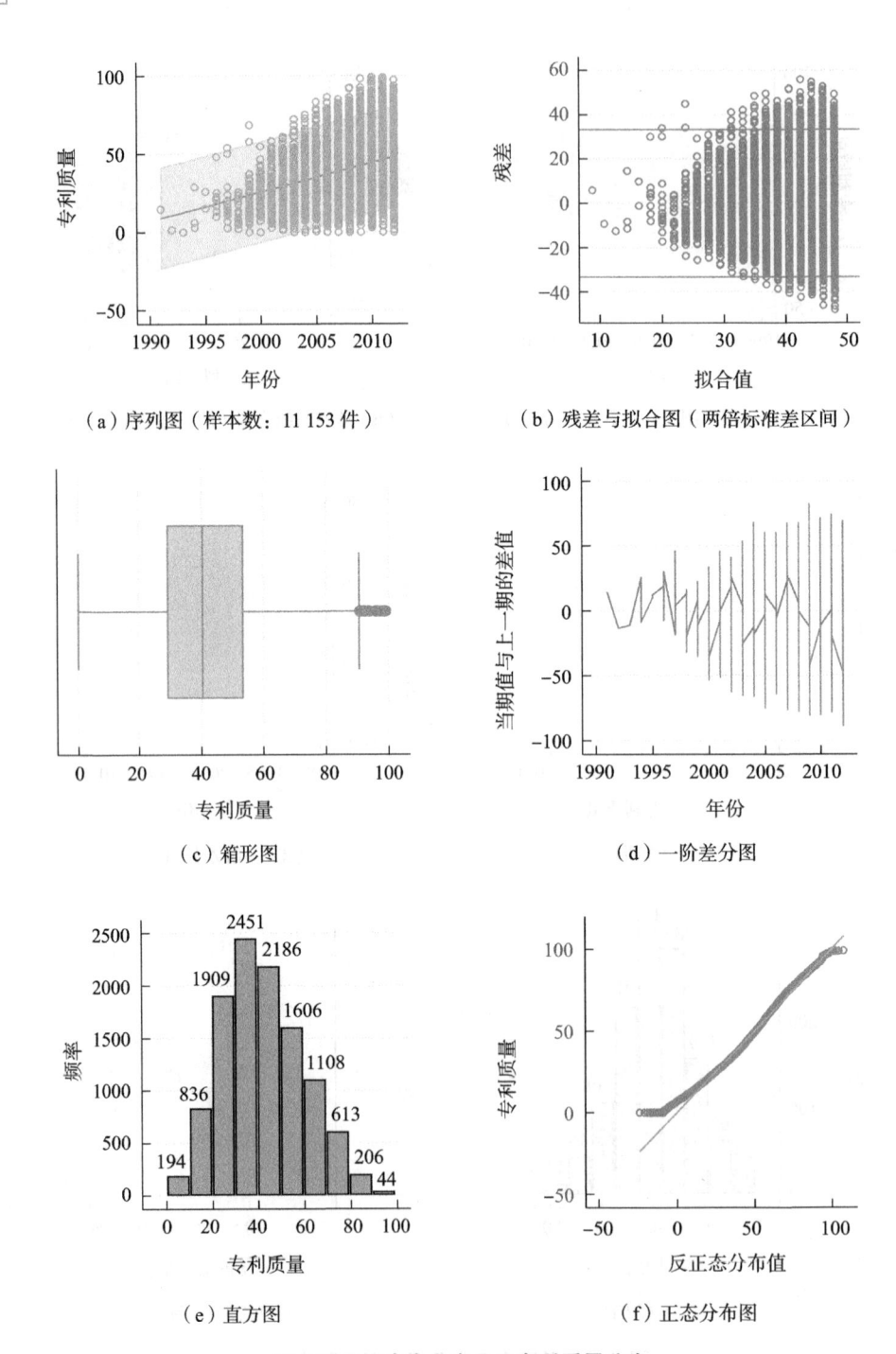

图4-31 上海市上市公司专利质量分布

(a)序列图（样本数：5268件） (b)残差与拟合图（两倍标准差区间）

(c)箱形图 (d)一阶差分图

(e)直方图 (f)正态分布图

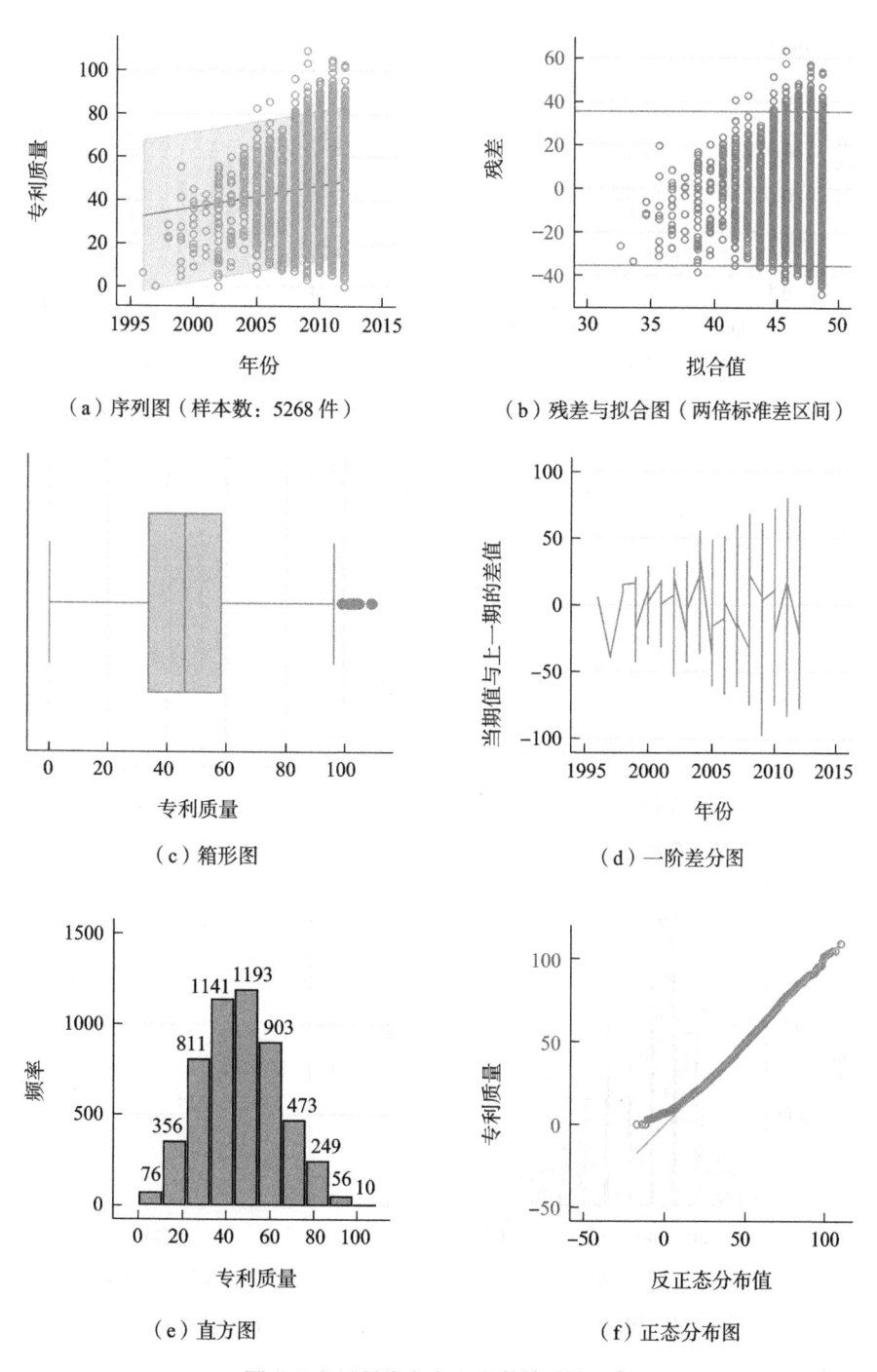

图 4-32　四川省上市公司专利质量分布

(a) 序列图 (样本数: 2540 件)

(b) 残差与拟合图 (两倍标准差区间)

(c) 箱形图

(d) 一阶差分图

(e) 直方图

(f) 正态分布图

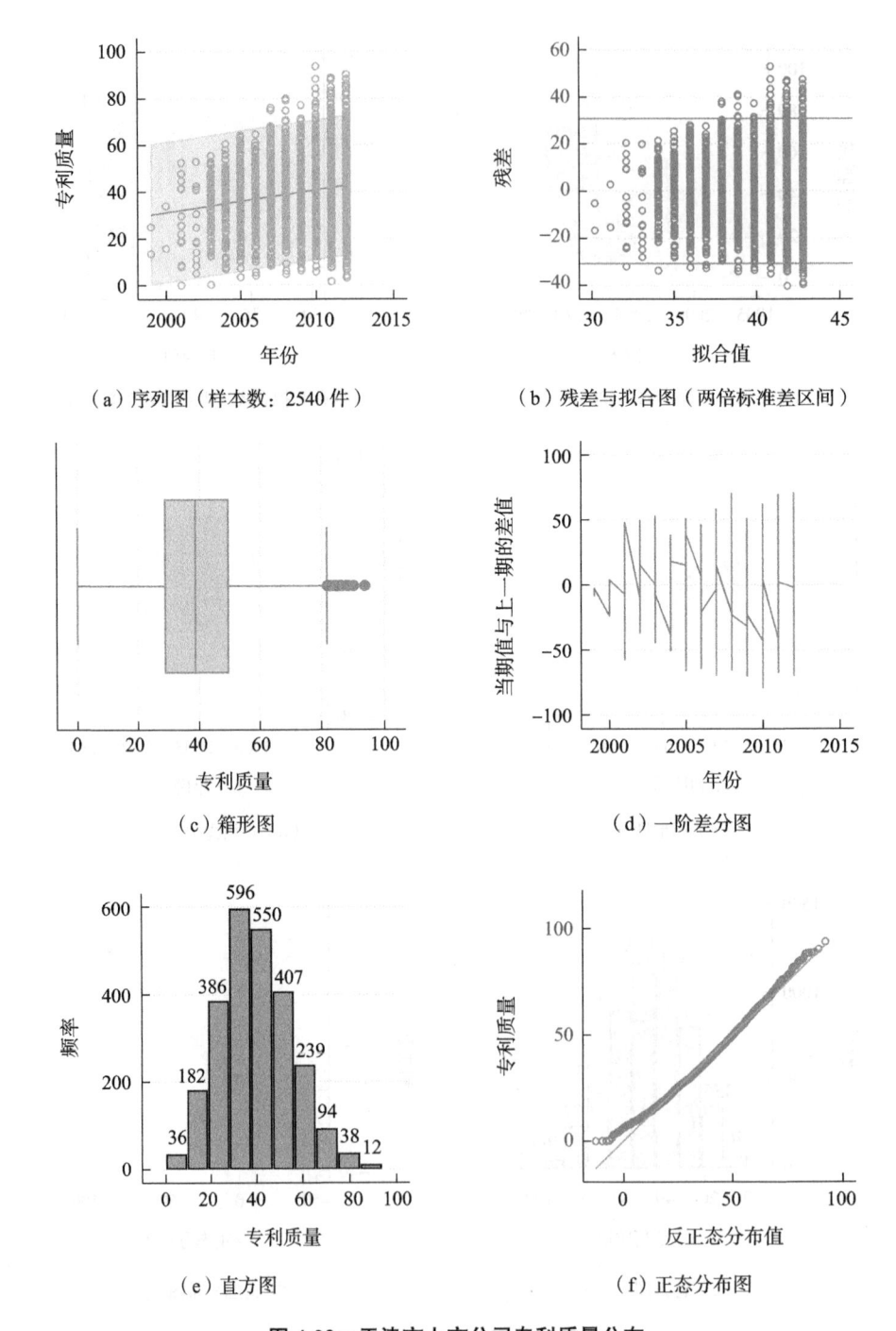

图 4-33　天津市上市公司专利质量分布

第4章 基于合成引文的专利质量测度研究

（a）序列图（样本数：59件）

（b）残差与拟合图（两倍标准差区间）

（c）箱形图

（d）一阶差分图

（e）直方图

（f）正态分布图

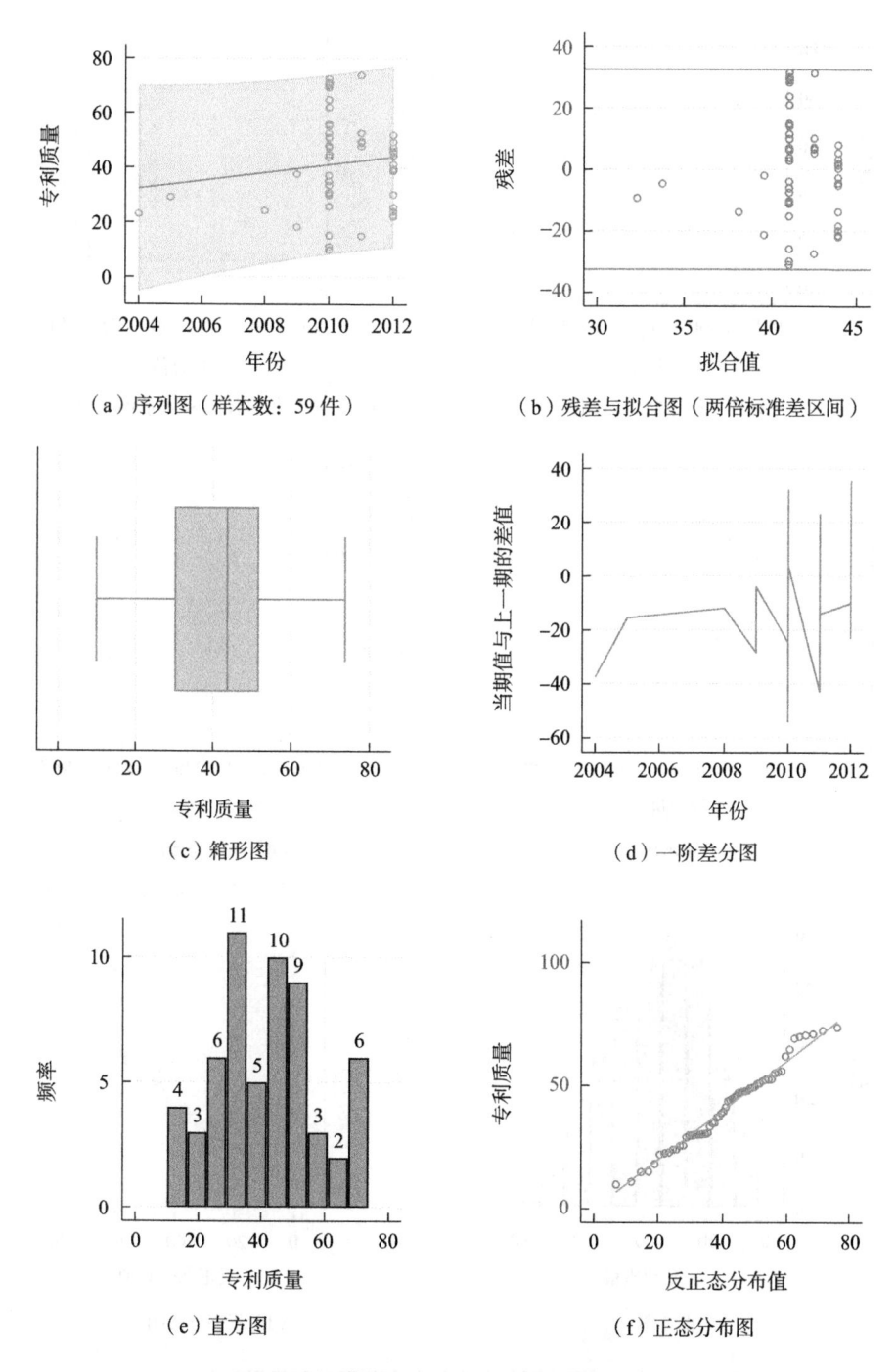

图 4-34 西藏自治区上市公司专利质量分布

(a)序列图(样本数:232件)　　(b)残差与拟合图(两倍标准差区间)

(c)箱形图　　(d)一阶差分图

(e)直方图　　(f)正态分布图

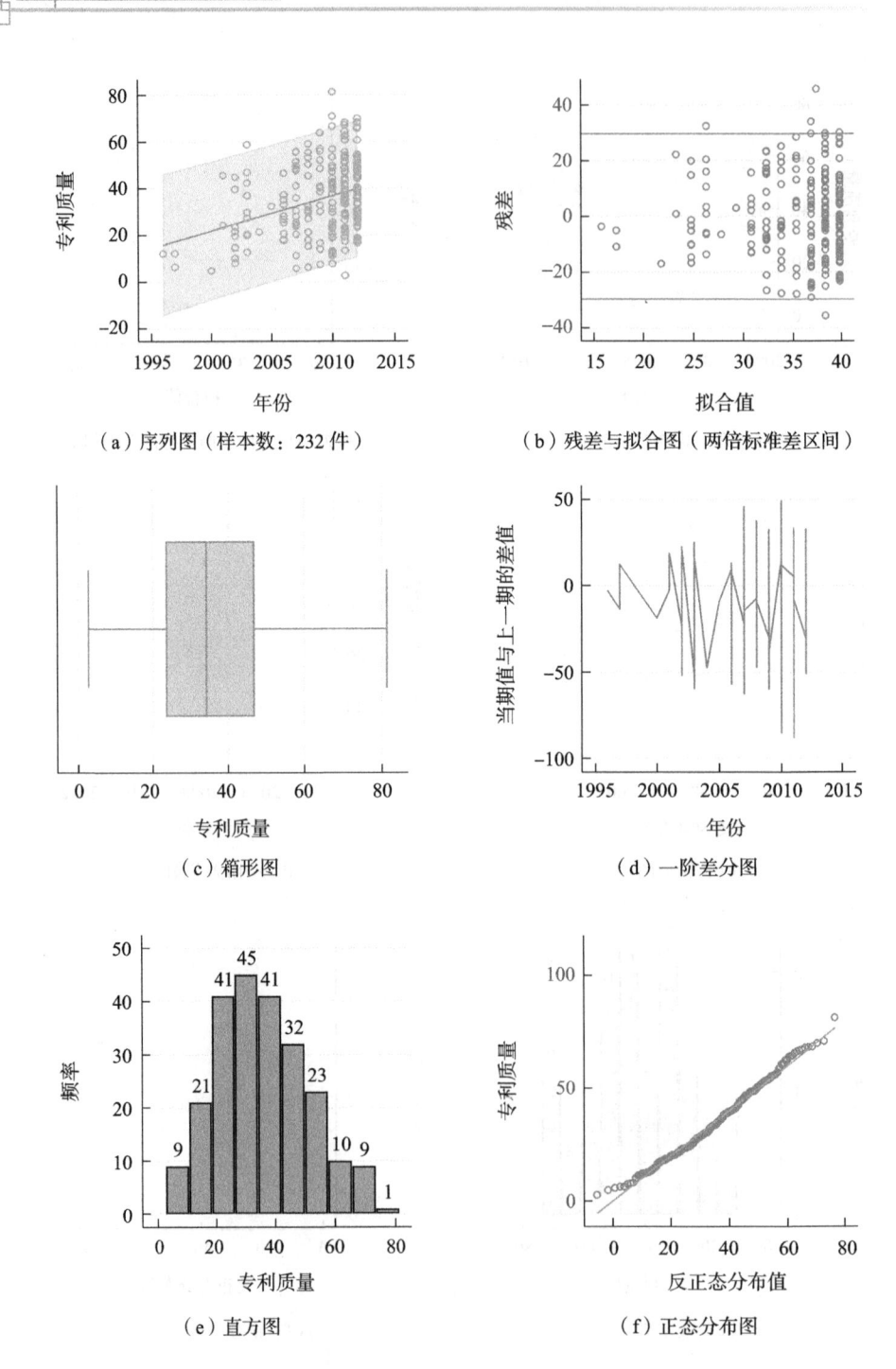

图 4-35　新疆维吾尔自治区上市公司专利质量分布

第 4 章 基于合成引文的专利质量测度研究

（a）序列图（样本数：709 件）

（b）残差与拟合图（两倍标准差区间）

（c）箱形图

（d）一阶差分图

（e）直方图

（f）正态分布图

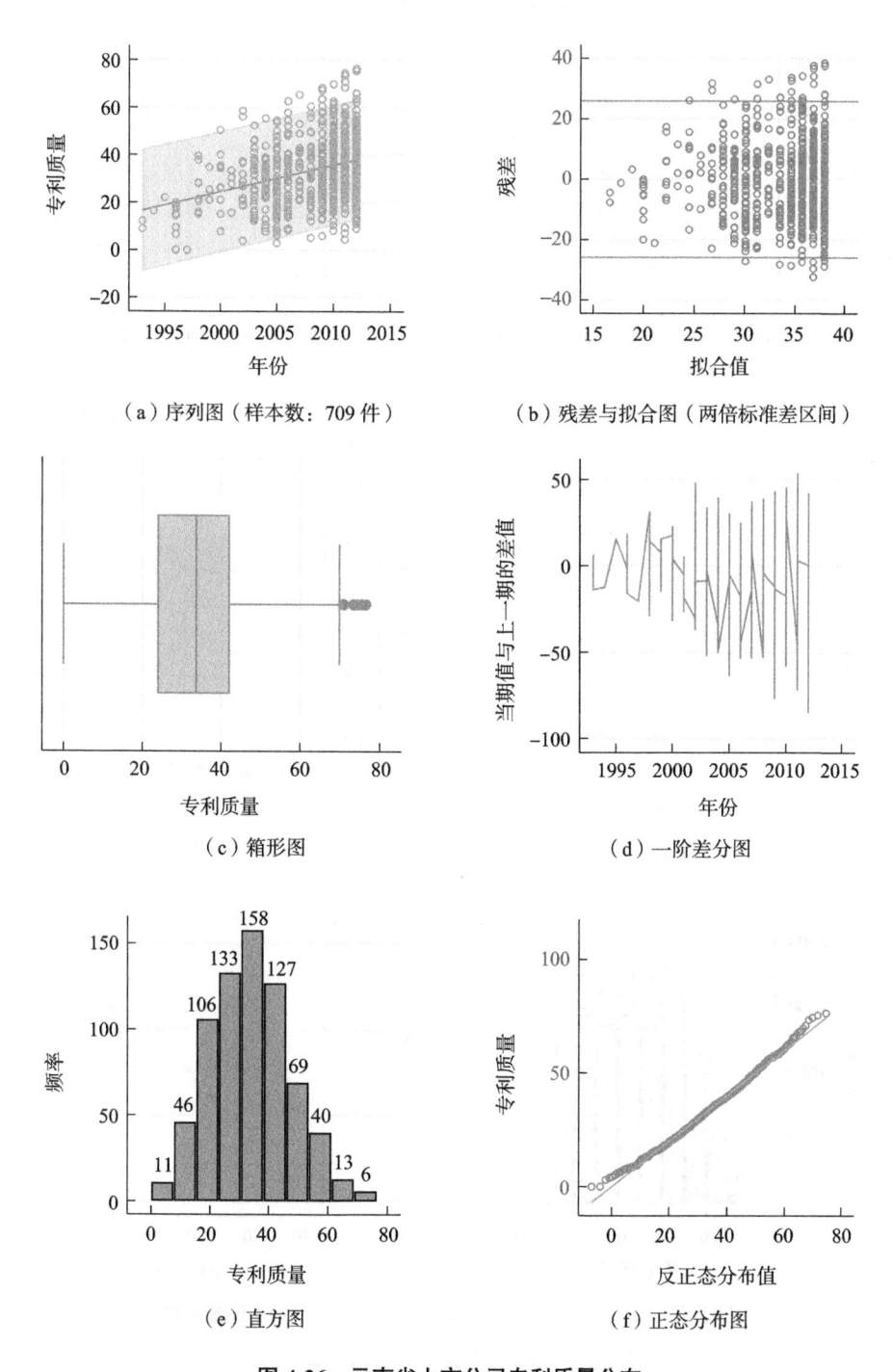

图 4-36　云南省上市公司专利质量分布

(a)序列图（样本数：8995 件）　　(b)残差与拟合图（两倍标准差区间）

(c)箱形图　　(d)一阶差分图

(e)直方图　　(f)正态分布图

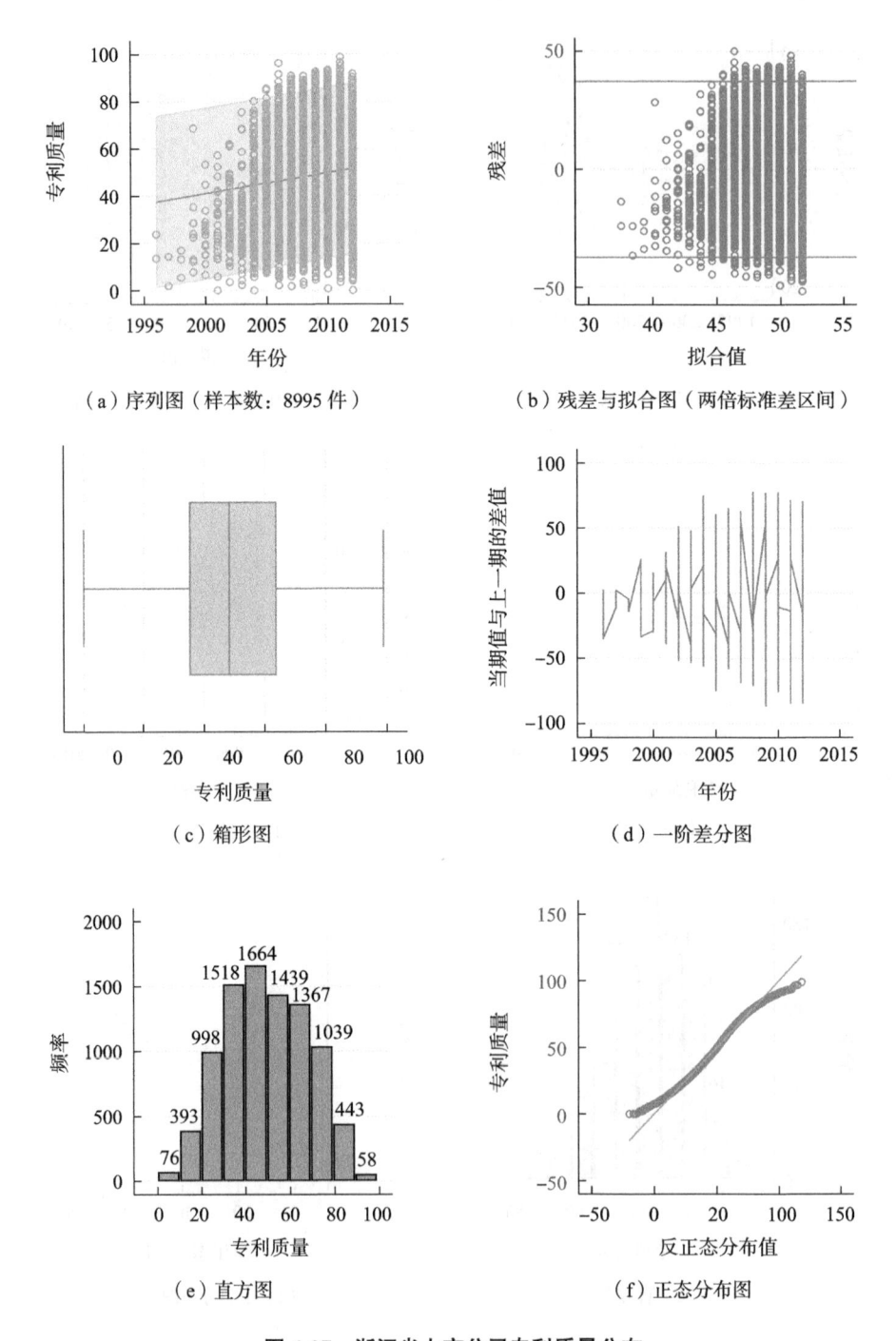

图 4-37　浙江省上市公司专利质量分布

从图 4-7~图 4-37 可以看出，大部分省（自治区、直辖市）上市公司的专利质量符合正态分布，但是在偏度上有所不同。每个省份的企业专利质量分布图包括六个子图。其中，序列图是各地区上市公司的专利数量及专利质量在时间序列上的散点图，通过该图能够分析每个地区在各个年份内的企业专利数量和专利质量的分布。阴影部分是年份与企业专利质量在 95% 的置信区间内的线性拟合。从各省（自治区、直辖市）的序列图可以看出，所有地区上市公司的专利质量随时间推移呈增长的趋势，但增长的幅度不同。残差与拟合图展示的是各地区的企业专利质量和年份之间的线性关系的残差和拟合值的对比，区间为正负两倍的标准差。箱形图展示的是每个地区企业专利质量的均值及其在四分位数上的分布。从整体结果来看，企业专利质量的总体样本均值为 48.22，区域的企业专利质量平均值大于总体样本均值的地区为北京、广东、浙江，大部分地区的企业专利质量的均值低于总体样本均值。一阶差分图展示的是企业专利质量随时间变化的差值。从该图可以看出各个地区每年的企业专利质量的波动范围均很大。直方图展示的是各地区将专利按照质量的大小分为 10 个部分后的专利数量分布。从该图可以看出，除个别专利数较少的地区外，大部分地区的企业专利质量分布大致呈正态分布，其中福建、广东、江西和浙江的企业专利质量呈右偏正态分布，说明这些地区的高质量专利占多数。正态分布图展示的是标准正态分布的分位数。从该图可以看出，大部分地区企业专利质量的分布与正态分布高度拟合。

4.5 本章小结

本章基于文本相似度构建了合成引文模型。与仅用数量来表示引用关系的方法不同，合成引文能够解决真实引文存在的引用不完整及数据缺失的问题，能够更准确地表示专利之间的技术相关性及技术发展路径。通过对美国真实引文数据和合成引文进行比对后发现，合成引文能够捕获几乎所有的被引专利。

在合成引文的基础上，构建基于新颖性和影响力的专利质量测度模型。运用构建的专利质量测度模型评价我国上市公司的发明专利质量后发现，从整体上看企业专利质量分布呈右偏的正态分布，说明高质量的专利数量远小于质量较低的专利数量。从各省（自治区、直辖市）的企业专利质量分布来看，大部分地区的企业专利质量呈正态分布，除北京市、广东省、浙江省外，其余省份大部分专利的质量均低于平均值。

第 5 章 基于 LDA 模型的专利政策评价研究

随着大数据分析技术的发展，新兴的文本分析方法在政策分析中的运用逐渐得到学者们的认可和采用。文本分析方法能够深入政策文本的具体内容，解决现有评价方式主观性过强的问题。由于专利相关政策内容可能包含版权、商标等其他知识产权保护范畴的内容，而本书的研究对象是与技术相关的专利，并不涉及其他受知识产权保护的对象，为了减少分析中带入的误差，本书仅采用专利政策中与专利相关的内容进行分析。在方法上采用文本分析中的 LDA 模型，并对主题选取部分进行改进，降低 LDA 方法运用中主观选取主题数的问题。本章基于改进的 LDA 模型对专利政策文本进行主题选取和分类，并以 LDA 主题概率作为专利政策强度的度量值对我国各省（自治区、直辖市）的专利政策强度进行评价，如图 5-1 所示。

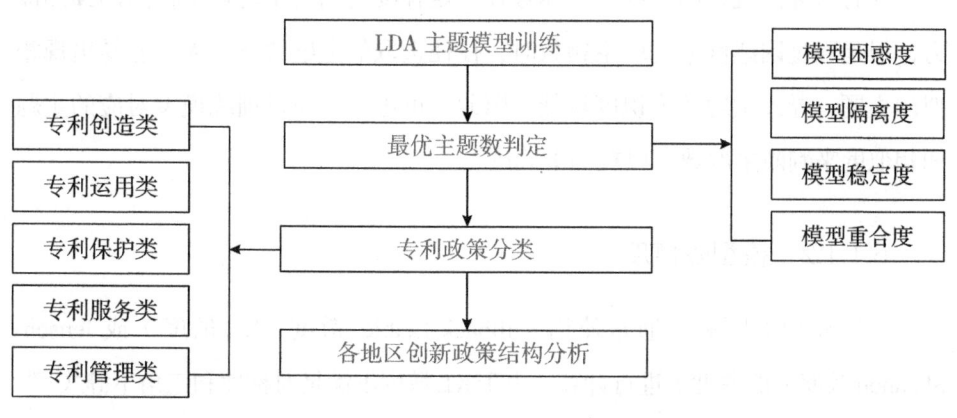

图 5-1　专利政策评价研究框架

5.1 LDA 最优主题数选取模型

5.1.1 主题数评价指标

5.1.1.1 模型困惑度

LDA 模型虽然能够很好地通过词的概率分布生成主题，但其关于主题数的选取无法给出最优的判断。布莱（Blei）等提出了一种困惑度（Perplexity）模型判断主题模型的优劣[194]。通过计算不同主题数下的主题模型的困惑度比较输出结果的优劣，困惑度越小表示该主题数下的模型越优。困惑度的计算公式如式（5-1）所示：

$$\text{perplexity}(D_{\text{test}}) = \exp\left[\frac{-\sum_{d=1}^{M} \log p(w_d)}{\sum_{d=1}^{M} N_d}\right] \quad (5\text{-}1)$$

其中，M 是测试语料库的大小；N_d 是第 d 篇文本的大小（词的个数）；$p(w_d)$ 表示文档中词 w_d 产生的概率。

现有研究发现，困惑度虽然能够在一定程度上判断主题训练模型的预测能力，但是通过困惑度来选取主题数时，往往选取的主题数目较大，容易出现相似的主题，导致主题的辨识度较低。因此，可进一步通过训练模型对应的主题间相似度来判断主题数，以提高准确度。

5.1.1.2 模型隔离度

主题模型的隔离度通常使用 Kullback-Leibler 散度（KL 散度）或 Jensen-Shannon 散度（JS 散度）进行计算。由于 KL 散度不满足对称性和三角不等式[29]，本节采用 JS 散度进行计算。

JS 散度公式是 KL 散度公式的变形。KL 散度也称"相对熵",对于两个概率分布 P 和 Q,二者越相似,KL 散度越小,二者隔离度越高,KL 散度越大。其公式如式(5-2)所示:

$$\mathrm{KL}(P\|Q) = -\sum_{x \in X} P(x)\log\frac{1}{P(x)} + \sum_{x \in X} p(x)\log\frac{1}{Q(x)} \quad (5\text{-}2)$$

由于 KL 散度公式是非对称的,交换 P 和 Q 的位置将得到不同的结果,于是调整为对称的 JS 散度,公式如式(5-3)所示:

$$\mathrm{JS}(P\|Q) = \frac{1}{2}\mathrm{KL}\left(P\left\|\frac{P+Q}{2}\right.\right) + \frac{1}{2}\mathrm{KL}\left(Q\left\|\frac{P+Q}{2}\right.\right) \quad (5\text{-}3)$$

其中,JS 散度的取值范围为 0~1,当 P 和 Q 的分布完全相同时,JS 散度取值为 0。

首先,将整体数据分为训练集和测试集,运用训练集训练出的 LDA 模型计算测试集在不同主题数 k 下的主题词概率分布。其次,计算不同主题数 k 下的平均词概率分布。最后,计算每个主题的词分布概率与词平均概率分布的 JS 距离的均方差(标准差),即为各个主题与平均值之间的隔离程度。计算公式如式(5-4)所示:

$$\sigma_{\mathrm{JS}} = \sqrt{\frac{\sum_{i=1}^{k}\left[\mathrm{JS}(S_i\|S_{\mathrm{ave}})\right]^2}{k}} \quad (5\text{-}4)$$

其中,S_i 表示第 i 个主题的词分布;S_{ave} 表示 k 个主题的平均词分布。

5.1.1.3 模型稳定度

一个聚类算法的稳定度表示这个算法能够对同一来源的数据持续产生相似解的能力[212]。格林(Greene)等提出一种利用主题词列表的相似度验证非负矩阵分解(Non-negative Matrix Factorization,NMF)模型的主题稳定性方法,通过这一方法能够获得鲁棒性更高的主题数[195]。借鉴这一方法,本书将其作为 LDA 的最优主题数判断的一部分。

（1）主题词语排名相似度测量。

主题模型算法通常是以不同主题数下的每一主题的词语的序列排名作为输出。在 LDA 模型中，这些词是基于词在主题下的概率分布进行排名。假设两个主题列表分别为 R_i 和 R_j，每一个主题都包含一个词语排名列表，词语的排名在 LDA 模型中体现的是词语对这个主题的重要程度。下一步需要评估一对排名列表 (R_i, R_j) 之间的相似性。大多数相似度算法未考虑词语的排名位置，因此，当对每个主题的所有词进行相似度计算时，得出的相似度值都是 1。而本书将以每一主题的前 t 个词来代表该主题，其中 t 小于总词汇数。这种替代方式不仅使主题间的相似度可比较，也大大减少了计算量。本书采用杰卡德指标（Jaccard Index）计算每一对主题的词语排名列表相似度。由于词语排名对主题的含义影响较大，所以本书还定义了一个平均杰卡德指数（Average Jaccard，AJ）进行计算。AJ 指数计算每一对主题在词语排名从 1 到 t 之间的词汇相似度的平均值，如式（5-5）和式（5-6）所示：

$$\mathrm{AJ}(R_i, R_j) = \frac{1}{t}\sum_{d=1}^{t}\gamma_d(R_i, R_j) \quad (5\text{-}5)$$

$$\gamma_d(R_i, R_j) = \frac{R_{i,d} \cap R_{j,d}}{R_{i,d} \cup R_{j,d}} \quad (5\text{-}6)$$

其中，$R_{i,d}$ 是主题 R_i 在选取的词汇深度为 t 时，排名前 d 个的词语列表。AJ 指数是一种具有对称性的计算方法，它既能够体现两个主题的词汇相似度，还能体现词汇的排名相似度。

举例说明，表 5-1 展示的是两个主题 R_i 和 R_j 的在词汇深度为 $t = 5$ 时排名前 d 个的词语列表。

表 5-1　AJ 指数计算方式

d	$R_{1,d}$	$R_{2,d}$	Jac_d	AJ
1	成果	技术	0	0

续表

d	$R_{1,d}$	$R_{2,d}$	Jac_d	AJ
2	成果，转化	技术，合同	0	0
3	成果，转化，技术	技术，合同，市场	0.200	0.067
4	成果，转化，技术，市场	技术，合同，市场，规定	0.333	0.133
5	成果，转化，技术，市场，合同	技术，合同，市场，规定，管理	0.429	0.193

如表 5-1 所示，Jac_d 表示的数值仅体现了相同的词个数下的主题相似度，AJ 的数值除了体现主题中词列表的相似度，还体现词的分布情况。

（2）主题模型稳定度测量。

假设两个不同的均包含 K 个主题的集合为 $S_x = (R_{x1}, \cdots, R_{xk})$ 和 $S_y = (R_{y1}, \cdots, R_{yk})$。构建一个 $k \times k$ 的相似度矩阵 M，每一个值 M_{ij} 表示两个集合中的一对主题词排名列表 R_{xi} 和 R_{xi} 的 AJ 相似度。然后，通过相似度矩阵 M 为集合中的每一个 R_{xj} 找到与它 AJ 相似度最高的 R_{yj}。最终将挑选出的 k 个最优一致性组合的 AJ 相似度求和后取平均值，即为主题集合 S_x 与 S_y 的稳定度，如式（5-7）所示：

$$\text{stability}(S_x, S_y) = \frac{1}{k} \sum_{i=1}^{k} \text{AJ}(R_{xi}, \pi(R_{xi})) \tag{5-7}$$

其中，$\pi(R_{xi})$ 表示 S_y 集合中与 R_{xi} 最匹配的排列；S_x 与 S_y 的一致性取值范围为 0~1，两个主题集合的一致性越高，取值越大，当完全一致时，取值为 1。

举例说明如下。设两个均包含 3 个主题的主题集合，训练模型对应的主题集合为 S_1，参考模型对应的主题集合为 S_2。

S_1 为

$$\begin{aligned} R_{11} &= \{\text{技术，创新，专利}\} \\ R_{12} &= \{\text{侵权，保护，执法}\} \\ R_{13} &= \{\text{金融，融资，质押}\} \end{aligned} \tag{5-8}$$

S_2 为

$$R_{21} = \{\text{保护，侵权，假冒}\}$$

$$R_{22} = \{ 金融,质押,技术 \} \tag{5-9}$$

$$R_{23} = \{ 发明,技术,创新 \}$$

则 S_1 与 S_2 相似度矩阵 M 为

$$M = \begin{bmatrix} R_{11}R_{21} & R_{11}R_{22} & R_{11}R_{23} \\ R_{12}R_{21} & R_{12}R_{22} & R_{12}R_{23} \\ R_{13}R_{21} & R_{13}R_{22} & R_{13}R_{23} \end{bmatrix} = \begin{bmatrix} 0.00 & 0.00 & 0.28 \\ 0.50 & 0.00 & 0.00 \\ 0.00 & 0.61 & 0.00 \end{bmatrix} \tag{5-10}$$

最优一致性组合为

$$\pi = (R_{11}, R_{23}), (R_{12}, R_{21}), (R_{13}, R_{22}) \tag{5-11}$$

S_1 与 S_2 的稳定度为

$$\text{stability}(S_1, S_2) = \frac{0.28 + 0.50 + 0.61}{3} \approx 0.46 \tag{5-12}$$

5.1.1.4 模型重合度

当使用训练模型与参考模型进行稳定度测量时可能出现以下三种情况：

一是训练模型与参考模型的一致性组合中，参考模型中没有出现重复选取的主题，如矩阵 A 所示。

$$A = \begin{bmatrix} R_{11}R_{21} & R_{11}R_{22} & R_{11}R_{23} \\ R_{12}R_{21} & R_{12}R_{22} & R_{12}R_{23} \\ R_{13}R_{21} & R_{13}R_{22} & R_{13}R_{23} \end{bmatrix} = \begin{bmatrix} 0.00 & 0.00 & 0.28 \\ 0.50 & 0.00 & 0.00 \\ 0.00 & 0.61 & 0.00 \end{bmatrix} \tag{5-13}$$

二是训练模型与参考模型的一致性组合中，参考模型中有主题被选取，且存在某些主题没有被选取，如矩阵 B 所示。

$$B = \begin{bmatrix} R_{11}R_{21} & R_{11}R_{22} & R_{11}R_{23} \\ R_{12}R_{21} & R_{12}R_{22} & R_{12}R_{23} \\ R_{13}R_{21} & R_{13}R_{22} & R_{13}R_{23} \end{bmatrix} = \begin{bmatrix} 0.00 & 0.00 & 0.28 \\ 0.50 & 0.00 & 0.00 \\ 0.00 & 0.61 & 0.00 \end{bmatrix} \tag{5-14}$$

三是训练模型与参考模型的一致性组合中，存在某个训练主题与两个以上的参考模型主题具有相同的最大 AJ 值，如矩阵 C 所示。

$$C = \begin{bmatrix} R_{11}R_{21} & R_{11}R_{22} & R_{11}R_{23} \\ R_{12}R_{21} & R_{12}R_{22} & R_{12}R_{23} \\ R_{13}R_{21} & R_{13}R_{22} & R_{13}R_{23} \end{bmatrix} = \begin{bmatrix} 0.00 & 0.50 & 0.50 \\ 0.50 & 0.00 & 0.00 \\ 0.00 & 0.61 & 0.00 \end{bmatrix} \quad (5\text{-}15)$$

一个最佳的主题数下的分类应当是，训练模型下的每一个主题词序列均能与参考模型下的每一个主题词序列对应。有两种情况会导致训练模型与参考模型的主题并不能完全对应。一个是由于抽样数据集少于总体数据集，因此在一些抽样中，训练集训练出的主题可能不能与参考模型完全对应。另一个是当参考模型中主题数过多时，容易产生相似的重复主题，导致计算训练模型与参考模型的稳定度时出现相同的值。

因此，为了提高模型稳定度测量的准确性，使其适用情况更为完备，本书在模型稳定度的测量基础上增加训练模型和参考模型在主题内涵上是否重合的考量。基于主题模型相似度测量可以得出集合 S_x 和 S_y 的最大一致性的组合。统计训练模型中每个主题与参考模型主题重合的次数，并进行累加，最后除以参考模型主题和训练模型主题重合的个数，得到该主题数下的参考模型和训练模型的重合度，如式（5-16）所示。

$$\text{Coincidence} = \frac{1}{c}\sum_{i=1}^{k} \text{count}(\pi(R_{xi})) \quad (5\text{-}16)$$

其中，c 表示参考模型主题和训练模型主题重合的个数；k 表示主题数。

第一种情况，设两个均包含 3 个主题的主题集合，训练模型的主题集合 $S_1 = \{R_{11}, R_{12}, R_{13}\}$，参考模型的主题集合 $S_2 = \{R_{21}, R_{22}, R_{23}\}$，两个集合的相似度测量值如矩阵 A 所示。训练模型与参考模型的一致性组合中，参考模型中没有出现重复选取的主题。

最优一致性组合为

$$\pi = (R_{11}, R_{23}), (R_{12}, R_{21}), (R_{13}, R_{22}) \quad (5\text{-}17)$$

参考模型中的 R_{21}，R_{22} 和 R_{23} 分别出现一次，因此

$$\text{Coincidence} = \frac{1}{3} \times (1+1+1) = 1 \quad (5\text{-}18)$$

第二种情况，训练模型与参考模型的一致性组合中，参考模型中出现重复选取的主题，且存在某些主题没有被选取，如矩阵 **B** 所示。

最优一致性组合为

$$\pi = (R_{11}, R_{21}), (R_{12}, R_{21}), (R_{13}, R_{22}) \quad (5\text{-}19)$$

参考模型中的 R_{21} 出现 2 次，R_{22} 出现 0 次和 R_{23} 出现 1 次，因此

$$\text{Coincidence} = \frac{1}{2} \times (2+0+1) = 1.5 \quad (5\text{-}20)$$

第三种情况，训练模型与参考模型的一致性组合中，存在某个训练主题与两个以上的参考模型主题存在相同的最大 AJ 值，如矩阵 **C** 所示。

最优一致性组合为

$$\pi = (R_{11}, R_{22})(R_{11}, R_{23}), (R_{12}, R_{21}), (R_{13}, R_{22}) \quad (5\text{-}21)$$

参考模型中的 R_{21} 出现 1 次，R_{22} 出现 2 次和 R_{23} 出现 1 次，因此：

$$\text{Coincidence} = \frac{1}{3} \times (1+2+1) = 1.33 \quad (5\text{-}22)$$

模型重合度大于 1。当模型重合度为 1 时，表示训练模型和参考模型的主题能够完全重合，重合度越大表示训练模型和参考模型的重合度越差。与模型稳定度的测量一样，经过多次抽样训练后得到多个模型重合度数值，求取平均后得到平均重合度数值。

5.1.2 最优主题数判定模型

本书认为，一个可靠的主题模型应当具备三个特征。第一，具有较好的预测作用，即模型的困惑度较低。第二，不同主题之间具有一定的隔离度，避免重复主题的出现，即主题间的相似度较低。第三，模型具有较高的稳定度，即

模型是可重复实现的。第四，训练出的模型的可信度较高，不存在虚假的最优结果，即训练模型和参考模型的主题能够相互对应。

现有的研究发现，困惑度较低的主题模型往往会存在主题数过大的缺陷。因此，本书结合主题模型的困惑度与模型隔离度和稳定度进行一致考量，通过循环训练和测试模型，得到更优的主题数。定义主题优度分数计算方法如式（5-23）所示：

$$\text{Topic\_score} = \frac{\text{Perplexity} \times \text{Coincidence}}{\sigma_{JS} \times \text{Stability}} \quad (5\text{-}23)$$

为了计算不同主题数 k 下的模型稳定性程度，首先基于完整的数据集生成初始主题模型，同时这一完整模型也是后续计算主题一致性的参考模型，定义为 S_0。其次，以 $\beta(0<\beta<1)$ 的抽样率随机从整体数据集 n 中选取 τ 个样本。接着基于这 τ 个样本同样生成主题数为 k 的模型，定义为 $\{S_1, \cdots, S_\tau\}$，计算每一个随机样本主题模型与参考模型的稳定性和重合度。另外，测试样本剩下的 $(1-\beta) \times n$ 个样本作为测试样本的训练集，并计算每一个测试样本的困惑度和隔离度。最后，对 τ 个样本模型的 k 个主题优度分数求取平均值，平均主题优度分数最小的即为最优主题数 k。计算步骤如图 5-2 所示。

步骤 1：将完整的文档集 n（经过数据清洗）通过 LDA 模型训练生成不同主题数下的主题参考模型 $S_{h,0}$。

步骤 2：以 β 的抽样率从完整的文档集 n 中抽取样本作为训练集。通过 LDA 模型训练生成不同主题数下的训练模型 $S_{h,i}$。

步骤 3：计算参考模型 $S_{h,0}$ 和训练模型 $S_{h,i}$ 在相同主题数下的模型稳定度。

步骤 4：计算参考模型 $S_{h,0}$ 和训练模型 $S_{h,i}$ 在相同主题数下的模型重合度。

步骤 5：用每一次抽样获得的训练集中的 $\beta \times n$ 个文档来计算不同主题数下的模型隔离度。

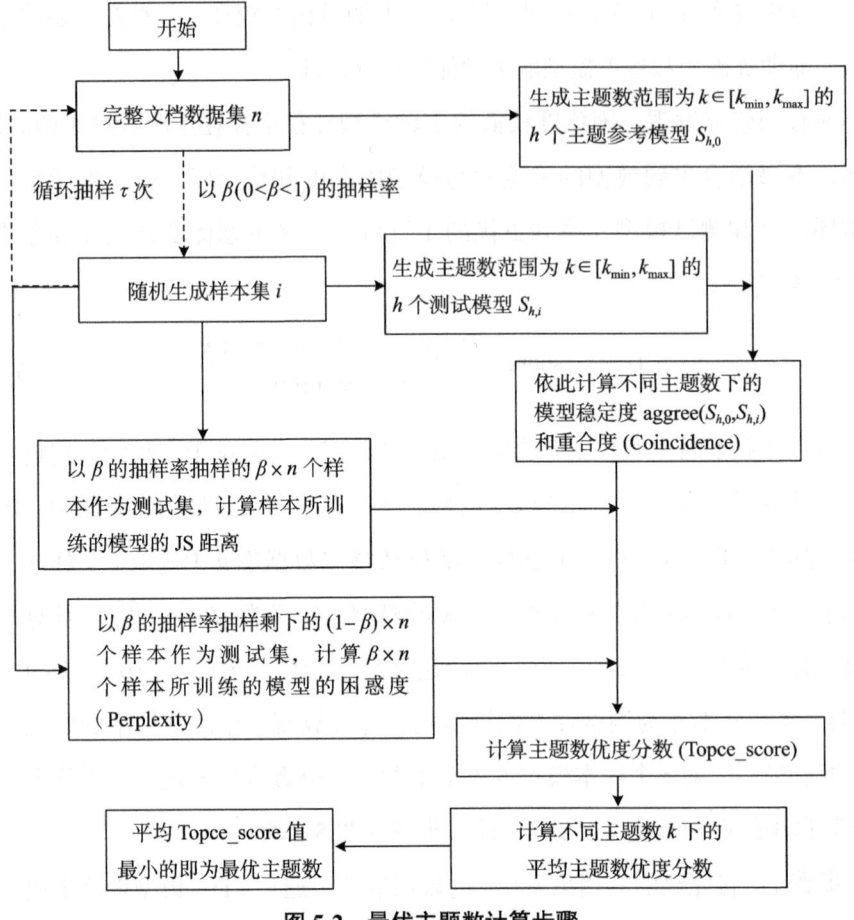

```
                           ┌──────┐
                           │ 开始 │
                           └───┬──┘
                               ↓
    ┌ ─ ─ → ┌──────────────────────┐ ──────→ ┌─────────────────────────────────┐
    ↑       │ 完整文档数据集 n     │         │ 生成主题数范围为 $k\in[k_{min},k_{max}]$ 的 │
    ↑       └──────────────────────┘         │ $h$ 个主题参考模型 $S_{h,0}$            │
  循环抽样 τ 次    以 $\beta(0<\beta<1)$ 的抽样率         └─────────────────────────────────┘
    ↑                   ↓                                    ↓
    ↑       ┌──────────────────────┐ ──────→ ┌─────────────────────────────────┐
    ↑       │ 随机生成样本集 i     │         │ 生成主题数范围为 $k\in[k_{min},k_{max}]$ 的 │
    ↑       └──────────────────────┘         │ $h$ 个测试模型 $S_{h,i}$                │
    ↑                   ↓                    └─────────────────────────────────┘
    ↑                                                         ↓
    ↑                                        ┌─────────────────────────────────┐
    ↑                                        │ 依此计算不同主题数下的          │
    ↑                                        │ 模型稳定度 aggree($S_{h,0},S_{h,i}$) │
    ↑                                        │ 和重合度 (Coincidence)          │
    ↑                                        └─────────────────────────────────┘
    ↑       ┌──────────────────────┐                          ↑
    ↑       │ 以 β 的抽样率抽样的  │                          │
    ↑       │ β×n 个样本作为测试集,│ ─────────────────────────┘
    ↑       │ 计算样本所训练的模型 │
    ↑       │ 的 JS 距离           │
    ↑       └──────────────────────┘
    ↑                   ↓
    ↑       ┌──────────────────────┐
    ↑       │ 以 β 的抽样率抽样剩下的│
    ↑       │ (1−β)×n 个样本作为测试│
    ↑       │ 集, 计算 β×n 个样本所 │
    ↑       │ 训练的模型的困惑度    │
    ↑       │ (Perplexity)         │
    └ ─ ─ ─ └──────────────────────┘
                        ↓
                                         ┌─────────────────────────────────┐
                                         │ 计算主题数优度分数 (Topce_score)│
                                         └─────────────────────────────────┘
                                                          ↓
        ┌──────────────────────┐         ┌─────────────────────────────────┐
        │ 平均 Topce_score 值  │ ←────── │ 计算不同主题数 k 下的            │
        │ 最小的即为最优主题数 │         │ 平均主题数优度分数               │
        └──────────────────────┘         └─────────────────────────────────┘
```

图 5-2 最优主题数计算步骤

步骤 6: 用每一次训练集抽样剩余的 $(1-\beta)\times n$ 个文档来计算不同主题数下的模型困惑度。

步骤 7: 用步骤 3 到步骤 6 得出的不同主题数下模型稳定性、重合度、隔离度和困惑度数值计算主题优度分数。

步骤 8: 重复步骤 2 至步骤 7, 得到 τ 个参考模型和训练模型的主题优度分数, 并计算不同主题数下的平均主题优度分数。

步骤 9: 选取平均主题优度分数最小时对应的主题数为最优主题数。

5.2 基于 LDA 的政策文本分析

5.2.1 数据收集与清洗

本书涉及的政策文本信息来源于《威科先行法律信息库》和《北大法宝法律数据库》。收集范围为中国各省（自治区、直辖市）的专利政策文本。为了尽可能广泛地收集相关的专利政策，本书在上述两个数据库中通过标题检索所有包含关键词"专利""知识产权""科技""创新"中之一，以及全文中包含"专利"一词的政策文本。将重复文本及内容少于 20 个字的文本剔除后，剩余有效政策文本 9 286 份，时间范围为 1982—2018 年。如图 5-3 所示，我国的专利政策的数量在 1982—1999 年较少（起步期），2000—2008 年出现较快增长（增长期），2009—2018 年的数量维持在较高水平但出现一定的波动（波动期）。

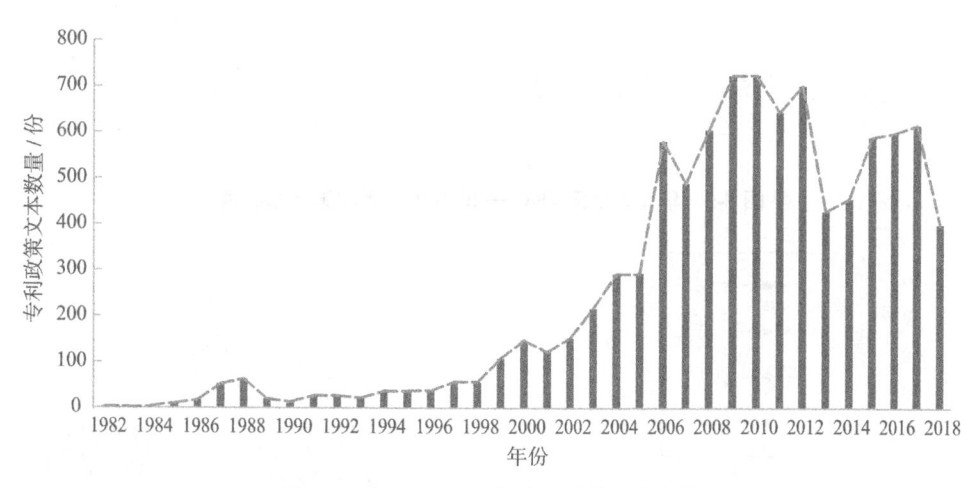

图 5-3　1982—2018 年专利政策文本数量

图 5-4～图 5-10 展示了各地区历年专利政策数量的分布情况。为了使曲线显示较为清晰，各曲线图以区域划分为东北地区、华北地区、华东地区、华中地区、华南地区、西北地区和西南地区。

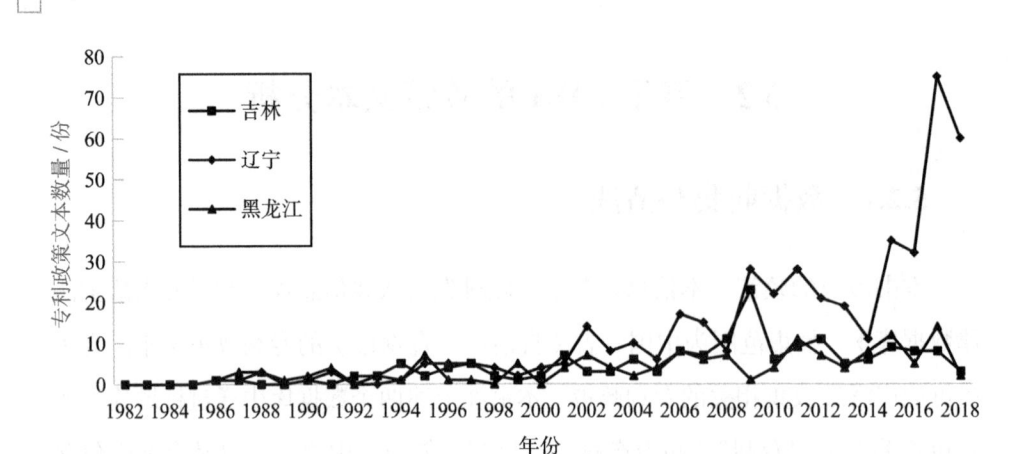

图 5-4　东北各地区 1982—2018 年专利政策文本数量

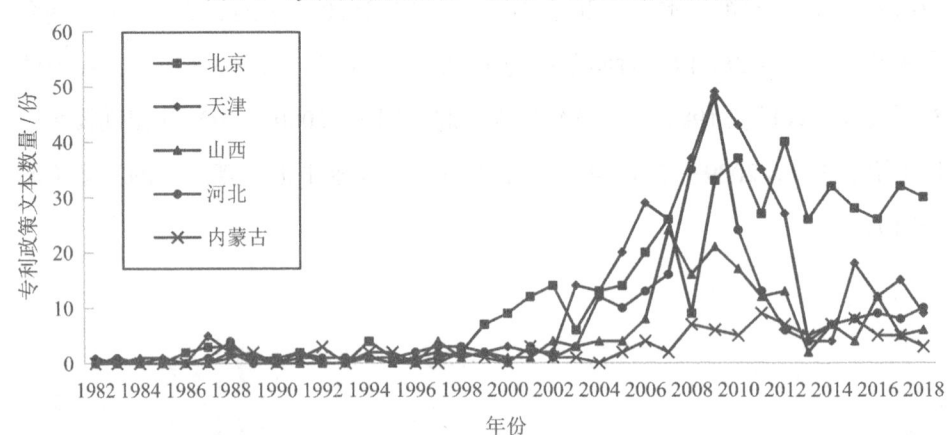

图 5-5　华北各地区 1982—2018 年专利政策文本数量

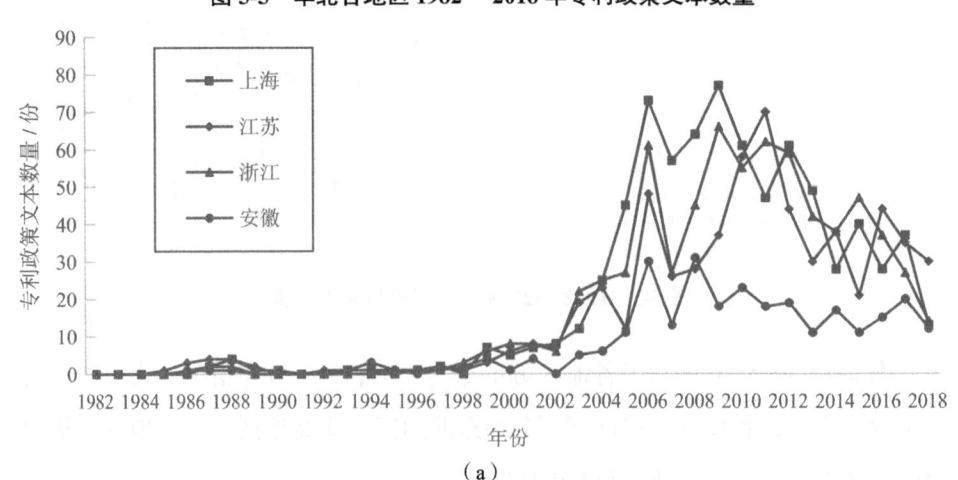

（a）

图 5-6　华东各地区 1982—2018 年专利政策文本数量

(b)

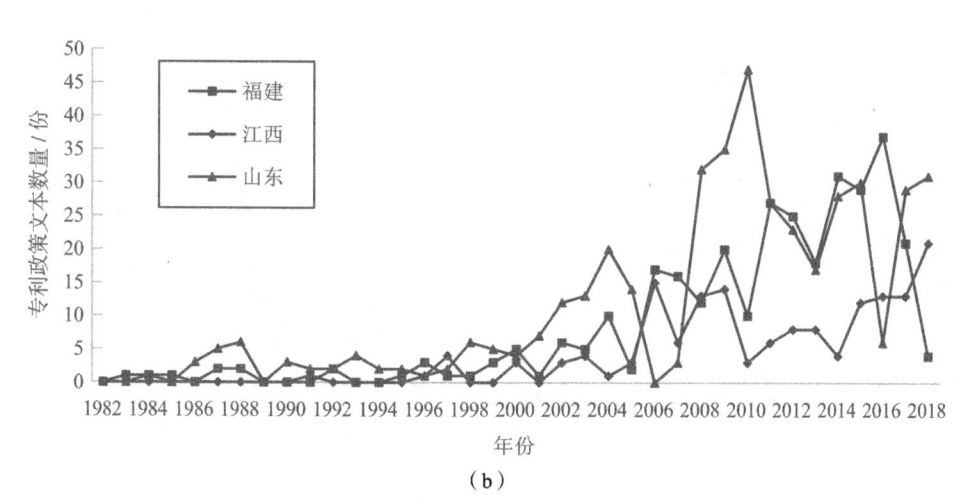

图 5-6　华东各地区 1982—2018 年专利政策文本数量

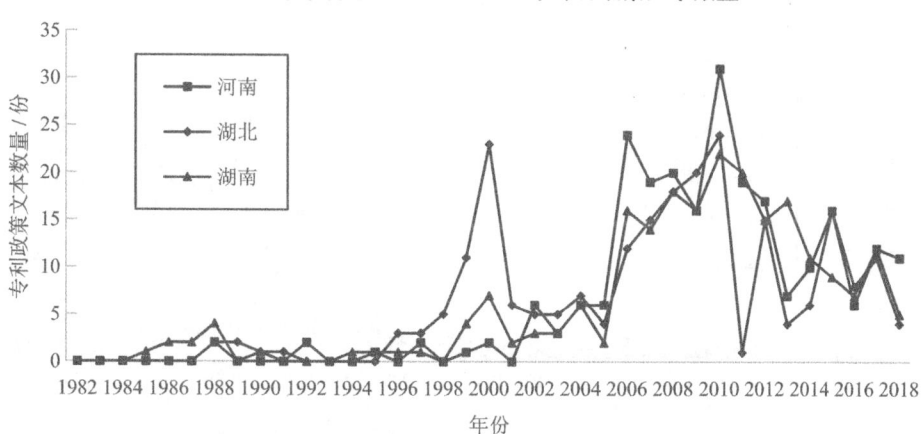

图 5-7　华中各地区 1982—2018 年专利政策文本数量

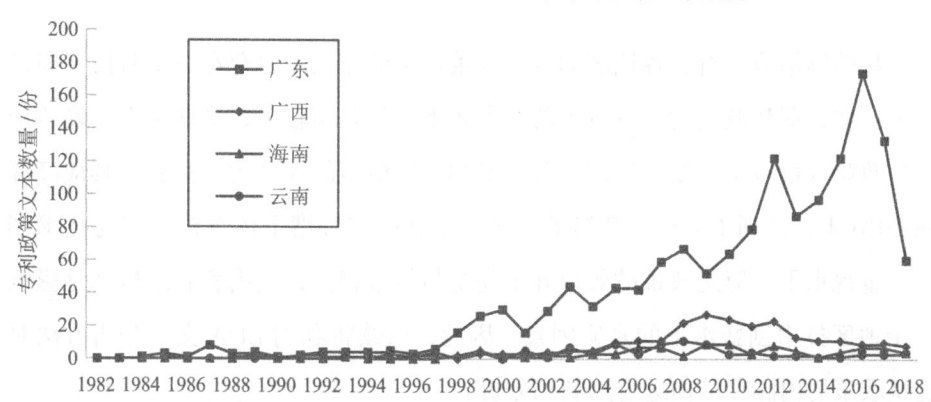

图 5-8　华南各地区 1982—2018 年专利政策文本数量

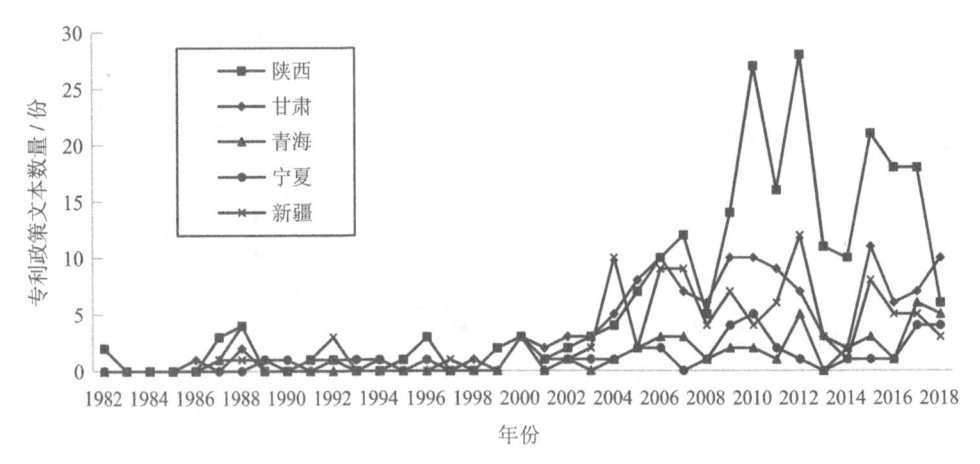

图 5-9　西北各地区 1982—2018 年专利政策文本数量

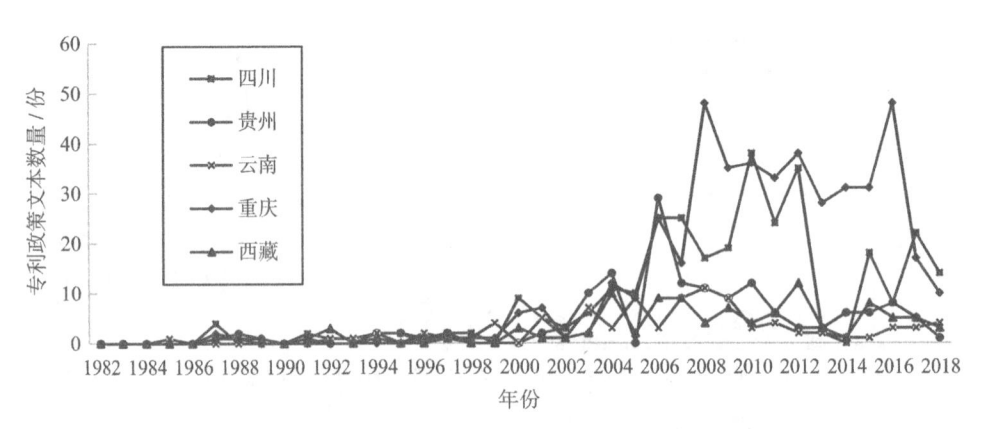

图 5-10　西南各地区 1982—2018 年专利政策文本数量

从整体趋势上看，各地区的专利政策数量分布大致也存在三个阶段，即起步期、增长期和波动期。各省市的专利政策数量差距较大，平均来看，发达地区的政策数量多于欠发达地区，其中专利政策最多的地区为广东省，其最高峰在 2016 年，达到 174 份。政策数量虽然能在一定程度上体现该地区对技术创新的重视水平，但是政策的效果并不完全与数量相关，其内容和结构才是影响一个地区技术创新水平的真实因素。因此，后续将利用 LDA 文本分析方法对这些政策的内涵和结构进行判断和分析。

在进行文本分析前，首先要对 9 286 个有效文本进行清洗。步骤如下：

步骤 1，分词。使用 Python 的 jieba 包来对所有文本进行分词。

步骤 2，合并同义词。例如，将各高校名称合并为"高校"，各个银行名称合并为"银行"，将获奖名次和等级合并为"奖项等级"，将带有区域名称的技术园区进行统一等。

步骤 3，剔除停用词，包括标点符号、图形、非中文字符、助词、词频小于等于 10 的词语。由于本书收集的政策范围较广，部分政策还包含与专利或技术不相关的主题。为了避免在 LDA 模型训练时产生不必要的主题，本书还将这部分不相关的词剔除。最终获得有效词 13 309 个。

5.2.2 LDA 模型训练

本书使用 Python 的 Gensim 包进行 LDA 模型训练。在训练前首先要对训练参数进行设置。K 表示训练的主题数，由于本书将专利政策分为 5 类，因此主题数不应小于 5，且每一类别至少有 2 个子类，同时为了避免选取的主题数过多导致生成的主题出现重复，最终选取 10~70 个主题数进行训练。α 表示文档中主题的稀疏性，α 越大文档中所包含的主题数量越多。β 表示主题中的单词稀疏性，β 越小表示主题内的单词分布越不均匀。根据哈根（Hagen）的研究，当主题数量不是非常多时，不同的初始化不会对主题变化产生重大影响[213]。本书最终将所有 LDA 训练模型中的 α 和 β 均设置为与主题数相关的动态变量，即 $1/k$。迭代次数均设为 2 500 次。

首先，将清洗后的 9 286 个有效政策文本作为 LDA 模型的训练语料，产生不同主题数 k 下的模型。然后，设置训练集和测试集的比例 β 为 80%，即从所有有效政策文本中随机选取 80% 的文档作为训练集，剩下 20% 的文档作为测试集，选取次数为 30 次。在计算模型稳定度时，首先要选取代表每个主题的词的个数，根据稳定度的计算公式可知，排名越靠后的词汇对最终的计算结果的影响越小，但是词汇数越多计算量越大，因此在计算时不需要将所有的主题词均加入计算中。本书选取的 t 值分别为 sim20，sim50，sim80 和 sim100。不同词个数下的模型平均稳定度的相关系数如表 5-2 所示。

表 5-2　不同词个数下的模型平均稳定度的相关系数

t 值	sim20	sim50	sim80	sim100	Mean
sim20	1	0.969 7	0.936 2	0.919 5	0.941 8
sim50	0.969 7	1	0.991 7	0.983 9	0.981 8
sim80	0.936 2	0.991 7	1	0.998 6	0.975 5
sim100	0.919 5	0.983 9	0.998 6	1	0.967 3

从表 5-2 可以看出，不同主题词个数下的模型稳定度高度相关，其中 t 为 50 的平均 Pearson 相关系数最高，说明词汇数为 50 时最能够涵盖其余词数下的主题含义。因此，本书以每个主题的前 50 个词来代表该主题。最后，按照 5.1 节的步骤依次计算模型的稳定度、重合度、隔离度、困惑度。

5.2.3　最优主题数选取

根据主题优度分数公式计算出不同主题数下的平均主题优度分数。如图 5-11 所示，当主题数少于 20 个时，平均主题优度分数较大，表明主题的分类效果较差。平均主题优度分数的最小值出现在主题数为 54 个时，值为 116.81。图 5-12 和图 5-13 分别为训练 30 次后各主题数下的平均困惑度、平均隔离度。从图中可以看出，困惑度和隔离度存在的问题是，主题数越多指标值越好。但仅仅用困惑度或隔离度难以判断最优的主题数。

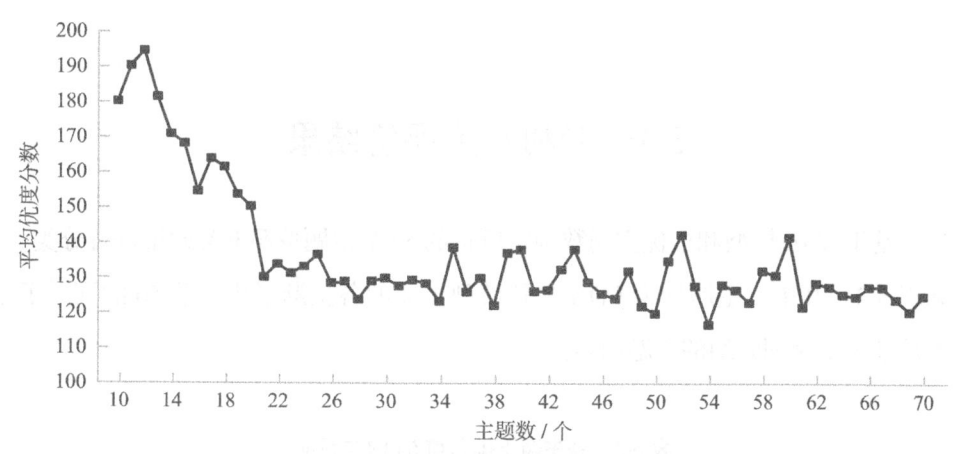

图 5-11 不同主题数下的平均优度分数

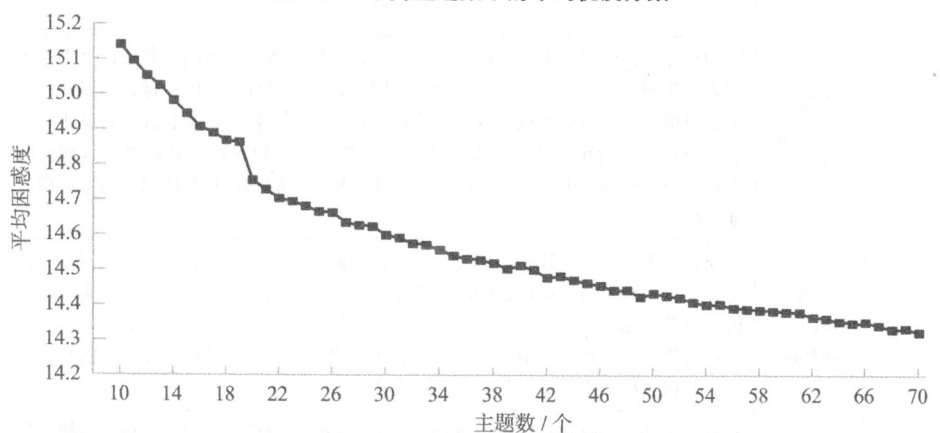

图 5-12 不同主题数下的平均困惑度值

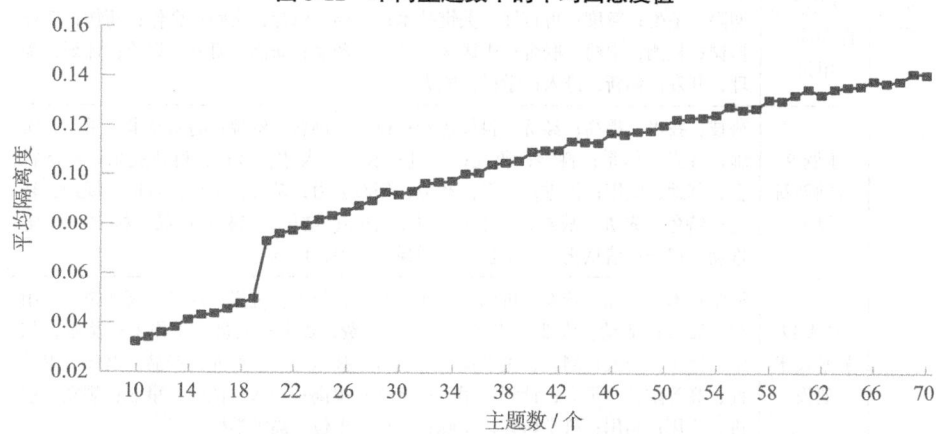

图 5-13 不同主题数下的平均隔离度值

5.3 专利政策评价结果

基于 LDA 模型和最优主题数判定所得的 54 个主题按照五类政策进行分类，见表 5-3。其中，主题词为 LDA 主题模型生成的各主题下排名前 50 的词，子类是基于主题词归纳的主题内容。

表 5-3　各主题下排名前 50 的主题词

类型	子类	主题词
创造类	主题 1 专利申请资助	资助；专利；申请；专利申请；发明专利；单位；授权；奖励；办法；个人；申请人；受理；提交；获得；实用新型；国内；外观设计；费用；材料；国外；发明；申请专利；知识产权；发明创造；代理；实施；标准；专利权；企事业；资金；身份证；规定；法人；专利权人；专项资金；负责；专利证书；审核；管理；审查；机构；中国专利；收据；方便；职务；缴纳；营业执照；制定；登记证；范围
创造类	主题 3 科技奖励和补贴	企业；奖励；科技；补助；超过；扶持；最高；资金；补贴；一次性；研发；认定；获得；孵化器；项目；创新；鼓励；财政；资助；国家级；省级；实际；机构；产业；标准；配套；金额；比例；高新技术；享受；办法；设立；培育；总额；引进；专项资金；申请；中心；自主；孵化；巨人；单位；注册；团队；费用；知识产权；投入；入驻；额度；投资
创造类	主题 6 医学类课题项目申报	研究；课题；实验室；申报；重点；临床；基础；单位；应用；项目；科技；目标；申请；超过；领域；经费；方向；方案；科研；方法；医学；疾病；依托；期限；卫生；额度；可行性；关键技术；新药；治疗；实验；合作；药物；医疗器械；检测；中药；联合；中医药；承担；药品；研制；研发；评价；计划；受理；开发；创新；进入；学科；能力
创造类	主题 9 鼓励创新投入	科技；技术；提高；经济；科技进步；投入；创新；资源；高新技术；重点；实施；开发；体系；科学；研究；引进；农业；人才；科普；科技成果；经济社会；基地；应用；推进；水平；环境；创新能力；基础；示范；目标；规划；转化；特色；先进；战略；企业；能力；中心；增长；工程；产品；机制；持续；推动；提升；信息化；科学技术；增强；管理；信息
创造类	主题 12 鼓励技术研发	科学技术；研究；开发；机构；企业；鼓励；技术；进步；规定；高新技术；组织；服务；活动；农业；成果；设立；经费；资金；人员；工作者；奖励；依法；经济；个人；制定；主管部门；项目；技术开发；产业；产品；财政；财政性；高等院校；重大；计划；用于；享受；提高；投入；试验；事业；规划；引进；应用；利用；科学研究；实施；实行；单位；高等学校

续表

类型	子类	主题词
创造类	主题17 鼓励自主创新	创新；企业；自主；创新型；研发；科技；人才；实施；创新能力；产业；推进；重点；投入；鼓励；培育；机制；技术创新；提升；引导；重大；技术；合作；工程；产学研；中心；体系；战略；平台；推动；研究；引进；力度；创业；知识产权；成果；提高；高新技术；积极；省级；增强；竞争力；强化；高校；资源；核心；机构；落实；激励；制度；能力
	主题24 农林业创新	新品种；品种；育种；种子；企业；林业；资源；选育；生产；植物；种质；基地；研究；农作物；良种；繁育；科研院所；种植；保护；科研；森林；高等院校；示范；杂交；提高；作物；平台；优质；鼓励；培育；高产；玉米；水稻；种苗；构建；优良；体系；制种；实施；利用；动物；公益性；规范化；试验；创新；商业化；动植物；树种；研发；创制
	主题28 高性能技术创造	技术；材料；应用；设备；产品；设计；加工；生产；开发；研发；产业化；工艺；高性能；功能；装备；制备；高效；控制；检测；关键；药物；关键技术；处理；电子；芯片；纳米；软件；结构；生物；性能；智能；安全；专用；装置；网络；集成；大型；领域；电池；研制；汽车；分析；工程；配套；自动化；器件；控制系统；自动；先进；提高
	主题29 各领域关键技术开发	技术；研究；开发；重点；关键技术；利用；生产；资源；高效；重大；生物；安全；应用；领域；产品；材料；生态；节能；体系；防治；装备；加工；创新；综合利用；能源；示范；平台；基础；绿色；监测；研发；环境；海洋；疾病；循环；清洁；集成；设备；控制；污染；自主；农业；食品；健康；提高；预警；科技；农产品；优质；节水
	主题35 各组织项目获奖	有限公司；单位；公司；高校；研究；集团；医院；股份；研究所；科技；人员；有限责任；项目名称；研究院；奖项等级；中心；应用；方法；临床；机械；工作站；工程；科学技术；专家；名单；治疗；科学院；学院；授予；方便；药业；科学；电子；科技股份；专利权人；化工；专利号；获奖；分公司；实业；光电；食品；首席专家；医学院；电器；先进；装置；委员会；汽车；投资
	主题37 创新竞赛	设计；大赛；作品；建筑；集成电路；参赛；创新；协会；工业；工艺美术；建筑业；奖项；组织；创作；委员会；评审；大学生；团队；单位；商会；机构；决赛；中心；嘉宾；创意；获奖；规划设计；农艺师；奖项等级；法人；制作；评查；评选；作者；拥有；议案；建筑设计；优秀；艺术；设计师；网站；成员；高校；大师；发明；专家；电脑；获得；展示；规划
	主题46 工业信息化技术提升	企业；工业；信息化；产品；项目；生产；重点；技术；节能；技术改造；行业；中小企业；经济；改造；先进；升级；提高；实施；提升；减排；安全；投资；推进；技术创新；制造业；水平；鼓励；设备；装备；品牌；绿色；应用；规模；推广应用；示范；采用；质量；转型；传统产业；培育；环保；信息技术；术；民营企业；工程；引导；组织；设计；循环；推动；工业化

— 155 —

续表

类型	子类	主题词
创造类	主题51 节能环保项目	企业；工业；信息化；产品；项目；生产；重点；技术；节能；技术改造；行业；中小企业；经济；改造；先进；升级；提高；实施；提升；减排；安全；投资；推进；技术创新；制造业；水平；鼓励；设备；装备；品牌；绿色；应用；规模；推广应用；示范；采用；质量；转型；传统产业；培育；环保；信息技术；民营企业；工程；引导；组织；设计；循环；推动；工业化
	主题53 高新技术产业研发	产业；高新技术；重点；企业；基地；产品；材料；生物；高技术；产业化；优势；项目；中心；开发；规模；培育；产业基地；电子；推进；生产；经济；生物医药；规划；资源；积极；集群；市场；工程；中药；特色；产值；领域；汽车；工业；配套；引进；电子信息；环保；合作；竞争力；增长；医药；新能源；实施；产业链；研发；国际；扶持；目标；制造业
运用类	主题4 进出口贸易	出口；贸易；产品；技术；加工；企业；鉴定；国际；合作；引进；档案；海关；国外；消化吸收；境外；引进技术；进口；兴贸；经贸；信息产业；进出口；检验；设备；业务；经济；技术引进；成果鉴定；贴息；先进；商务；对外；外贸；国内；生产；外经贸；外汇；组织；归档；材料；利用；消化；原材料；通关；设计；检测；银行；货物；电子；档案管理；开拓
	主题7 技术产品运用减税	企业；高新技术；项目；产品；所得税；开发；规定；认定；研究；鼓励；享受；财政；费用；采购；优惠政策；投资；免征；技术；优先；比例；用于；生产；扣除；税收；科技；科研机构；增值税；自主；纳税；征收；风险投资；资金；实际；缴纳；成果；土地；批准；地方；抵扣；实行；技术开发；进口；折旧；服务；收入；扶持；产业；担保；产业化；成本
	主题23 技术运用推广	农业；技术；生产；农产品；示范；农民；技术推广；组织；加工；养殖；实施；服务；现代农业；新品种；提高；基地；品种；优质；水产；培训；开发；龙头企业；蔬菜；科技推广；种植；经营；项目；示范区；畜禽；畜牧；防治；高效；特色；农技；农机；高产；农业产业；粮食；安全；培育；农户；引进；质量；栽培；增效；标准化；良种；玉米；设施；应用
	主题31 科技成果转化奖励	科技成果；转化；成果；单位；实施；技术；奖励；股权；科技人员；转移；职务；高等院校；比例；入股；科研院所；转让；规定；科技；激励；出资；收益；作价；评估；机构；人员；管理；贡献；应用；项目；高等学校；评价；投资；股份；约定；科研人员；鼓励；低于；科研机构；知识产权；协议；公司；设立；合作；许可；分配；活动；承担；用于；制定；主管部门
保护类	主题14 技术转让合同	合同；规定；技术；保密；资料；办法；许可；营业税；审批；转让；协议；备案；免征；权利；技术秘密；使用；技术转让；审查；签订；管理；收费；业务；约定；专利权；双方；交易；收入；个人；问题；主管部门；申请；期限；范围；审核；义务；执行；批准；单位；委托；法律；手续；限制；税务机关；支付；条款；实施；纳税人；程序；价格；合法

续表

类型	子类	主题词
保护类	主题22 技术贸易合同	技术；合同；市场；交易；管理；贸易；规定；机构；活动；认定；服务；单位；当事人；主管部门；申请；法律；成果；法规；组织；收入；经营；依法；工商行政；中介；奖励；个人；科学技术；提取；负责；批准；违反；税务；机关；技术转让；技术开发；处罚；经济；国家有关；商品；广告；罚款；所得；订立；技术咨询；支付；仲裁；监督；经纪；经纪人；酬金
保护类	主题43 专利相关纠纷	专利；管理；处理；纠纷；专利权；请求；当事人；侵权；机关；规定；行为；产品；单位；实施；冒充；调解；假冒；保护；案件；专利权人；依法；个人；罚款；设计；违法；许可；责令；发明创造；申请；专利申请；法院；发明人；所得；证据；专利技术；销售；代理人；受理；专利产品；提交；使用；侵犯；法律；侵权行为；职务；查处；标记；广告；方法；办法
保护类	主题44 侵权打假	侵权；执法；打击；假冒伪劣；负责；监管；假冒；企业；案件；信息；重点；知识产权；商品；制度；行为；网络；行政；信用；侵犯；制售；机制；推进；责任；强化；生产；领域；整治；检验；海关；监督；力度；食品药品；司法；市场；职责；产品；专项；协作；平台；举报；质量；经营；违法行为；刑事；诚信；推动；牵头；食品；依法；领导小组
保护类	主题47 知识产权保护行动	知识产权；保护；行动；专项；侵犯；商品；行为；重点；执法；打击；侵权；案件；假冒伪劣；力度；商标；组织；制售；市场；领导小组；企业；查处；盗版；行政；检查；标志；整治；生产；监管；规范；宣传；配合；专利；依法；假冒；投诉；产品；监督；提高；印刷；负责；举报；软件；严厉打击；机制；会同；领域；销售；协调；复制；使用
保护类	主题48 行政执法	行政；执法；依法；规定；管理；法规；法律；投诉；行为；监督；查处；职责；行政处罚；听证；规章；违反；权限；检查；违法行为；处罚；组织；监督管理；案件；执法人员；人员；办法；实施；机关；告知；安全；调查；法律依据；违法；处理；规范；程序；申请；制度；权利；接受；活动；依照；履行；公开；相对；负责；档案；办公会议；法定；案卷
管理类	主题0 技术认定和评价管理	企业；中心；技术；认定；研发；研究；工程；评价；技术创新；开发；科技；工程技术；活动；行业；管理；经费；人员；产品；组织；收入；办法；试验；省级；技术开发；申请；拥有；销售收入；合作；材料；创新；组建；机构；低于；专家；依托；投入；产品销售；制定；运行；主管部门；创新能力；产学研；总额；评估；经济；体系；能力；负责；项目；利润
管理类	主题2 专项经费管理	项目；资金；专项资金；管理；使用；单位；办法；补助；财政；经费；规定；实施；预算；用于；拨付；费用；申请；监督；安排；申报；资助；超过；执行；承担；支出；检查；评审；主管部门；审核；贴息；会同；范围；财政部门；负责；专项；绩效；标准；贷款；实行；省级；下达；批准；绩效评价；合同；财务；投资；支付；实际；研发；配套

- 157 -

续表

类型	子类	主题词
管理类	主题5 技术职称的成果认定	专业；技术；资格；论文；申报；获得；奖项等级；工程师；具备；主持；成果；能力；任职；学历；职务；项目；学术；工程；省级；高级；评审；管理；水平；研究；业绩；技术人员；规定；助理；经济效益；人员；主管部门；标准；设计；考核；解决；掌握；问题；生产；出版；撰写；重大；作者；理论；奖励；排名；应用；公开；国家级；承担；独立
	主题8 课题项目验收管理	项目；验收；科技；计划；单位；承担；经费；管理；专家；实施；立项；组织；合同；评审；申请；执行；负责人；研究；项目管理；规定；使用；成果；主管部门；技术；评估；审查；办法；结题；材料；资料；检查；资助；基金；目标；提交；任务书；申报；咨询；问题；委托；重大；实行；重点项目；审核；批准；采取；应用；会议；公开；下达
	主题10 课题规划	负责；科技；组织；管理；研究；实施；计划；预算；指导；承担；经费；课题；协调；规划；重大；费用；监督；会同；单位；合作；调整；职责；管理工作；规定；拟订；知识产权；交流；执行；咨询；制定；职能；科学技术；机构；委员会；支出；机关；专项经费；开发；项目；科研项目；人员；科研；信息；科技成果；高新技术；检查；主要职责；财务；人员编制；国际
	主题18 技术人员资质审核管理	专业；评审；技术；技术人员；人员；资格；职务；申报；职称；技术资格；高级；单位；材料；岗位；任职；人力资源；规定；学历；证书；考试；审核；业绩；中级；论文；个人；委员会；计算机；能力；组织；所在单位；公示；工程师；工程；教育；本人；社会保障；学时；成果；基层；提交；评价；评委会；人才；聘任；卫生；答辩；执行；考核；职称外语；主管部门
	主题19 高新技术申报	企业；产品；认定；高新技术；创新；申请；材料；证书；自主；办法；管理；技术；生产；科技；软件；主管部门；受理；注册；营业执照；提交；知识产权；经营；开发；出具；服务；委员会；规定；负责；组织；申报；评审；具备；先进；备案；审核；拥有；资格；申请材料；研发；收入；行业；程序；审查；审批；低于；说明；申请书；复审；审计报告；初审
	主题21 制度改革和管理	改革；创新；推进；机制；经济；制度；探索；推动；服务；管理；监管；体系；落实；产业；模式；强化；鼓励；平台；实施；试点；职责；领域；审批；积极；信息化；深化；分工负责；提升；提高；共享；责任；信息；市场；信用；数据；健全；金融；开放；构建；企业；引导；融合；投资；业态；力度；规范；标准；资源；中心；保障
	主题25 标准化管理	标准；标准化；技术标准；企业；质量；实施；战略；技术；体系；产品；地方；制定；国际标准；生产；国家标准；安全；产业；组织；服务；推动；推进；先进；行业标准；提升；计量；委员会；监督；检测；研制；提高；质监；重点；管理；专业；国外；农业；行业；国际；产品质量；水平；食品；积极；农产品；自主；研究；引导；采用；制订；技术性；经济

续表

类型	子类	主题词
管理类	主题27 经济绩效 考核管理	考核；指标；评价；目标；评估；统计；比例；结果；新增；省级；考评；数据；增长；工业；指标体系；数量；投入；绩效；产值；规模；实际；制定；创建；实施；科技进步；反映；发明专利；比重；低于；经费；领导小组；收入；创新型；办法；责任制；增加值；财政；产出；总量；监测；经济；方案；授权；水平；成效；标准；得分；国家级；支出；设置
	主题30 知识产权 综合能力 提升	知识产权；保护；企业；战略；管理；实施；自主；运用；专利；执法；机制；创造；提高；商标；能力；服务；制度；重点；行政；推进；版权；培育；制定；维权；单位；鼓励；经济；引导；体系；信息；机构；宣传；产业；提升；推动；力度；优势；活动；培训；企事业；协调；指导；领域；积极；创新；强化；行业；拥有；援助；产品
	主题32 项目申报 管理	申报；单位；推荐；材料；申报材料；项目；报送；受理；网上；提交；审核；组织；公示；知识产权；申报表；方便；超过；说明；注册；电子版；网站；程序；范围；上报；电子；评审；具备；认真；汇总；对象；初审；获得；科技；出具；专利；主管部门；创新；书面材料；独立；装订；地方；装订成册；法人；资格；资料；省级；择优；逾期；审查；良好；网络
	主题33 项目奖励 评审	科学技术；奖励；评审；项目；推荐；技术；委员会；奖项等级；单位；科技；成果；进步奖；办法；重大；异议；社会效益；组织；经济效益；创新；个人；材料；专家；获奖；应用；负责；奖金；显著；授予；进步；规定；经济；授奖；超过；研究；贡献奖；发明；候选人；获得；贡献；推动；专业；批准；先进；证书；实施；行业；评审组；水平；等级；领域
	主题40 行政单位 管理	单位；牵头；责任；配合；领导小组；调查；改革；统计；方案；组织；制定；落实；资源；实施；负责；研究；协调；科工；交通运输；数据；分工；分析；问题；活动；确保；清查；方便；水利；认真；状况；成立；机构；同意；问卷；范围；信息；组成；经费；汇总；企事业；人员；文化；经济；定期；投入；质量；各项；国防；安排；专利
	主题42 制度改革 与经济 绩效	技术；经济；提高；技术创新；研究；企业；开发；市场；高新技术；重点；管理；鼓励；积极；服务；产业化；制度；机构；科研机构；实行；逐步；改革；体系；投入；水平；充分发挥；增强；基础；优势；资金；国际；结构；行业；力度；计划；目标；环境；制定；问题；国内外；中介；人才；调整；扶持；培养；增加；实施；引导；相结合；协调；科技人员
	主题45 知识产权 管理示范 型企业	专利；企业；试点；示范；知识产权；实施；专利技术；管理；试点工作；运用；培育；战略；组织；专利申请；优势；运营；推进；单位；制定；方案；工程；指导；企事业；方便；试点单位；发明专利；保护；专利权；导航；计划；产业化；创造；推动；办法；产业；能力；扶持；提升；拥有；提高；培训；核心；优先；认定；制度；竞争力；自主；管理工作；专利制度；重点

续表

类型	子类	主题词
管理类	主题49 民营企业 技术管理	企业；科技；民营；科技人员；单位；管理；规定；技术；经营；经济；职工；实行；科研机构；批准；服务；兼职；人员；创办；申请；技术开发；生产；基金；依法；行政；负责；承包；专业；认定；科技成果；奖励；鼓励；产品；组织；享受；职务；个人；科技开发；国有；法律；手续；资产；办法；科研；合法权益；主管部门；收入；贷款；业务；活动；国家有关
服务类	主题1 宣传科普	活动；宣传；科普；组织；科技；创新；举办；单位；青少年；科学；科协；职工；主题；知识；精神；企业；社区；展示；宣传周；负责；普及；竞赛；教育；方案；讲座；安全；公众；文化；专家；科普活动；成果；成员；开放；意识；提高；健康；市民；中小学生；媒体；学校；营造；现场；培训；基地；创新型；群众；重点；咨询；保护；科学技术
服务类	主题11 服务业 能力提升	服务；服务业；企业；文化；示范区；产业；国际；鼓励；品牌；创意；培育；信息；机构；市场；提升；集聚；行业；运营；公共服务；能力；创新；重点；平台；设计；专业；高技术；业务；电子商务；领域；软件；推动；认证；技术；检测；商务；数字；服务平台；动漫；模式；知识产权；网络；国际化；高端；检验；公共；环境；咨询；积极；研发；信息化
服务类	主题13 技术转化 平台	科技；企业；技术；服务；平台；机构；创新；高校；转移；转化；科技型；科技成果；研发；中心；孵化器；合作；培育；中小企业；科研院所；引导；知识产权；鼓励；资源；高新技术；重点；机制；推动；人才；产业；孵化；创业；计划；推进；市场；体系；共享；基地；省级；科技园区；组织；成果；服务平台；研究；产学研；需求；专业；引进；载体；信息；实验室
服务类	主题15 产品展会	项目；参展；组织；负责；展会；展示；国际；成果；技术；企业；高新技术；参会；产品；单位；活动；代表团；对接；交流；合作；洽谈；交易；会议；举办；论坛；征集；邀请；交易会；人员；展位；方案；安排；签约；展览；展区；代表；承办；经济；中小企业；会展；博览会；展览会；成员；举行；机构；布展；协调；主题；推介；科技成果；主办方
服务类	主题20 创业创新 孵化基地	创业；创新；企业；服务；空间；众创；基地；孵化；鼓励；小微；大学生；大众；就业；平台；推进；高校；万众；示范；引导；人才；互联网；人员；培训；实施；创客；落实；双创；创业者；资源；孵化器；创业投资；投资；扶持；改革；人力资源；机构；模式；培育；机制；活动；融资；股权；大赛；基金；团队；营造；负责；推动；市场；组织
服务类	主题26 科技服务 及宣传	科技；服务；组织；问题；特派员；落实；推进；领导小组；指导；实施；科学；创新；积极；调研；认真；评选；学习；召开；目标；精神；宣传；表彰；解决；会议；提高；重点；管理；推动；制定；发展观；部署；项目；措施；协调；经济；实际；制度；确保；成立；突出；各项；干部；抓好；培训；帮助；先进；计划；活动；能力；努力

续表

类型	子类	主题词
服务类	主题34 教育培训	教育；高校；学校；学生；教师；职业；教学；高等学校；专业；培养；实践；院校；研究生；指导；学习；课程；人才培养；大学生；培训；能力；办学；技能；学科；基地；创新；学院；中小学；实验；改革；行业；科研；组织；省级；实施；项目；优秀；质量；实训；实习；高职；训练；计划；高等教育；制定；委员会；教材；竞赛；合作；高等职业；管理
	主题36 信息平台	信息；培训；服务；分析；公开；人员；平台；管理；单位；业务；咨询；预警；规范；公共；专利；案例；知识产权；网站；举办；方便；机构；专家；文献；检索；数据；数据库；培训班；管理人员；企业；利用；对象；资源；需求；方法；风险；电子；工作人员；协会；组织；知识；学习；流程；经验；负责人；政务；服务中心；诉讼；质量；更新；回执
	主题38 技术人才引进	人才；创新；团队；引进；高层次；创业；计划；博士后；培养；领军；管理；专家；带头人；人员；基地；海外；科研；人选；重点；学术；人力资源；留学人员；科技人才；单位；资助；技术；优秀；领域；国际；研究；选拔；青年；工程；用人单位；组织；拔尖；人才培养；后备；岗位；优先；工作站；入选；引进人才；社会保障；院士；博士；推荐；办法；人才队伍；留学
	主题39 产业融合平台	产业；创新；智能；研发；推进；推动；高端；融合；提升；平台；应用；领域；国际；中心；体系；资源；装备；集聚；人才；服务；示范；互联网；协同；构建；重点；新兴产业；工程；联网；规划；模式；布局；军民；突破；产业链；技术；管理；全球；数据；核心；新能源；建成；转型；合作；驱动；生态；引领；战略；绿色；智慧；基础
	主题41 代理机构	机构；代理；民办科技；服务；备案；年检；规定；业务；设立；管理；申请；材料；个体；经营；分支机构；批准；组织；专利；经营范围；变更；事务所；委托；提交；工商行政；机关；办法；营业执照；独立；合伙；注册；成立；主管部门；审批；固定；专职；方便；人员；集体；手续；行业；开办；从业人员；性质；具备；律师；公司；纳税；活动；出资；注销
	主题50 技术开发区	技术开发区；园区；开发区；企业；管委会；科技园区；高新技术；管理；产业；规划；投资；土地；经济；设立；项目；高新；工业园；审批；用地；组织；批准；管理机构；委员会；产业园；基础设施；规定；负责；鼓励；制定；经营；总体规划；个人；服务；配套；生产；各项；开发；实行；设施；环境；创业；人才；招商；优惠政策；协调；招商引资；使用权；机构；法律；行政
	主题52 金融服务	贷款；企业；金融；融资；银行；担保；中小企业；基金；质押；投资；科技型；风险；保险；金融机构；机构；股权；补偿；创业投资；公司；引导；合作；科技；信用；设立；资金；创新；金融服务；业务；信贷；上市公司；专利权；鼓励；资本；服务；产品；评估；机制；中小；管理；资产；贴息；市场；积极；投融资；小额贷款；知识产权；规模；挂牌；试点；补贴

本书以每个政策文档对应不同主题的概率作为该政策内容所涉及的不同政策主题的程度。图 5-14 为三个阶段不同地区的政策主题的雷达分布，其中灰色实线表示 1982—1999 年的政策分布，黑色实线表示 2000—2008 年的政策分布，虚线表示 2009—2018 年的政策分布。

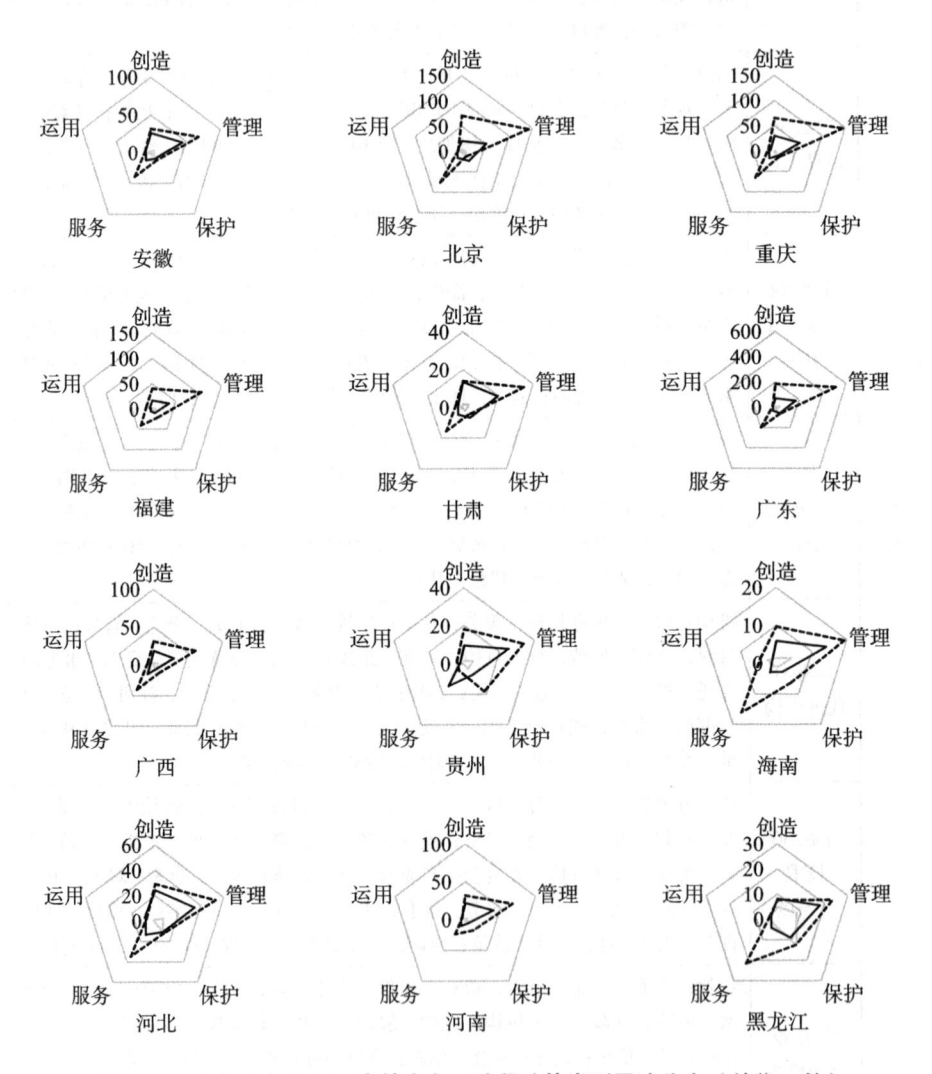

图 5-14　各省（自治区、直辖市）三阶段政策类型雷达分布（单位：份）

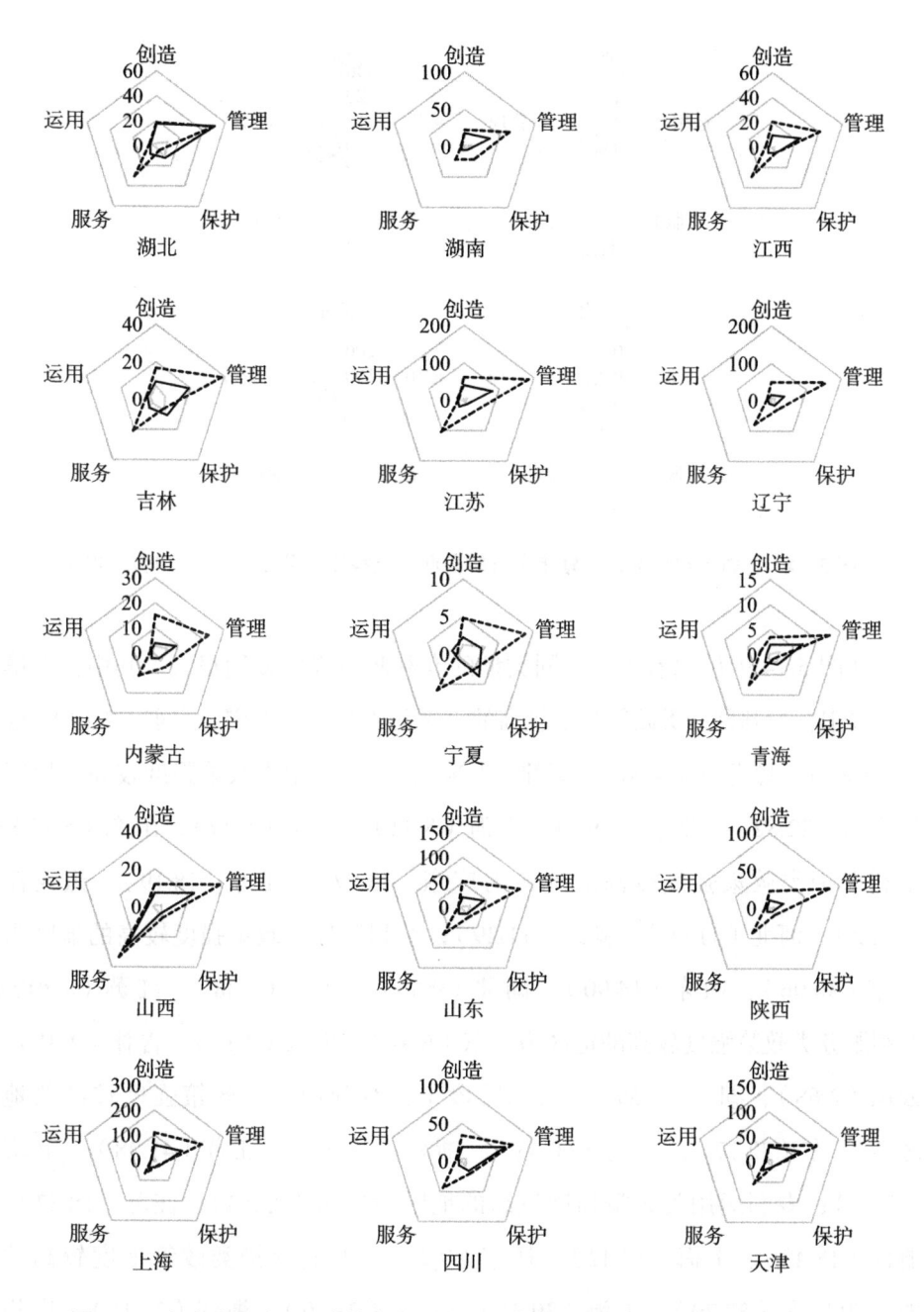

第 5 章　基于 LDA 模型的专利政策评价研究

图 5-14　各省（自治区、直辖市）三阶段政策类型雷达分布（续）（单位：份）

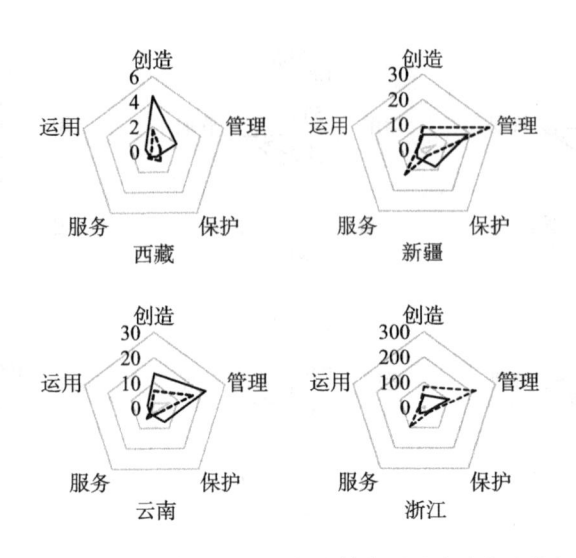

图 5-14　各省（自治区、直辖市）三阶段政策类型雷达分布（续）（单位：份）

从图 5-14 中可以看出，不同类型的专利政策强度差别很大。其中，在第一阶段中，专利创造类政策强度较高的地区为吉林（7.31）[1]、广东（7.29）、辽宁（5.88）、黑龙江（4.90）、天津（3.74）；专利运用类政策强度较高的地区为广东（22.82）、北京（5.97）、上海（5.92）、辽宁（5.79）、山东（5.12）；专利保护类政策强度较高的地区为广东（23.97）、山东（18.19）、黑龙江（12.22）、河北（11.69）、湖北（11.29）；专利管理类政策强度较高的地区为广东（30.06）、山东（14.90）、湖北（9.65）、辽宁（9.38）、江苏（8.80）；专利服务类政策强度较高的地区为广东（6.94）、山东（3.12）、吉林（2.91）、云南（2.68）、湖南（2.59）。第二阶段中，专利创造类政策强度较高的地区为广东（72.17）、上海（60.58）、浙江（48.98）、江苏（41.28）、重庆（30.65）；专利运用类政策强度较高的地区为广东（23.53）、江苏（18.52）、浙江（18.49）、上海（13.42）、辽宁（9.91）；专利保护类政策强度较高的地区为广东（57.29）、上海（30.31）、北京（23.49）、浙江（22.11）、贵州

---

[1] 括号内是雷达度指示的数值。

（18.10）；专利管理类政策强度较高的地区为广东（170.78）、上海（121.52）、浙江（105.23）、江苏（81.07）、天津（68.11）；专利服务类政策强度较高的地区为上海（39.17）、广东（33.22）、浙江（30.19）、山西（26.64）、天津（20.90）。第三阶段中，专利创造类政策强度较高的地区为广东（186.32）、上海（110.35）、浙江（82.16）、北京（71.05）、重庆（65.63）；专利运用类政策强度较高的地区为广东（23.16）、浙江（19.21）、江苏（13.53）、福建（13.06）、重庆（12.76）；专利保护类政策强度较高的地区为广东（61.90）、江苏（40.38）、辽宁（29.24）、浙江（27.28）、上海（25.45）；专利管理类政策强度较高的地区为广东（511.48）、浙江（216.94）、上海（207.07）、江苏（185.00）、辽宁（153.27）；专利服务类政策强度较高的地区为广东（197.14）、江苏（104.37）、浙江（95.40）、辽宁（79.05）、北京（75.93）。

从各省（自治区、直辖市）的比较来看，广东省专利政策强度远高于其他省（自治区、直辖市）。结合雷达图可以看出，各省（自治区、直辖市）的各类型政策的强度差距很大，大部分地区的政策呈现以创造、管理和服务为主的三角形结构，而在运用类和保护类政策方面较为薄弱。这一以创造、管理和服务为主的三角形政策结构使得我国的专利数量得到飞速的发展。但是由于运用类和保护类政策相对薄弱，我国的专利质量提升远低于数量的增长。虽然从理论上来说专利管理类政策应该实现对专利创造、运用、保护甚至服务的统筹管理，但是从具体的政策内容上来看，大部分地区的专利管理类政策采用的是促进专利数量提升的措施，如在项目评估的管理上大多是以创新的数量进行评价。而服务类政策应当是为发明人提供专利申请、运用、保护、布局的全方位的战略性服务，但是从具体政策上来看，现有的服务类政策多数是为专利数量的增长服务。

5.4 本章小结

本章基于LDA模型对专利政策进行维度划分和强度评估。首先，提出一种综合困惑度、隔离度、稳定度和重合度的LDA最优主题数的判断方法。该方法综合考虑了主题模型的预测性、主题间的相似性、模型的可重复性以及主题的解释力四个方面。同时，该方法还能确认每个主题下关键词的数量。该方法与现有的通过困惑度或隔离度来判断主题数的方法相比准确度更高。其次，基于改进的LDA模型对我国各省（自治区、直辖市，不包含港澳台地区）的专利政策的强度进行分析。根据本章提出的最优主题数判断方法，最终得到54个主题。这54个主题具有很好的实际含义以及较高的隔离度。进一步将这54个主题根据专利政策的作用类型划分为专利创造类政策、专利运用类政策、专利保护类政策、专利管理类政策和专利服务类政策。通过分析发现，我国专利政策大致可以分为起步期（1982—1999年）、增长期（2000—2008年）和波动期（2009—2018年）三个阶段。大部分省（自治区、直辖市）从起步期到波动期的政策强度得到飞速提升，并且专利政策呈现以创造类政策、管理类政策和服务类政策为主的三角形结构。由于运用类和保护类政策相对薄弱，我国出现专利数量增长远高于专利质量增长的局面。从研究中还可以看出，各个省（自治区、直辖市）专利政策强度差距较大，这也是导致不同省（自治区、直辖市）的创新能力不同的原因之一。

第6章 专利政策对企业专利质量的影响研究

专利制度是保护和促进发明创造的基本制度，其宗旨在于在促进技术发展的同时兼顾社会福利的增长。专利除具有法律和制度属性外，还具备技术和财产的功能。因此，政府出台的一系列专利政策不仅可以用于创新前端的技术激励，也能够推进创新后端的专利市场价值的实现，还能对创新成果进行保护。1996年国务院颁布的《关于"九五"期间深化科学技术体制改革的决定》中首次提及"建立知识产权管理体系"。专利管理正是知识产权管理体系的重要组成部分。2008年颁布的《国家知识产权战略纲要》进一步将知识产权管理与知识产权的"创造""运用""保护"并列作为国家战略。《国家知识产权事业发展"十二五"规划》首次将知识产权服务纳入国家规划纲要中，明确将"知识产权服务能力明显提升"作为四大主要目标之一，体现了知识产权服务业在国民经济和社会发展中的地位。但是地方政府在执行国家知识产权战略时的差异较大，各地区执行力度不同，导致不同地区的专利产出和企业专利质量具有很大差异。因此，本章将对各省（自治区、直辖市）的专利政策进行分类分析，研究不同类型专利政策对企业专利质量的影响，研究框架如图6-1所示。

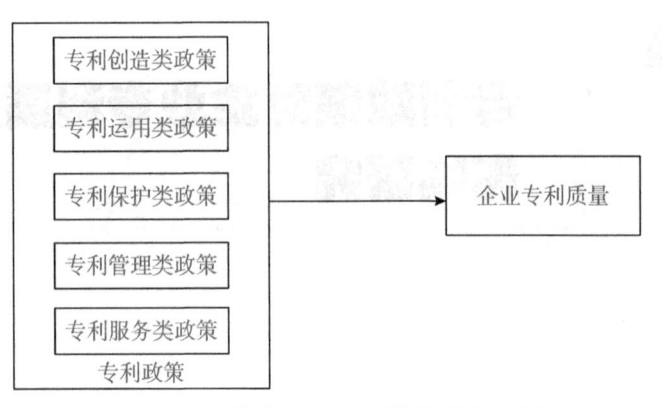

图 6-1 专利政策对企业专利质量的影响研究框架

6.1 理论假设

6.1.1 专利创造类政策对企业专利质量的影响

现有大量研究表明，专利创造类政策的激励作用提升了企业产出的专利数量[214]。21世纪初期的中国处在由要素推动模式向创新驱动模式转变的时期，政府的激励手段成为刺激企业创新研发的主要推手[106]。李习保认为中国专利申请数量飞速增长的动因是中国各级政府制定和实施的专利资助与奖励政策产生的激励效应[107]。但是由于技术评价体系和信息披露制度的不完善，政府对于企业技术能力存在信息不对称现象，寻租行为存在市场[215]，进而出现企业冒着道德风险进行逆向选择行为。党建伟和本桥的研究[216]与龙小宁等的研究[84]同样发现，中国专利数量的激增并没有使专利质量得到同样的提升。因此，有学者认为专利创造类政策的强度过高是导致我国专利产出具有典型的"数量高，质量低"的问题的原因[217]。

技术创新激励政策会产生挤入效应和挤出效应。适当的创造型激励政策产生的挤入效应能够缓解企业的研发成本投入高和创新资源约束问题。但是过度的激励会导致企业对政府的研发投入产生过度依赖，以至于当企业能够获得政府的科技活动补贴越多时，自身的研发投入反而越少[218]。甚至有的企业在政策激励下会以大量的低质量专利获得政策资助或奖励[207]。李苗苗等的研究发现，财政激励性的政策对企业的创新会产生倒 U 形影响[219]。据此提出以下假设：

H1 专利创造类政策对企业专利质量有倒 U 形影响。

6.1.2 专利运用类政策对企业专利质量的影响

专利运用类政策对专利的促进方式主要有两种，一是促进专利的转让和许可，二是促进专利的产业化和商品化。第一，高质量的在先技术产生的外溢效应会持续影响后续的技术创新，并以垄断利润的方式推进技术进步[220]。后续的应用者或发明者需要通过支付许可费来获得在先技术的使用权，通过专利权转移实现对在先技术的改进，而专利权人通过转让和许可能够回收先前的研发投入，并且占据有利的技术地位[221]。第二，具有实用性的技术才能够实现产业化和商品化，企业通过商品的流通获取收益和利润，进而回收研发投入，并进行进一步的技术升级。专利许可使专利技术在市场中流动，技术实现有效溢出，而专利技术产业化和商品化能够使企业快速回收研发投入。通过适当的专利运用型的刺激能够促使企业合理运用两种专利市场化手段，实现技术创新的良性循环。

从市场实践角度看，专利的实施分为"以实施专利为目的的市场化行为"和"非专利直接实施的策略性行为"。前者是专利运用类政策激励的目的。但是也有研究者发现，过度强调专利运用会破坏专利运用类政策促进技术发展的原始目的，使企业趋向于进行"非专利直接实施的策略性行为"，导致专利运用类政策的动机被扭曲和异化[222]，使专利成为一种商业性工具而不是高质量技术的载体。技术的发展和应用并不是一蹴而就的，新颖性越高的技术研发难度和运用难度就越高。技术质量较高的专利并不一定在当下就具有较高的市场价值，低质量专利的价值则可能在政策的作用下被放大[223]。现有的专利质量及其市场化程度的衡量方式较为单一，大多是以"科技成果转化率"和"专利实施率"这种数量占比的方式作为评价标准[224]。这种评价方式的科学性和准确性都存在较大的问题，甚至会误导政府对成果转化工作的判断[225]。在这种情况下，企业所申请的专利往往是一种战略性专利而非真正具有高质量的专利[226]。策略性行为产生的专利的大量出现会冲击企业对专利技术价值的认知，在考虑市场价值要素后高技术含量的专利作用可能与低质量的专利趋同，而策略性专利的质量是较低的[221]。由于现有的专利质量的衡量标准较为模糊，低质量的专利通过包装和战略性的市场运用就能够转化出较高收益。而高质量专利所要花费的成本远高于低质量专利，最终导致企业申请的专利质量低下。据此提出以下假设：

H2 专利运用类政策对企业专利质量有倒U形影响。

6.1.3 专利保护类政策对企业专利质量的影响

专利保护制度通过保障发明者在一段时期内拥有垄断收益，能够有效修正创新产出的知识外溢效应，从而提升创新主体的创新动机。但是不同地区发明者的垄断收益的高低并不一致，垄断收益的高低由专利保护的强度决定，保护强度越大，收益越高。龙小宁研究发现，知识产权保护强度每提升1%，上市公司的发明专利价值将会提升128万元[227]。也有研究发现，模仿一项技术的成本只有创新成本的65%，且模仿所需的时间只需创新时间的60%，专利技术在4年内被模仿的概率达到了60%，模仿具有更高的经济效益[222]。尤其对于专利保护制度较为薄弱的地区来说，技术易被模仿，降低了企业的垄断收入预期，企业不愿申请专利，而转向以商业秘密或其他手段进行保护[228]。还有的研究者发现，一些企业为了保护自己的研究成果，会进行结构化镶嵌式专利申请，将研发技术分解为核心和外围两个层次，将技术含量较高的核心技术在专利保护力度较大的国家申请专利，而在专利保护力度较小的国家则申请一些质量较低的外围技术或易于被模仿的技术专利[229]。由此可见，专利保护的不足会影响企业的专利申请行为以及专利质量。据此提出以下假设：

H3　专利保护类政策对企业专利质量有正向影响。

6.1.4　专利管理类政策对企业专利质量的影响

专利管理类政策的直接目的是促进企业拥有自主创新和战略规划的能力，而最终目的则是使我国成为以创新驱动发展的技术强国[230]。要实现这样的目的就要有高质量技术作为支撑。因此，通过专利管理类政策的有效指导，政府部门能够完善创新战略规划，改善对专利创造和运用类政策的评价标准，增强对技术创新的保护意识，使企业转向以质量为导向的高质量研发行为，从而提升企业专利质量。有效的专利管理类政策通过科学合理的计划、组织、协调和控制手段，充分发挥知识产权制度及各类专利政策的积极作用，促使创新主体积极创造，有效运用，合理保护技术知识，实现企业和社会的综合效益最大化。据此提出以下假设：

H4　专利管理类政策对企业专利质量有正向影响。

6.1.5　专利服务类政策对企业专利质量的影响

企业在进行研发的过程中遇到的资金匮乏、风险承担能力不足、人才资源缺乏、技术水平较低、社会资本少等问题制约了企业的创新行为[230]。因此，通过外部服务来支持企业的研发变得尤为重要，而专利服务类政策的目的就是支撑和引导外部服务产业发展，促进创新主体进行创新活动。从营利的性质来看，专利服务类政策既有面向非营利性的平台、孵化基地及科普教育和人才引进方面的补贴[231]，也有针对具有营利性质的服务行业的推进，如专利代理服务、法律服务、金融服务、专家咨询服务等[232]。非营利性的平台及孵化基地可以解决部分企业创新资金困难的问题，甚至还能为企业提供战略规划引导及市场信息对接服务。而教育科普及人才引进方面的服务类政策一方面能培养更多高素质的技术创新人才，提高全民的知识产权意识，另一方面还为企业输入解决技术瓶颈的关键性人才。由于这些非营利性的服务活动需要大量的资金维持，因此，专利服务类政策的引导和资金补贴显得尤为重要。专利服务类政策鼓励和支持营利性的外部服务业发展，一方面能够弥补非营利性服务的不足，为创新主体提供更多样化的服务；另一方面通过营利性的外部服务能够缓解政府完全采用非营利举措的巨大资金投入，还能促进服务市场的良性竞争，为企业提供更优质的创新支持。

专利服务类政策从资金、技术、人才、市场等方面服务创新主体的创新全过程，解决与创新有关的信息不对称问题。有效的专利服务类政策通过营造良好的创新环境为各类企业在创新过程中的不同需求提供帮助，降低企业的研发风险，提升企业创新积极性，也为企业的知识成果保驾护航，进而激励企业产出高质量的技术创新成果。据此提出以下假设：

H5 专利服务类政策对企业专利质量有正向影响。

6.2 实证分析

6.2.1 数据收集与处理

本章的研究目的是讨论专利政策类型与企业专利质量的关系，涉及的变量包括以下三个。

被解释变量：企业专利质量。专利质量的计算方法采用第 4 章所介绍的模型。同第 4.2.2 节中的介绍一致，本节使用的整体专利数据年份为 1986—2017 年，其原因是：第一，1985 年 4 月 1 日是我国专利法实施的第一天，本书通过数据爬取能收集到的最早的发明专利在 1986 年申请。第二，本书在专利质量的分析方面针对的是已授权的发明专利，排除未授权的专利。由于发明专利的授权需要经过实质审查程序，通常需要 3~5 年才能授权，2018—2020 年申请的发明专利存在大量还未审核完毕的专利。为了保证每年所获取的数据的完整性，避免由于数据不平衡造成计算的偏差，最终选取的数据为申请年从 1986—2017 年的发明且授权的专利。第三，由于本书的专利质量计算是以专利申请年份前后五年为时间窗口，因此 1986—2017 年间能够计算专利质量的是 1991—2012 年申请的发明专利。第四，1991—2012 年的时间跨度达 22 年，已能较为全面反映我国专利质量的特征和变化，不影响本书的机理分析。

解释变量：专利政策。专利政策数据同第 5 章，计算结果由第五章介绍的 LDA 模型得出。本书涉及的自变量为各省（自治区、直辖市）各类型专利政策强度。专利政策对专利的影响并不是在专利申请的当年产生，而是在技术研发时期就已经产生。本书以各专利的申请年份为基准，将该基准年份前五年的各类专利政策的强度作为自变量。通常情况下，一项政策可能不只包含一个类型，如一项政策可能同时包括专利创造和专利运用的内容。通过 LDA 模型，可以计算出每一项政策属于不同类别的概率，且在所有类型下的概率和为 1，不同的概率能够体现该政策在不同类别下的侧重强度。将每项目标专利所属省份在目标专利申请年份前五年的各项政策对应不同类别的概率相加，作为影响目标企业专利质量的不同类别的政策强度。由于计算得出的各类型政策强度的数值较大，在进行回归计算时，对其取对数。

控制变量包括以下几个。

①企业规模[1]。以企业当年员工人数除以 10 000 表示企业规模，以缩小变量间的数量级差距。

②知识基础。知识基础是以每一观察专利的申请年份前 5 年作为时间窗口，以专利权所有人在这 5 年间的专利申请数量作为知识基础的衡量标准，除以

---

[1] 相关数据来源于国泰安数据库。

1 000，以缩小控制变量和其他变量在数量级上的差距。根据现有的研究可知，适当的知识基础对企业进行创新会产生正向影响，知识基础程度过高会导致企业产生路径依赖和研发惯性，反而影响企业的发明创造。因此，本书加入知识基础的二次项作为控制变量。

③企业年龄[1]。以专利申请年份减去企业成立时间的差值表示。

④专利申请年份间隔。以第一个专利的申请年份作为基准，将后续专利的申请年份平减基准年份作为申请年份间隔变量。

⑤专利所属产业。以专利主 IPC 分类号的第一位表示。

⑥所属省份。以专利申请所属省份表示。

6.2.2 描述性统计与相关性检验

表 6-1 展示了本书所涉及的变量的描述性统计和相关系数（Pearson 系数）。可以看出，本书涉及的变量之间具有一定的相关关系，为后续验证提供了初步的判断，但还需进一步验证。其中，部分专利政策之间的相关系数大于 0.8，说明变量之间可能会存在多重共线性。因此，本书将采用弹性网回归方法进行分析。

6.2.3 回归分析

本书将样本随机以 7∶3 的比例分为训练集和测试集。对于弹性网回归而言，由于回归系数为惩罚对象，所以变量的单位或取值范围会对回归结果产生实质性影响。一般而言，在回归之前先将所有的解释变量进行标准化处理，使每个变量的均值为 0、标准差为 1 后再进行回归。为了验证回归模型的稳健性，本书还将以未标准化的弹性网回归结果和 OLS 回归结果作为对照。

---

[1] 相关数据来源于国泰安数据库。

第6章 专利政策对企业专利质量的影响研究

表6-1 各变量描述性统计和相关系数

变量	均值	标准误	1.企业专利质量	2.创造类政策	3.运用类政策	4.保护类政策	5.管理类政策	6.服务类政策	7.企业规模	8.企业年龄	9.专利申请年份间隔	10.企业知识基础	11.发明人数
1.企业专利质量	49.223	18.467	1										
2.创造类政策	3.357	0.750	0.291***	1									
3.运用类政策	1.993	0.582	0.189***	0.575***	1								
4.保护类政策	2.713	0.665	0.293***	0.689***	0.723***	1							
5.管理类政策	4.134	0.761	0.319***	0.959***	0.628***	0.777***	1						
6.服务类政策	2.861	0.723	0.245***	0.914***	0.518***	0.622***	0.905***	1					
7.企业规模	7.268	12.547	-0.003	-0.137***	-0.260***	-0.121***	-0.141***	-0.088***	1				
8.企业年龄	12.337	5.267	0.120***	0.331***	0.050***	0.150***	0.326***	0.290***	-0.232***	1			
9.专利申请年份间隔	15.509	2.520	0.110***	0.602***	-0.128***	0.075***	0.535***	0.619***	-0.043***	0.421***	1		
10.企业知识基础	2.023	3.855	0.302***	0.322***	0.248***	0.359***	0.361***	0.255***	0.234***	0.010***	0.093***	1	
11.发明人数	3.061	3.011	-0.139***	-0.200***	-0.249***	-0.214***	-0.217***	-0.178***	0.135***	-0.097***	-0.052***	-0.227***	1

注：样本数为136 484个。系数显著性水平：* 表示 $p<0.050$，** 表示 $p<0.010$，*** 表示 $p<0.001$。

首先采用弹性网回归模型对训练集进行训练,得到不同模型下的 λ 和 α 的值,然后计算不同模型下的交叉验证误差以及样本外的 R^2 以选出最优 λ 和 α 值下的模型,见表 6-2。

表 6-2 弹性网回归模型训练结果(各类专利政策与企业专利质量)

α 值	模型 ID	描述	λ 值	非零系数个数 / 个	R^2	交叉验证误差
1.00	1	first λ	100	0	0.000 0	341.613 1
	304	last λ	1×10^{-5}	50	0.298 9	239.486 4
0.75	305	first λ	100	0	0.000 0	341.613 1
	608	last λ	1×10^{-5}	51	0.298 9	239.486 4
0.50	609	first λ	100	0	0.000 0	341.613 1
	912	last λ	1×10^{-5}	52	0.298 9	239.486 4
0.25	913	first λ	100	0	0.000 0	341.613 1
	1 216	last λ	1×10^{-5}	52	0.298 9	239.486 4
0	1 217	first λ	100	52	0.020 7	334.544 7
	1 464	λ before	0.000 204 7	52	0.298 9	239.486 2
	1 465*	selected λ	0.000 193 9	52	0.298 9	239.486 2
	1 466	λ after	0.000 183 7	52	0.298 9	239.486 2
	1 520	last λ	1×10^{-5}	52	0.298 9	239.486 4

从表 6-2 中可以看出,模型 ID 为 1 465 时得到最优解,此时模型的 R^2 最大且交叉验证误差最小。此时 α 等于 0,为岭回归,λ 为 0.000 193 9。图 6-2 为岭回归下的回归系数路径图,其中横坐标为调节参数 λ 的取值,纵坐标为回归系数。从图中可以看出,λ 的取值越大,即惩罚力度较大时,系数为 0 的变量就越多,当惩罚力度大于 10 时,大部分系数趋于零。竖线在最优 λ_{CV} 处。

图 6-3 为交叉验证误差图,从图中可以看出,在最优 λ 值附近,曲线非常平坦,这说明在最优值附近变化不大,对模型的预测能力影响较小。

接着使用测试集验证最优解模型的有效性,见表 6-3。

第 6 章 专利政策对企业专利质量的影响研究

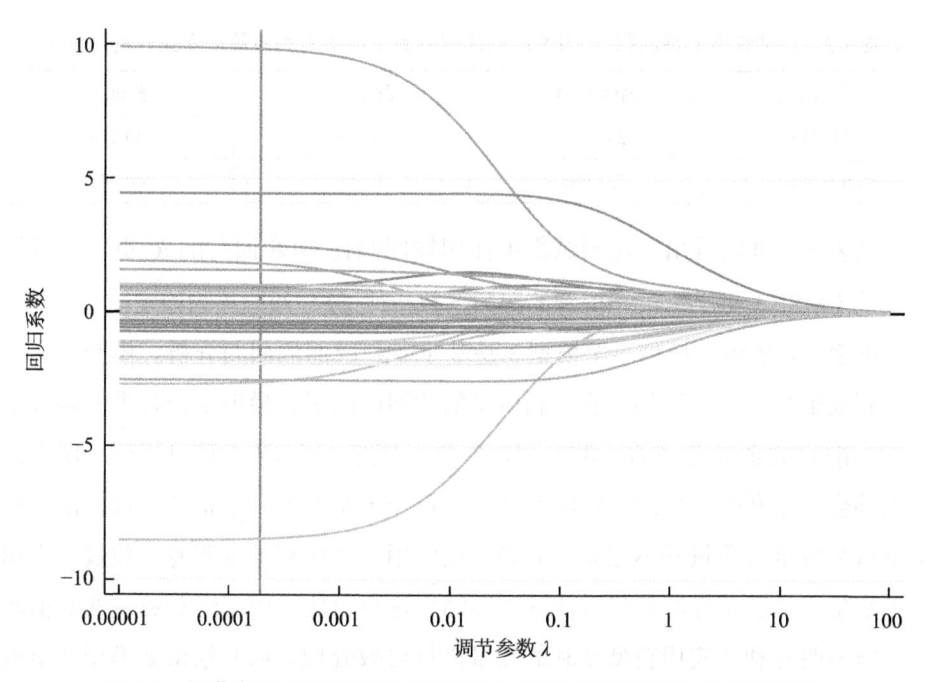

图 6-2 调节参数 λ 下的回归系数路径（各类专利政策与企业专利质量）

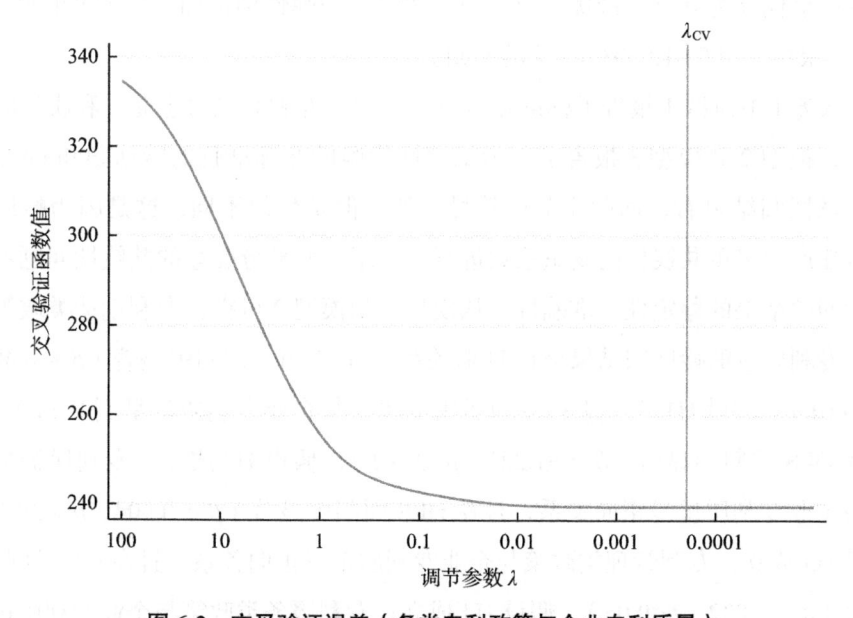

图 6-3 交叉验证误差（各类专利政策与企业专利质量）

表 6-3 测试集下的岭回归与 OLS 回归模型检验（各类专利政策与企业专利质量）

回归模型	测试集 MSE	测试集 R^2	测试数
岭回归	235.676 7	0.306 3	40 945
OLS 回归	235.682 1	0.306 2	40 945

从表 6-3 可以看出，在测试集中使用岭回归比 OLS 回归的 R^2 更大，且均方误差（MSE）更小，最终得到的回归系数相比 OLS 回归更为稳定。

如表 6-4 所示，模型 1 至模型 3 是基于专利层面的回归分析。模型 1 为各类专利政策与标准化后的企业专利质量的岭回归结果，模型 2 为各类专利政策与非标准化的企业专利质量的岭回归结果，模型 3 为 OLS 回归结果。现有研究大都会以专利的类型或者发明专利的数量作为企业专利质量的评价标准，但本书认为数量与质量并不能完全对等，因此用企业每年的发明专利数量、实用新型数量以及发明专利数量占比的回归结果进行对比。由于专利数量的数值较大，将发明专利和实用新型专利的数量进行对数处理。回归结果如模型 4 至模型 9 所示。其中，模型 4 的最优 α 为 0，最优 λ 为 0.007 551 4，为岭回归；模型 6 的最优 α 为 0.25，最优 λ 为 0.007 622 6，为弹性网回归；模型 8 的最优 α 为 0，最优 λ 为 0.012 603 8，为岭回归。

表 6-4 中模型 1 报告了标准化后不同类型的专利政策对企业专利质量的岭回归，模型 2 和模型 3 报告了作为稳健性检验的非标准化的岭回归和 OLS 回归。从回归结果看，回归系数的符号一致，但是数值不同，这是因为岭回归对可能产生多重共线性的变量系数进行了修正，使部分变量的共线性问题不会影响回归结果的稳定性和准确性。从模型 1 和模型 2 可得，专利创造类政策与企业专利质量的岭回归结果呈正 U 形关系，且在 OLS 回归中显著（$\beta = 0.480$，$p<0.001$），假设 H1 不成立；专利运用类政策与企业专利质量呈倒 U 形关系，且在 OLS 回归中显著（$\beta = -1.222$，$p<0.001$），假设 H2 成立；专利保护类政策与企业专利质量呈正向关系，且在 OLS 回归中显著（$\beta = 0.904$，$p<0.001$），假设 H3 成立；专利管理类政策与企业专利质量呈正向关系，且在 OLS 回归中显著（$\beta = 0.832$，$p<0.05$），假设 H4 成立；专利服务类政策与企业专利质量呈负向关系，且在 OLS 回归中显著（$\beta = -2.199$，$p<0.001$），假设 H5 不成立。

第6章 专利政策对企业专利质量的影响研究

表6-4 各类专利政策与企业专利质量及数量回归结果

变量		模型1 岭回归（标准化） 企业专利质量	模型2 岭回归（非标准化） 企业专利质量	模型3 OLS回归 企业专利质量	模型4 岭回归（标准化） 发明专利数	模型5 OLS回归 发明专利数	模型6 弹性网回归（标准化） 实用新型数	模型7 OLS回归 实用新型数	模型8 岭回归（标准化） 发明数量占比	模型9 OLS回归 发明数量占比
控制变量	企业员工数	-1.167	-0.093	-0.095*** (0.005)	0.283	0.060*** (0.003)	0.406	0.088*** (0.004)	-0.032	-0.007 (0.001)
	专利申请年份间隔	0.883	0.351	0.328*** (0.067)	无	无	无	无	无	无
	企业年龄	1.016	0.194	0.190*** (0.010)	0.027	0.004** (0.002)	-0.009	-0.003 (0.003)	0.011	0.002 (0.001)
	企业知识基础	9.833	2.550	2.514*** (0.049)	1.057	2.516*** (0.050)	0.738	1.768*** (0.075)	0.046	0.114 (0.016)
	企业知识基础²	-8.458	-0.158	-0.155*** (0.003)	-0.745	-0.153*** (0.004)	-0.563	-0.116*** (0.006)	-0.022	-0.005 (0.001)
	发明人数	0.241	0.080	0.092*** (0.015)	无	无	无	无	无	无
	省份哑变量	是	是	是	是	是	是	是	是	是
	专利所属产业哑变量	是	是	是	无	无	无	无	无	无
解释变量	专利创造类政策	0.948	1.266	1.596** (0.496)	0.076	0.105 (0.072)	0.124	0.185+ (0.108)	-0.039	-0.049* (0.024)
	专利创造类政策平方值	2.500	0.546	0.480*** (0.073)	-0.063	-0.020+ (0.012)	0	-0.017 (0.018)	0.015	0.005 (0.004)

- 179 -

续表

变量		模型1 岭回归（标准化）企业专利质量	模型2 岭回归（非标准化）企业专利质量	模型3 OLS回归 企业专利质量	模型4 岭回归（标准化）发明专利数	模型5 OLS回归 发明专利数	模型6 弹性网回归（标准化）实用新型数	模型7 OLS回归 实用新型数	模型8 岭回归（标准化）发明数量占比	模型9 OLS回归 发明数量占比
解释变量	专利运用类政策	1.818	3.127	3.372*** (0.725)	-0.013	-0.025 (0.132)	0	0.111 (0.198)	-0.006	-0.006 (0.043)
	专利运用类政策2	-2.607	-1.181	-1.222*** (0.196)	-0.044	-0.019 (0.035)	-0.080	-0.061 (0.053)	0.011	0.006 (0.012)
	专利保护类政策	0.678	1.023	0.904*** (0.155)	-0.056	-0.085** (0.029)	-0.123	-0.192*** (0.043)	0.015	0.028** (0.009)
	专利管理类政策	0.613	0.809	0.832* (0.407)	0.130	0.151* (0.063)	0.121	0.148* (0.095)	-0.024	-0.019 (0.021)
	专利服务类政策	-1.676	-2.321	-2.199*** (0.317)	0.191	0.224*** (0.046)	0.425	0.505*** (0.069)	-0.056	-0.081*** (0.015)
常数项		0	27.452	16.111*** (2.426)	0	1.554*** (0.277)	0	0.509 (0.414)	0	0.861*** (0.090)
Obs.		95 539	95 539	136 484	7 963	11 349	7 963	11 349	7 963	11 349
R^2		0.300	0.300	0.302	0.400	0.404	0.256	0.262	0.100	0.081
Adj_R^2				0.302		0.402		0.259		0.077
F				1 179.31		186.99		97.7		24.22

注：括号中数字为标准误。系数显著性水平：+ 表示 $p<0.100$；* 表示 $p<0.050$，** 表示 $p<0.010$，*** 表示 $p<0.001$。

模型 4 和模型 5 显示了企业发明数量与各类专利政策的关系，从回归结果可以看出，专利创造类政策与企业发明数量的岭回归呈倒 U 形关系，且在 OLS 回归中显著（$\beta = -0.020$，$p<0.1$）；专利运用类政策的一次项及二次项与企业发明数量的岭回归均呈负向关系，但 OLS 回归的结果均不显著；专利保护类政策与企业发明数量的岭回归呈负向关系，且在 OLS 回归中显著（$\beta = -0.085$，$p<0.01$）；专利管理类政策与企业发明数量的岭回归呈正向关系，且在 OLS 回归中显著（$\beta = 0.151$，$p<0.05$）；专利服务类政策与企业发明数量的岭回归呈正向关系，且在 OLS 回归中显著（$\beta = 0.224$，$p<0.001$）。

模型 6 和模型 7 显示了企业实用新型专利数量与各类专利政策的关系，从回归结果可以看出，专利创造类政策与企业实用新型数量的弹性网回归呈正向关系，且在 OLS 回归中显著（$\beta = -0.020$，$p<0.1$）；专利运用类政策的二次项与实用新型数量的弹性网回归呈负向关系，但一次项及二次项与企业实用新型数量的 OLS 回归的结果均不显著；专利保护类政策与企业实用新型专利数量的弹性网回归呈负向关系，且在 OLS 回归中显著（$\beta = -0.192$，$p<0.001$）；专利管理类政策与企业实用新型专利数量的弹性网回归呈正向关系，且在 OLS 回归中正显著（$\beta = 0.148$，$p<0.05$）；专利服务类政策与企业实用新型专利数量的弹性网回归呈正向关系，且在 OLS 回归中显著（$\beta = 0.505$，$p<0.001$）。

模型 8 和模型 9 显示了企业发明数量与各类专利政策的关系，从回归结果可以看出，专利创造类政策的一次项与企业发明数量占比的岭回归呈负向关系，且在 OLS 回归中显著（$\beta = -0.049$，$p<0.05$），而二次项不显著；专利运用类政策的二次项与企业发明数量的岭回归呈正向关系，但在 OLS 回归的结果中不显著；专利保护类政策与企业发明数量的岭回归呈正向关系，且在 OLS 回归中显著（$\beta = 0.028$，$p<0.01$）；专利管理类政策与企业发明数量的岭回归呈负向关系，但在 OLS 回归中不显著；专利服务类政策与企业发明数量的岭回归呈负向关系，且在 OLS 回归中显著（$\beta = -0.081$，$p<0.001$）。

6.3 实证结论

本章运用惩戒回归模型验证了五类专利政策对企业专利质量的影响，基于实证分析，得出如下结论，检验结果见表 6-5。

表 6-5 专利政策对企业专利质量影响的实证结果

	假设内容	检验结果
H1	专利创造类政策对企业专利质量有倒 U 形影响	未通过
H2	专利运用类政策对企业专利质量有倒 U 形影响	通过
H3	专利保护类政策对企业专利质量有正向影响	通过
H4	专利管理类政策对企业专利质量有正向影响	通过
H5	专利服务类政策对企业专利质量有正向影响	未通过

专利创造类政策对企业专利质量产生 U 形影响，对发明专利数量产生倒 U 形影响，对实用新型专利数量产生正向影响，对发明专利数量占比产生负向影响。与现有研究大多认为专利创造类政策对企业专利质量具有倒 U 形影响的结论不同，本书得出的结果为 U 形影响。其原因是，现有研究大多以发明专利的数量作为创新质量的判断标准，当本书将专利创造类政策与企业发明专利数量进行回归时同样得出了倒 U 形的结果，与现有的研究一致。同时，本书将专利创造类政策与实用新型专利的数量进行回归时得到正向促进的结果，与发明专利数量占比进行回归时得到负向影响的关系。这说明从专利数量上来说，专利创造类政策对企业发明专利数量的影响是非线性的，而对实用新型是线性的；从占比上来看，对实用新型专利的促进作用大于对发明专利的促进作用。这是由于专利创造类政策的过度激励会扭曲部分企业的创新动机，使企业为了更快获取政策补贴而批量申请更容易获得授权的实用新型专利。从专利质量上看，由于本书是以发明专利作为样本，根据现有研究可知发明专利相较于实用新型

专利质量普遍较高且所需的研发投入较大。因此，当专利创造类政策的强度较低时，并不能很好地通过补贴来降低企业进行高质量创新的研发风险，但是企业又希望能够获取政策补贴，因此导致创造类政策强度较低时企业申请的发明专利数量上升但是质量下降。当专利创造类政策的强度达到一定程度时，企业能够获取的研发支出提升，降低了企业的研发风险，促使企业增加研发投入，使创新质量得到提升。

专利运用类政策对企业专利质量产生倒 U 形影响，对企业专利数量的影响不显著。专利运用类政策是通过运用型的举措来激励企业进行以市场为导向的研发。从专利质量上来看，适当的专利运用类政策能够激励企业通过许可和专利技术市场化两种手段获取利润并回收研发成本，并快速投入下一轮的研发中，形成良性循环。但是过度专利运用类政策的刺激会扭曲政策的初衷，使企业采取市场化包装的策略性行为而不是实质性创新行为获取政策红利。从专利数量上来看：一方面，由于专利运用类政策更多的是以"科技成果转化率"和"专利实施率"来评价，因此激励的是专利的运用数量而非专利的申请数量；另一方面，技术从创造到运用需要经历漫长的过程，新创造的技术相较于已有的技术需要更长的时间才能进入市场。因此，专利运用类政策对专利申请数量的影响并不突出。

专利保护类政策对企业专利质量产生正向影响，对发明专利和实用新型专利的数量均产生负向影响，但是对发明专利数量的占比产生正向影响。专利保护类政策通过保护企业的技术创新成果激发企业的创新活力。随着专利保护类政策强度的提高，专利战略成为企业保护知识产权、占领技术高地的有效方式。一个地区的专利保护强度越高，企业将核心的高质量技术进行专利申请的意愿越强。因此，专利保护对企业专利质量起到正向促进作用。从实证结果可以看出：一方面，专利保护制度保护的是具有新颖性、创造性和实用性的技术，当专利保护强度较高时，质量较低的技术即使被授予专利权，其被无效的风险也很大；另一方面，由于专利申请和专利权维续需要一定的费用，从专利保护的视角来看，低质量的专利对于企业来说并不能带来有效的技术战略优势。综上，随着专利保护类政策强度的提升，企业将摒弃专利数量优先的策略转为以质量优先的申请战略。

专利管理类政策对企业专利质量产生正向影响，对发明和实用新型专利数量均起到正向影响，但是对发明专利数量占比的影响不显著。专利管理类政策的目的是激发企业的内在创新动力，引导企业以提升技术创新质量为研发目标，使企业专利质量得到提高。从实证结果可以看出，专利管理类政策对企业发明和实用新型专利的数量和质量都起到正向促进作用，但是对发明专利数量的占比的影响不显著。从专利管理类政策对研发行为的影响发现，我国专利管理类政策主要促进企业探索式行为的增加，抑制了企业的开发式行为及研发领域深度。这说明我国专利管理类政策可能还存在一定的问题，虽然能够促进企业对某一技术领域深入研发，但是也存在引导企业追求创新成果快速产出的问题。

专利服务类政策对企业专利质量产生负向影响，对企业发明和实用新型专利的数量产生正向影响，对发明专利数量的占比产生负向影响。专利服务类政策对企业的专利申请数量起到正向影响，但是对发明专利的占比及专利质量反而起到负向影响，这说明我国专利服务类政策的服务方式存在一定的问题，导致企业以追求数量而摒弃质量的方式进行专利申请。其原因可能是在现行的专利服务政策的引导和监管下：第一，部分平台或孵化基地倾向于引入专利高产型的企业，专利高产有可能导致质量的下降；第二，部分金融机构更乐于为专利储备较为丰富的企业提供金融服务，企业为追求数量储备而放弃对质量的把控；第三，部分专利代理机构缺乏为企业进行技术战略引导的资质和能力，且为赚取更多的代理费用而为企业申请大量低质的专利，对此政府部门监管力度不足；第四，对知识产权的宣传教育不充分，导致社会知识产权保护意识不足，企业即使产出高质量的创新成果，也不愿意将核心技术进行专利申请。综上可以看出，虽然服务类政策的一系列措施提高了企业研发的积极性，但是由于政策本身的一些不足，企业研发的创新程度较低，难以产出高质量的专利。

6.4 本章小结

本章研究了不同类型的专利政策对企业专利质量和数量的影响差异，根据实证分析可知：第一，专利创造类政策对企业专利质量产生 U 形影响，对发明专利数量产生倒 U 形影响，对实用新型专利数量产生正向影响，对发明专利数量占比产生负向影响。第二，专利运用类政策对企业专利质量产生倒 U 形影响，对企业专利数量的影响不显著。第三，专利保护类政策对企业专利质量产生正向影响，对发明专利和实用新型专利的数量均产生负向影响，但是对发明专利数量的占比产生正向影响。第四，专利管理类政策对企业专利质量产生正向影响，对发明和实用新型专利数量均起到正向影响，但是对发明专利数量占比的影响不显著。第五，专利服务类政策对企业专利质量产生负向影响，对企业发明和实用新型专利的数量产生正向影响，对发明专利数量的占比起到负向影响。

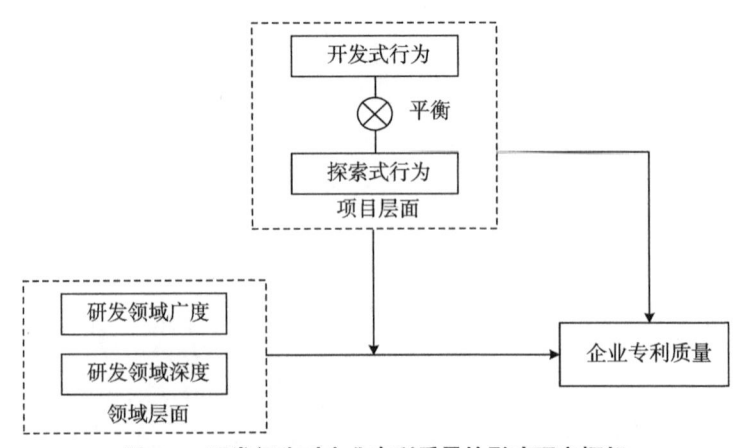

第 7 章 研发行为对企业专利质量的影响研究

基于第 1.2.2 节提出的研发行为分析框架，本章主要研究不同研发行为对企业专利质量的影响。从项目层面看，企业进行每一项研发时都会开展探索式或开发式行为。从领域层面看，企业在每一领域内可能展开多个研发项目，因此企业的研发除了探索和开发这两种行为的选择问题外，还存在这些行为在研发领域进行的程度问题。因此，在分析研发行为时，除了考虑项目层面的探索式和开发式行为，还需将企业涉及的研发领域深度和广度纳入考量范围，以更好地分析以下几个问题：第一，项目层面的开发式和探索式行为对企业专利质量的影响；第二，开发式和探索式行为的平衡对企业专利质量的影响；第三，领域层面的研发领域广度和深度对企业专利质量的影响；第四，开发式和探索式行为对研发领域广度—深度与企业专利质量关系的调节作用。研究框架如图 7-1 所示。

图 7-1 研发行为对企业专利质量的影响研究框架

7.1 理论假设

7.1.1 探索—开发行为对企业专利质量的影响

从绩效来看，适当的开发式研发行为会为组织带来短期效益，使组织能够快速收回投入的成本，但是对现有资源的过度开发会使企业陷入短视的惯性中[233]。从发明质量来看，在组织知识基础的支撑下，开发式研发行为使组织能更好地吸收和消化本领域的知识，推动自身乃至本领域的技术发展。但是过度依赖开发式研发行为会使组织陷入路径依赖的陷阱，无法发现新的机会或对新兴技术作出反应[234]。

根据技术边界的定义，搜索或学习与组织的基础领域不同的知识才是探索式研发行为。发明事实上是一个知识重组的过程[152]。从技术边界来看，当企业进行多个领域的搜索或学习并能够对知识进行重组时会产生更具有新颖性的发明[37]。从经济绩效来看，探索式研发行为与长期效益相关。相较于开发式研发行为，探索式研发行为的成本更高，过度进行探索式研发行为会导致实验成本过高，影响成本回收，不利于组织进行良性的创新[235]。已有的从能力视角的研究发现，重组不同领域的知识具有较高的难度，过多进行不同领域的探索会导致组织对知识的熟悉度下降，进而影响组织对知识的吸收和消化[115]。另外从资源视角看，涉及越多的技术类别需要越多的异质性资源支持，对于企业来说，总资源有限，将资源分散化将导致每个类别下的资源减少，降低企业的创新质量。据此提出以下假设：

H1a 探索式研发行为对企业专利质量有倒 U 形影响。

H1b 开发式研发行为对企业专利质量有倒 U 形影响。

7.1.2 探索—开发行为组合对企业专利质量的影响

从互补优势的视角看，现有研究认为维持这两种行为的平衡是使企业生存和繁荣的关键[236]。从技术层面看，开发式行为能够使企业沿着原有的技术路线进行研发，对知识的深入理解更能促使企业针对领域内的技术瓶颈进行高质量技术研发。从经济层面看，开发式行为能够使企业更快地将研发成本回收，并有足够的资金进行下一轮技术开发。但只采用开发式行为的组织会陷入次优平衡[30]及知识锁定。同样，从技术层面看，探索式行为能够拓宽企业的知识视野，通过将不同领域的知识进行重组产生更好的技术灵感。但是过多的探索式行为会导致知识吸收不完全，难以产生高质量的技术。从经济层面看，探索式行为的试验成本更高，只采用探索式行为会导致实验成本提升，增加组织的研发成本和失败压力，反而降低技术成果产出的效率。因此，组织应当在开发式和探索式这两种行为间取得平衡，从而克服短期效益和长期效益的矛盾[237]。

想要达到探索和开发的平衡是非常复杂的，因为这两种行为的结果不同，且与它们的变化、时机以及组织内外的分布有关[236]。除分配资源支持开发或探索方面固有的权衡取舍之外，这两项活动还意味着组织惯例下的相互冲突[238]。尽管关于平衡开发与探索的研究迅速发展，但在平衡探索与开发的规范假设和加强某一行为倾向的实践操作之间仍然存在着内在矛盾[97]。有的学者认为，开发式行为应该在保证足够充分的前提下维持在最低限度，以便让所用的剩余资源投入探索式行为[30]。相反，另一些学者认为应该将探索式行为维持在较低水平，让更多的资源投入开发式行为。与上述两种具有资源偏向（Resource-Allocation Positions）的结论不同，还有一些学者认为组织应当保持相等的比例进行这两种行为[36]。另有一部分学者则认为，开发式和探索式行为的组合取决于组织的目标、主导逻辑、产业地位以及环境的变化[95, 97, 237, 239]。现有的研究大多涉及开发和探索行为对绩效的影响。这当中存在着质量与效率的矛盾，经济回报有时候是与效率有关，而高质量的技术获得回报的速度并不一定是快速的，有时候甚至非常缓慢。大部分技术的发展是延续性的，这一时间节点的探索行为经过消化吸收后在下一时间节点会变成可开发的知识基础，组织专注于某一领域的知识更能产生高质量的发明。内梅特（Nemet）等的研究也发现，探索式行为在提高发明的影响力上并不如开发式行为显著[114]。

综上，本书认为，单一的开发式研发行为会使组织陷入技术瓶颈，单一的探索式研发行为会使组织的学习过程出现较大的不确定性。因此，结合效率和质量来看，组织应以自身擅长的领域为主，进行深入开发，使其自身资源得到充分利用。同时，为了拓宽知识视野，防止陷入技术瓶颈或开发惰性，适当进行探索式研发行为能够促进企业专利质量的提升。据此提出以下假设：

H2a 探索式和开发式研发行为的结合会产生互补效应，促进企业专利质量的提高。

H2b 综合探索式和开发式研发行为来看，开发式研发行为偏向更能产出高质量专利。

7.1.3 研发领域深度—广度对企业专利质量的影响

组织只有对一个技术领域有了透彻的了解才能够产生高质量的发明[240]。通过对一个技术领域的充分了解，组织对于该领域的知识的吸收能力以及知识重组能力会更强[116, 241]，进而更好地了解自己需要搜寻的相关技术知识[242]，并合理安排开发和探索行为[116]。反之，涉及过多的技术领域一方面会导致组织在资源分配上的紧张，另一方面会使组织由于缺乏有效的知识积累而创新产出较低。埃格尔斯（Eggers）等的研究发现，企业进行专一领域的研发对产生高质量的专利有显著的正向影响；通过对同领域的技术进行研发能够增强专利的技术表现，当本地生产率从25%上升到75%，专利的引文数上升了50%[6]。随着技术多样性的增加，很少有管理者能够拥有凭借足够的知识广度评估不同领域的机会,他们通常会采取较为保守的研发策略。反之,经营单一技术领域的组织由于对本领域知识有更深入的了解,更能够预见本领域的突破性进展,同时也更担心竞争对手在技术上的超越,因此更愿意投入难度更高的研发领域。

从技术预见的能力上看,对一个领域的深入了解能够使组织抓住技术发展的趋势和研发重点,进而产生高质量的发明。但已有研究也表示,在某一研发路径上进行过度开发容易陷入研发惰性[233]。另外,组织对某一领域的过度开发容易将一项发明过度细化,导致单个发明的创新性较低。

组织的研发领域行为对发明质量的影响不仅与其涉及的技术领域广度有关,还与组织在每个领域所涉猎的深度有关。即使一个组织经营了多个领域,但是它在各个领域均有较深的知识积累,这样的组织仍然能够创造出高质量的发明。据此提出以下假设:

H3a 研发领域深度对企业专利质量有倒 U 形影响。

H3b 研发领域广度对企业专利质量有负向影响。

7.1.4 探索—开发行为对研发领域深度—广度的调节作用

通过前几节的讨论可知,组织涉及的技术领域可能是一个到多个,在每个领域内分别进行着开发和探索行为。相较于进行单一领域研发的组织,进行多领域研发的组织由于资源和知识基础的限制,在产出高质量的发明上具有劣势[6]。根据组织学习的理论可知,开发式研发行为能够使组织针对某一领域深入学习。经营多领域的组织进行开发式研发行为能够弥补知识基础薄弱的缺陷。反观探索式研发行为,在成本上高于开发式研发行为,且对于多领域组织来说知识基础的薄弱使其难以对探索式研发行为所获取的异质性知识进行消化吸收和重组,更加拖累发明质量的提升。据此提出以下假设:

H4a 探索式研发行为对研发领域广度与企业专利质量的关系起负向作用。

H4b 开发式研发行为对研发领域广度与企业专利质量的关系起正向作用。

对于研发深度来说，在某一技术领域进行适当深入的研发能够促进组织产生高质量的发明，但是过度开发会有降低发明质量的风险[37]。探索式研发行为的优势在于可以为组织拓宽知识视野，防止组织出现技术锁定。因此，当组织在对某一领域进行深入研发时，通过增加探索式研发行为可以防止发明质量下降。反观开发式研发行为，当组织在某一领域内仅仅局限于使用开发式研发行为时，会导致组织陷入单一领域的知识困境，影响高质量发明的产生。据此提出以下假设：

H4c 探索式研发行为对研发领域深度与企业专利质量的关系起正向作用。

H4d 开发式研发行为对研发领域深度与企业专利质量的关系起负向作用。

7.2 实证分析

7.2.1 数据收集与处理

本书以中国上市公司的专利数据衡量企业专利质量和研发行为，并以上市公司的相关信息作为控制变量。本书的观察对象是专利，原因是：第一，每个专利的质量不同；第二，即使是同一个公司的专利，其质量也存在很大的差别；第三，每一项专利产生的前因都是企业不同的研发行为；第四，为了具体研究不同研发行为所产生的专利质量差别，以每一项专利作为研究对象更为具体、细致。

首先，从国泰安的上市公司数据库获取上市公司名录以及上市公司的成立年份和历年员工数量。其次，从各类专利数据库（国家知识产权局数据库、专利之星、德温特专利数据库）爬取专利数据，包括发明和实用新型。所有的专利数据内容包括：第一，专利申请日；第二，专利权人；第三，发明人；第四，专利授权日；第五，专利权人所属地区；第六，专利分类号；第七，标题；第八，摘要；第九，权利要求。

本节涉及的变量包括：

被解释变量：企业专利质量。专利质量的计算方法采用第4章介绍的模型。

解释变量：研发行为。包括项目层面的开发式和探索式研发行为以及技术领域层面的研发领域深度和广度。

7.2.1.1 开发式与探索式研发行为

企业的每一项专利都能看作一项技术研发成果的说明，而每一项技术在研发时都可能进行了不同的行为。因此，在分析研发行为时，本书以企业的每一项专利为研究对象，评价每一项专利所凝聚的企业的不同行为。

（1）开发式研发行为。

以企业连续5年的专利所属的技术领域集合作为技术类别池，以企业在这5年中对每个领域的开发程度作为企业进行开发式研发行为程度的判定标准。为了分析企业的不同专利对应的开发式研发行为程度，首先，将每一项目标专利的申请年份作为时间基准，并提取该专利所涉及的技术类别。其次，分析该专利所属企业在这个时间基准前5年所涉及的所有技术类别。最后，计算时间基准的前5年企业在目标专利涉及的技术类别的开发程度。

本书采用的是国际通用的IPC分类号。企业在某一领域进行研发时会涉及各种不同的技术，每一项产品的产生大都凝聚了许多同领域或不同领域的小类技术。因此在计算上，企业技术类别的判定是基于专利分类号的前4位，表示企业研发涉及的技术小类别。计算步骤如下：

第一步，计算企业的技术类别数。对企业在时间基准的前5年所有专利的IPC分类号的前4位取并集，计算出5年间企业涉及的所有技术类别及数量，如式（7-1）所示：

$$Firm\_Classification\_Count = Count\left\{\bigcup_{j=5}^{j-1}\left(\bigcup_{k} C_{j,k}\right)\right\} \quad (7\text{-}1)$$

其中，j表示目标专利申请年份的前1年；k表示i公司在第j年的专利申请数量。

第二步，计算企业在目标专利所属的各个技术类别的开发程度总和。分别统计目标专利所属技术类别在企业前 5 年的专利中出现的次数并求和，如式（7-2）所示：

$$\text{Focal\_Patent\_Exploitation\_Sum} = \sum_{i}\sum_{j-5}^{j-1}\sum_{k}\text{Count}\left(C_{\text{focal}\_i}\bigcap_{k}C_{j,k}\right) \quad (7\text{-}2)$$

其中，C_{focal_i} 表示目标专利所属的第 i 个技术类别。

第三步，计算目标专利所凝聚的开发式研发行为的程度。由于企业的资金和人员有限，不可能在无限的技术类别内都进行开发，也不可能在每个技术类别内都投入无限的资金。当企业涉及的技术类别越多，它在每个技术类别所能投入的资源就会相对减少。本书以企业在时间基准前 5 年的技术类别数量的倒数作为技术类别增加造成的投入资源下降权重，将该权重乘以目标专利的开发程度总和，得到专利的开发式研发的程度，如式（7-3）所示：

$$\text{Focal\_Patent\_Exploitation} = \frac{1}{\text{Firm\_Classification\_Count}} \times \text{Focal\_Patent\_Exploitation\_Sum} \quad (7\text{-}3)$$

举例说明。假设目标专利 Focal_Patent 的技术类别为 a、b、c、d 4 种，目标专利所属的目标企业在时间基准前 5 年有 4 项专利，涉及的技术类别为 a、b、c、e，分别是：Patent 1，技术类别为 a、b；Patent 2，技术类别为 a、b、c；Patent 3，技术类别为 a；Patent 4，技术类别为 a、e，则目标企业时间基准前 5 年所涉及的技术类别为 a、b、c、e 4 种。目标专利的技术类别 a、b、c 在时间基准前 5 年的时间里进行了不同程度的开发，分别是 4、2 和 1。最终得到目标专利的开发式研发行为程度为 7/4。当目标专利所属的技术领域是企业在先从未开发过的，则目标专利的开发式研发行为程度为 0。

（2）探索式研发行为。

与开发式研发行为不同，探索式研发行为表示企业在先前未涉及的技术类别里进行研发。本书将专利当作企业研发过程的结果，因此，将目标专利所属的技术类别与企业先前开发过的技术类别进行比对，就能得出企业在目标专利这一研发过程中探索了哪些新的技术类别以及探索的程度。计算步骤如下：

第一步，统计目标专利所在的技术类别个数，即对目标专利所属的技术类别进行计数，如式（7-4）所示。

$$\text{Focal\_Patent\_Classification\_Count} = \text{Count}\left(C_{\text{focal}\_i}\right) \qquad (7\text{-}4)$$

第二步，统计目标专利探索的技术类别的个数。首先，计算目标专利与企业前五年相同的技术类别，如式（7-5）所示。

$$\text{Focal\_Patent\_Classification\_Same} = \text{Count}\left(C_{\text{focal}\_i} \bigcap_k C_{j,k}\right) \qquad (7\text{-}5)$$

接着，用目标专利的技术类别个数减去相同的技术类别个数，即为探索的技术类别个数，如式（7-6）所示。

$$\text{Focal\_Patent\_Exploration} = \text{Focal\_Patent\_Classification\_Count} - \text{Focal\_Patent\_Classification\_Same} \qquad (7\text{-}6)$$

第三步，计算企业在目标专利上进行的探索式研发行为的程度。将目标专利探索的技术类别个数除以目标专利的技术类别总数，如式（7-7）所示。

$$\text{Focal\_Patent\_Classification} = \frac{\text{Focal\_Patent\_Exploration}}{\text{Focal\_Patent\_Classification\_Count}} \qquad (7\text{-}7)$$

举例说明。假设目标专利的技术类别为 a、b、c、d 4 种，目标专利所属的目标企业在时间基准前 5 年有 4 件专利，涉及的技术类别为 a、b、c、e，分别是：Patent 1，技术类别为 a、b；Patent 2，技术类别为 a、b、c；Patent 3，技术类别为 a；Patent 4，技术类别为 a、e，则目标专利与目标企业在时间基准线前 5 年相同的技术类别为 a、b、c，新探索的技术领域为 d 一种。因此，得到目标专利的探索式研发行为的程度为 1/4。当目标专利所属的技术类别都是企业先前研发所涉及的，则目标专利的探索式研发行为的程度为 0。当目标专利所属的技术类别是企业先前研发从未涉及过的，则目标专利探索式研发行为的程度为1。

7.2.1.2 研发深度—广度的双元模型

研发领域的含义比技术类别更为宽泛，企业研发涉及的技术领域可能有一个也可能有多个，在每一个领域进行的研发深度也不尽相同，且每一个时期的研发侧重领域也有可能不同。因此，为了更好地分析不同企业以及同一企业在不同时期所采取的研发行为差异，本书在探索—开发行为的基础上，增加研发领域广度和研发领域深度行为的分析。其中，研发领域广度指的是企业在同一时间基准线上同时进行研发的领域个数，研发领域深度指的是企业在同一时间基准线上在不同领域的侧重配比。下面将对广度和深度这两种研发领域行为的维度进行讨论和建模。

（1）研发领域广度模型。

企业的技术领域判断与技术类别的判断不同，技术领域的范围更广，一个技术领域包含多个技术类别。在上一节用技术类别判断企业的探索式和开发式行为，而本节所指的技术领域的概念更为宽泛，包含了各种子技术类别。企业在不同的技术领域内可能进行着不同的探索式或开发式行为。根据IPC专利分类号的规则可知，IPC的前三位字符指代的是大类，且主IPC分类号是专利所属的核心技术领域，因此，本节选取IPC主分类号的前三位作为判断研发领域深度—广度行为的依据，以企业在每一个时间节点同时进行研发的技术领域个数衡量研发领域广度。企业在不同的时间节点所涉及的技术领域个数可能会发生变化，通过对企业在不同时间段内的研发领域广度变化进行研究能够更好地分析这种行为对企业专利质量的影响。

在计算时，本书以企业为单位，统计其每年申请专利的主IPC分类号的前三位的交集，该结果即为企业在这一时间节点上的研发领域广度。企业研发涉及的技术领域越多，其研发领域广度就越大。计算公式如式（7-8）所示。

$$\text{Field\_Breath} = \text{Count}\left(\bigcap_k C_{j,k}\right) \quad (7\text{-}8)$$

其中，$C_{j,k}$ 表示目标公司在第 j 年所申请的 k 个专利。

举例说明。假设目标公司在第 j 年共有 Patent 1、Patent 2、Patent 3 和 Patent 4 四个专利，主分类号分别为 a、a、b、c，则企业在第 j 年这一时间节点上的研发领域广度为 3。

（2）研发领域深度模型。

企业在进行多领域的研发时，在每一个领域所分配的精力和资源并不相同。研发领域深度衡量的就是企业在每一时间节点在不同技术领域的分配程度。与上一节一致，在计算上，以专利的主 IPC 分类号的前三位作为技术领域的判别标准。计算过程如下：

第一步，提取同一时间节点下目标公司所有专利的分类号的前三位。

第二步，计算某一时间节点下目标公司在不同技术领域的分配程度。将某一时间节点的目标专利与公司其他专利的主 IPC 分类号的前三位取交集，计算每一个技术领域内的专利个数，如式（7-9）所示：

$$\text{Pre\_Field\_Count} = \text{Count}\left(C_{j,k_d} \bigcap_{k \notin d} C_{j,k_d}\right) \quad (7\text{-}9)$$

其中，C_{j,k_d} 表示目标企业在第 j 年的第 d 个专利；k 表示企业在该年的所有专利。

第三步，计算企业在每一个技术领域的研发深度。由于企业的资源有限，所以将企业的当期技术领域个数的倒数作为权重，再分别乘以每一个技术领域的分配程度，即得到企业在这一时间节点上的研发领域深度，计算公式如式（7-10）所示：

$$\text{Field\_Depth} = \frac{\text{Pre\_Field\_Count}}{\text{Count}\left(\bigcap_k C_{j,k}\right)} \quad (7\text{-}10)$$

其中，$C_{j,k}$ 表示目标公司在第 j 年所申请的 k 件专利。

举例说明。假设目标企业在第 j 年共有 Patent 1、Patent 2、Patent 3、Patent 4 四个专利，其主分类号分别为 a、a、a、b。对于 Patent 1、Patent 2 和 Patent 3 来说，它们同属一个技术领域，企业在这三项专利上的研发领域深度相同，均为 3/2。而 Patent 4 属于不同技术领域，企业在这项专利上的研发领域深度为 1/2。

由于探索式研发行为的取值范围为 0~1，为了保证开发式研发行为与探索式研发行为有相同的量纲并消除可能存在的共线性问题，将开发式研发行为进行标准化处理。标准化公式如式（7-11）所示：

$$y_{\text{nor}} = \frac{y_i - \min(Y)}{\max(Y) - \min(Y)} \tag{7-11}$$

同理，对企业研发领域的广度和深度同样作标准化处理。

7.2.1.3 控制变量

①企业规模。以企业当年员工人数除以 10 000 表示企业规模，以缩小变量间的数量级差距。

②知识基础。知识基础是以每一观察专利的申请年份前 5 年作为时间窗口，将专利权所有人在这 5 年间的专利申请数量除以 1 000 作为知识基础的衡量指标，以缩小控制变量和其他变量在数量级上的差距。根据现有的研究可知，适当的知识基础对企业进行创新会产生正向影响，知识基础程度过高则会导致企业产生路径依赖和研发惯性，反而影响企业的发明创造。因此，本书还加入知识基础的二次项作为控制变量。

③企业年龄。以专利申请年份减去企业成立时间的差值表示。

④专利申请年份间隔。以第一个专利的申请年份作为基准，将后续专利的申请年份平减基准年份作为申请年份间隔变量。

⑤专利所属产业。以专利主 IPC 分类号的第一位表示。

⑥所属省份。以专利申请所属省份表示。

本书将采用多元层次的 OLS 回归进行分析。由于被解释变量非负，所以将运用泊松回归进行检验；由于存在非线性的倒 U 关系，所以将对非线性变量的边际效应进行分析。

7.2.2 描述性统计与相关性检验

通过对数据进行梳理、清洗、整合、变量构造，剔除缺失值后，获得有效观测样本 136 484 个，覆盖年份为 1993—2012 年。以专利分类号的第一位（部）进行统计，数据样本分布如表 7-1 所示，其中 A 表示人类生活必需品，B 表示作业和运输，C 表示化学和冶金，D 表示纺织和造纸，E 表示固定建筑物，F 表示机械工程、照明、加热、武器和爆破，G 表示物理，H 表示电学。

表 7-1 数据样本的分类号分布

部	数量/个	占比/%
A	7 036	5.16
B	20 831	15.26
C	27 237	19.96
D	1 647	1.21
E	5 995	4.39
F	9 983	7.31
G	21 546	15.79
H	42 209	30.93
总数	136 484	100

表 7-2 展示了涉及变量的描述性统计和相关系数（Pearson 系数）。可以看出，所涉及的变量之间具有一定的相关关系，为后续验证提供了初步的判断，但还需进一步验证。其中，企业规模与研发领域广度的相关系数较高，表明规模较大的企业研发时所涉及的领域较多，与事实较为相符。

表 7-2 描述性统计与相关性分析

变量	均值	标准误	1.企业专利质量	2.开发式研发行为	3.探索式研发行为	4.研发领域深度	5.研发领域广度	6.企业规模	7.专利申请时间间隔	8.企业年龄	9.企业知识基础	10.发明人数
1.企业专利质量	49.223	18.467	1									
2.开发式研发行为	0.059	0.132	0.331***	1								
3.探索式研发行为	0.162	0.345	−0.215***	−0.203***	1							
4.研发领域深度	0.121	0.264	0.328***	0.715***	−0.205***	1						
5.研发领域广度	0.294	0.261	0.080***	0.076***	−0.291***	0.014***	1					
6.企业规模	7.268	12.547	−0.003	0.046***	−0.197***	−0.021***	0.591***	1				
7.专利申请时间间隔	10.509	2.520	0.110***	0.018***	−0.074***	−0.153***	0.237***	−0.043***	1			
8.企业年龄	12.337	5.267	0.120***	0.006*	−0.013***	−0.066***	−0.026***	−0.232***	0.421***	1		
9.企业知识基础	2.049	3.867	0.303***	0.804***	−0.235***	0.657***	0.294***	0.239***	0.096***	0.010***	1	
10.发明人数	3.061	3.011	−0.139***	−0.201***	0.081***	−0.179***	−0.063***	0.135***	−0.052***	−0.097***	−0.228***	1

注：观测样本数量 N=136 484 个。系数显著性水平：* 表示 $p<0.050$，** 表示 $p<0.010$，*** 表示 $p<0.001$。

7.2.3 回归分析

7.2.3.1 主效应分析

本章运用 OLS 回归进行分析，回归结果如表 7-3 所示。在模型 1 中只放入控制变量与因变量企业专利质量，模型 2 中放入控制变量和自变量探索—开发行为，模型 3 中放入控制变量和自变量研发领域深度—广度，模型 4 同时放入控制变量及自变量研发领域深度—广度和探索—开发行为，模型 5 到模型 7 验证了企业探索—开发行为的平衡性和偏向性与企业专利质量的关系。将开发式研发行为的程度与探索式研发行为的程度相减，当差值大于 0 时为开发式偏向型行为，小于 0 时为探索式偏向性行为。模型 8 为调节效应的检验。通过观察各个模型 p 值可以得知各个模型所有系数的联合显著性较高。此外，随着更多解释变量和交互项的加入，Adj-R^2 的值也逐步提升，即模型对因变量的解释力提升。

从模型 2 和模型 4 可以得出开发式研发行为与企业专利质量呈显著的倒 U 形关系（$\beta = -51.469$，$p<0.001$），探索式研发行为与企业专利质量呈显著的倒 U 形关系（$\beta = -21.483$，$p<0.001$），假设 H1a、H1b 成立。从模型 3 和模型 4 可以得出研发领域深度与企业专利质量呈显著的倒 U 形关系（$\beta = -35.010$，$p<0.001$），研发领域广度与企业专利质量呈显著的负向关系（$\beta = -0.717$，$p<0.001$），假设 H3a、H3b 成立。从模型 5 可以看出探索式与开发式研发行为的平衡与企业专利质量呈显著的负向关系（$\beta = -4.218$，$p<0.01$），说明企业在进行研发时采取两种研发行为的组合更能够促进专利质量的提升。从模型 6 得出，开发式偏向性的研发行为对企业专利质量产生显著正向影响（$\beta = 25.666$，$p<0.001$），模型 7 则说明探索式偏向性的研发行为对企业专利质量产生显著负向影响（$\beta = -16.566$，$p<0.001$），结合模型 5 至模型 7 说明探索式与开发式研发行为的最优组合配比不是二者平分，而是开发式研发行为为主、探索式研发行为为辅的组合最利于企业专利质量的提升，假设 H2a、H2b 成立。

表 7-3 研发行为与企业专利质量回归结果

	变量	模型 1	模型 2	模型 3	模型 4	模型 5	模型 6	模型 7	模型 8
控制变量	企业规模	-0.102*** (0.005)	-0.051*** (0.005)	-0.092*** (0.006)	-0.089*** (0.006)	-0.100*** (0.006)	-0.109*** (0.006)	-0.087*** (0.019)	-0.098*** (0.006)
	专利申请年份间隔	1.004*** (0.020)	1.048*** (0.019)	1.108*** (0.021)	1.001*** (0.020)	1.061*** (0.021)	0.927*** (0.025)	1.307*** (0.036)	0.993*** (0.020)
	企业年龄	0.196*** (0.010)	0.202*** (0.009)	0.212*** (0.010)	0.193*** (0.009)	0.204*** (0.010)	0.224*** (0.011)	0.102*** (0.018)	0.186*** (0.009)
	知识基础	2.583*** (0.047)	0.927*** (0.054)	2.583*** (0.070)	1.981*** (0.070)	2.567*** (0.070)	2.444*** (0.072)	0.990** (0.371)	1.860*** (0.071)
	知识基础平方项	-0.157*** (0.003)	-0.105*** (0.003)	-0.180*** (0.004)	-0.176*** (0.004)	-0.175*** (0.004)	-0.198*** (0.004)	-0.063* (0.029)	-0.179*** (0.004)
	发明人数	0.123*** (0.015)	0.086*** (0.015)	0.135*** (0.015)	0.127*** (0.015)	0.138*** (0.015)	0.075*** (0.017)	0.240*** (0.030)	0.144*** (0.015)
	产业哑变量	是	是	是	是	是	是	是	是
	省份哑变量	是	是	是	是	是	是	是	是
解释变量	开发式		60.605*** (1.172)		71.021*** (1.357)				61.291*** (1.967)
	开发式平方项		-51.469*** (1.492)		-60.416*** (1.600)				-58.463*** (1.685)
	探索式		16.566*** (0.687)		17.014*** (0.686)				17.503*** (0.721)
	探索式平方项		-21.483*** (0.703)		-21.644*** (0.701)				-21.950*** (0.709)
	研发领域深度			34.982*** (1.015)	6.243*** (1.104)	30.141*** (1.023)	16.232*** (1.112)	46.2829*** (9.5181)	3.876*** (1.111)
	研发领域深度平方项			-35.010*** (0.984)	-15.749*** (1.017)	-30.682*** (0.990)	-21.615*** (1.034)	-55.6589*** (12.1145)	-7.441*** (1.084)

续表

		模型1	模型2	模型3	模型4	模型5	模型6	模型7	模型8
解释变量	研发领域广度			−0.717*** (0.263)	−0.823*** (0.263)	−2.091*** (0.266)	−1.138*** (0.289)	−2.8688*** (0.7147)	−1.700*** (0.278)
	|开发式−探索式|					−4.218*** (0.133)			
	开发偏向型						25.666*** (0.636)		
	探索偏向型							−16.566*** (0.368)	
调节变量	探索式 × 研发领域广度								−2.179** (0.693)
	探索式 × 研发领域深度								0.451 (8.595)
	开发式 × 研发领域广度								81.469*** (4.090)
	开发式 × 研发领域深度								−33.571*** (1.778)
	常数项	10.433*** (2.306)	12.637*** (2.265)	8.670*** (2.298)	13.505*** (2.258)	12.627*** (2.293)	17.352*** (2.316)	23.415*** (2.605)	13.824*** (2.252)
	样本数	136,484	136,484	136,484	136,484	136,484	109,485	27,032	136,484
	拟合优度	0.300	0.327	0.306	0.332	0.311	0.311	0.274	0.336
	调整拟合优度	0.299	0.327	0.306	0.332	0.311	0.311	0.273	0.336
	F统计量	1356.94	1408.92	1308.17	1354.37	1311.13	1050.82	216.78	1277.81

注：括号中数字为标准误。系数显著性水平：* 表示 $p<0.050$，** 表示 $p<0.010$，*** 表示 $p<0.001$。

为了进一步验证假设中的倒 U 形关系，采用边际效应和图示相结合的方法进一步分析。图 7-2～图 7-4 分别为开发式研发行为、探索式研发行为及研发领域深度与企业专利质量的边际效应曲线。表 7-4～表 7-6 为开发式研发行为、探索式研发行为及研发领域深度与企业专利质量的边际效应。

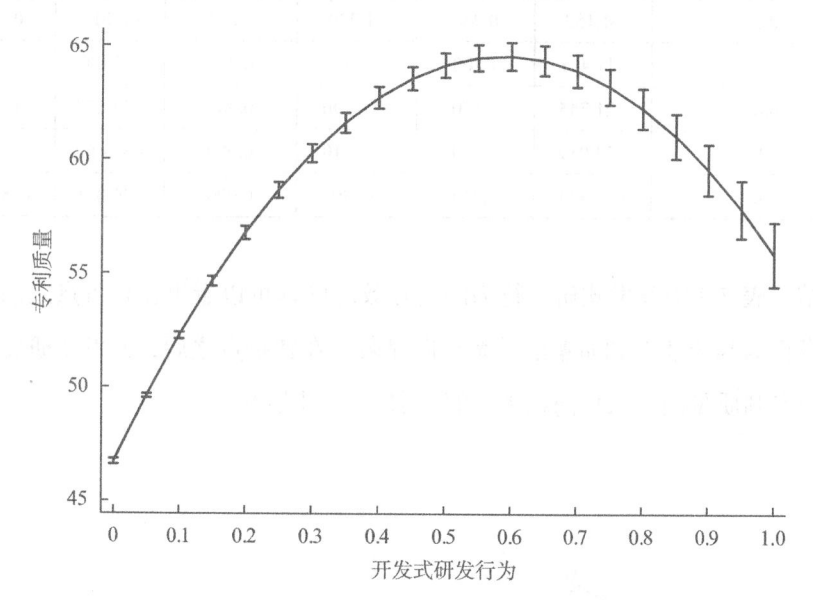

图 7-2　开发式研发行为与企业专利质量边际效应曲线

由图 7-2 可以看出，开发式研发行为与企业专利质量呈倒 U 形关系，转折点在中点 0.6 处，说明开发式研发行为与企业专利质量的关系是非线性的。在转折点左侧，开发式研发行为的增加能够提升企业专利质量；在转折点右侧，过多的开发式研发行为反而会导致企业专利质量的下降。

表 7-4　开发式研发行为与企业专利质量边际关系

开发式研发行为取值	边际值	标准误	t 统计量	显著性水平	95% 置信区间	
0	60.605	1.172	51.730	0.000	58.309	62.902
0.1	50.311	0.921	54.640	0.000	48.507	52.116
0.2	40.018	0.708	56.540	0.000	38.631	41.405

续表

开发式研发行为取值	边际值	标准误	t 统计量	显著性水平	95% 置信区间	
0.3	29.724	0.576	51.560	0.000	28.594	30.854
0.4	19.430	0.585	33.230	0.000	18.284	20.576
0.5	9.136	0.728	12.550	0.000	7.710	10.563
0.6	−1.157	0.946	−1.220	0.221	−3.012	0.697
0.7	−11.451	1.200	−9.540	0.000	−13.803	−9.100
0.8	−21.745	1.470	−14.790	0.000	−24.627	−18.863
0.9	−32.039	1.750	−18.310	0.000	−35.469	−28.609
1.0	−42.333	2.035	−20.800	0.000	−46.321	−38.344

结合表 7-4 中开发式研发行为的边际效应同样可以看出在转折点之前开发式研发行为与企业专利质量的关系正向显著，在转折点之后，开发式研发行为与企业专利质量的关系负向显著。假设 H1a 得到支持。

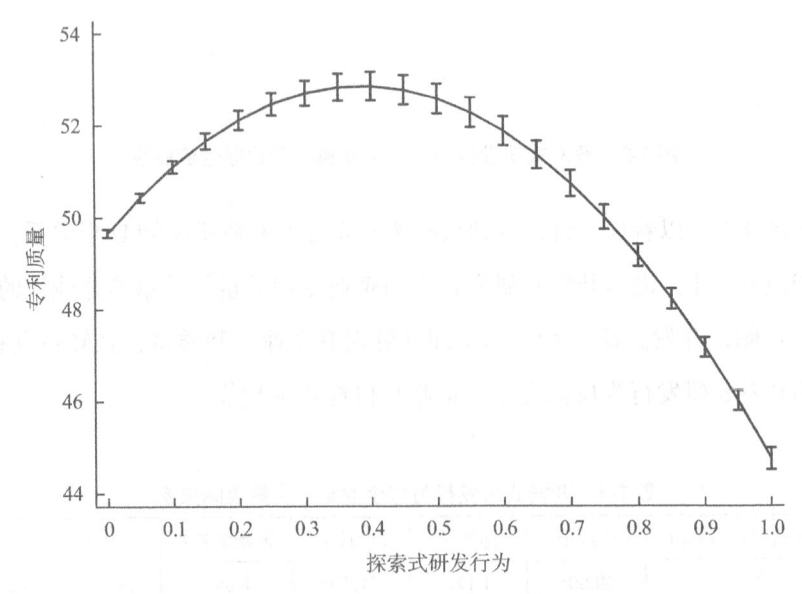

图 7-3 探索式研发行为与企业专利质量边际效应曲线

由图 7-3 可以看出，探索式研发行为与企业专利质量呈倒 U 形关系，转折点在 0.4 处，说明探索式研发行为与企业专利质量的关系是非线性的。在转折点左侧，探索式研发行为对企业专利质量有正向促进作用；在转折点右侧，过多的探索式研发行为反而会导致企业专利质量的下降。

表 7-5 探索式研发行为与企业专利质量边际关系

开发式研发行为取值	边际值	标准误	t 统计量	显著性水平	95% 置信区间	
0	16.566	0.687	24.130	0.000	15.221	17.911
0.1	12.270	0.549	22.340	0.000	11.193	13.346
0.2	7.973	0.414	19.260	0.000	7.162	8.784
0.3	3.677	0.284	12.960	0.000	3.1203	4.233
0.4	−0.620	0.171	−3.630	0.000	−0.955	−0.285
0.5	−4.917	0.132	−37.220	0.000	−5.175	−4.658
0.6	−9.213	0.212	−43.370	0.000	−9.629	−8.797
0.7	−13.510	0.335	−40.320	0.000	−14.166	−12.853
0.8	−17.806	0.468	−38.060	0.000	−18.723	−16.889
0.9	−22.103	0.604	−36.580	0.000	−23.287	−20.918
1.0	−26.399	0.742	−35.580	0.000	−27.853	−24.945

结合表 7-5 同样可以看出，在转折点之前探索式研发行为与企业专利质量的关系正向显著，在转折点之后，探索式研发行为与企业专利质量的关系负向显著。假设 H1b 得到支持。

结合开发式和探索式研发行为的转折点来看，开发式研发行为的转折点的数值大于探索式研发行为，并且开发式研发行为与企业专利质量的边际关系系数大于探索式研发行为，进一步说明偏向开发式研发行为的双元行为组合更有利于企业专利质量的提升。

从图 7-4 可以看出，研发领域深度与企业专利质量的关系呈倒 U 形关系，转折点为 0.5，说明研发领域深度与企业专利质量的关系是非线性的。在转折点左侧，研发领域深度对企业专利质量有正向促进作用；在转折点右侧，研发领域深度对企业专利质量产生负向作用。

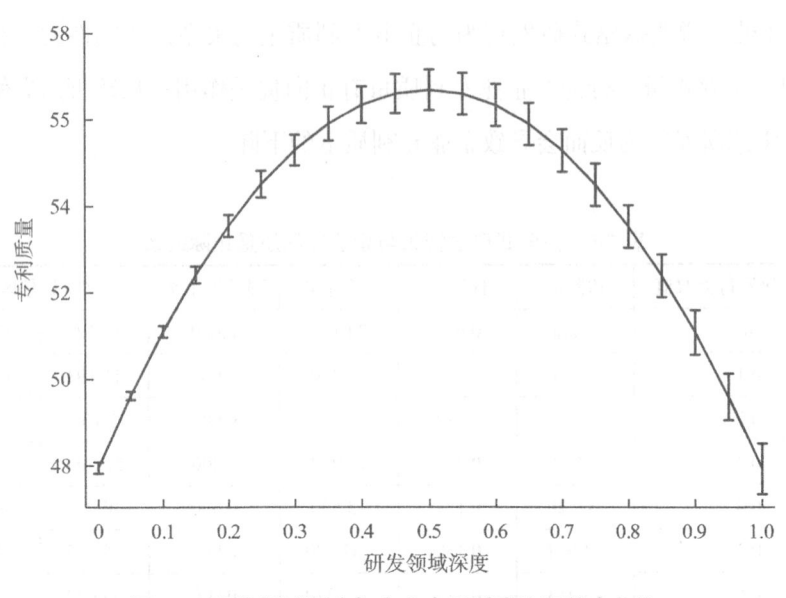

图 7-4 研发领域深度与企业专利质量边际效应曲线

结合表 7-6 中研发领域深度的边际效应同样可以看出,在转折点之前研发领域深度与企业专利质量的关系正向显著,在转折点之后,研发领域深度与企业专利质量的关系负向显著。假设 H2b 得到支持。

表 7-6 研发领域深度与企业专利质量边际关系

开发式研发行为取值	边际值	标准误	t 统计量	显著性水平	95% 置信区间	
0	34.982	1.015	34.460	0.000	32.992	36.971
0.1	27.980	0.831	33.650	0.000	26.350	29.609
0.2	20.978	0.655	32.010	0.000	19.694	22.262
0.3	13.976	0.495	28.230	0.000	13.006	14.946
0.4	6.974	0.372	18.760	0.000	6.245	7.702
0.5	−0.028	0.330	−0.090	0.932	−0.674	0.618
0.6	−7.030	0.396	−17.770	0.000	−7.806	−6.255
0.7	−14.032	0.531	−26.430	0.000	−15.073	−12.991
0.8	−21.034	0.696	−30.210	0.000	−22.399	−19.669
0.9	−28.036	0.875	−32.050	0.000	−29.750	−26.322
1.0	−35.038	1.060	−33.070	0.000	−37.115	−32.961

7.2.3.2 调节效应分析

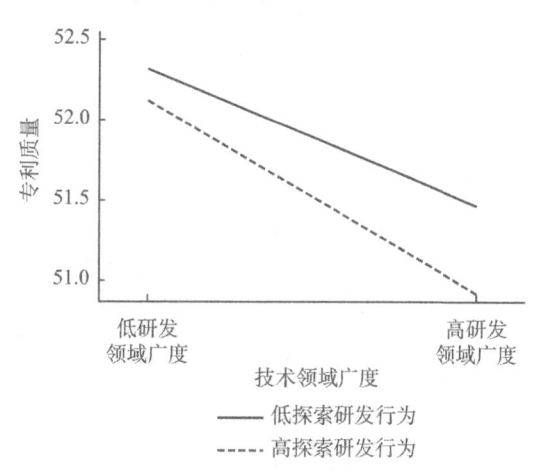

由模型 8 得出探索式研发行为对研发领域广度的调节作用显著为负（$\beta = -2.179$, $p<0.01$），假设 H4a 成立。探索式研发行为对研发领域深度的调节作用为正，但是不显著，假设 H4c 不成立。模型 8 中，开发式研发行为对研发领域广度的调节作用显著为正（$\beta = -81.469$, $p<0.001$），假设 H4b 成立。开发式研发行为对研发领域深度的调节作用显著为负（$\beta = -33.571$, $p<0.001$），假设 H4d 成立。图 7-5~图 7-7 所示为调节效应图。

由图 7-5 可知，探索式研发行为程度较高时，研发领域广度与企业专利质量之间的斜率大于探索式研发行为程度较低时的斜率。在相同的研发领域广度下，

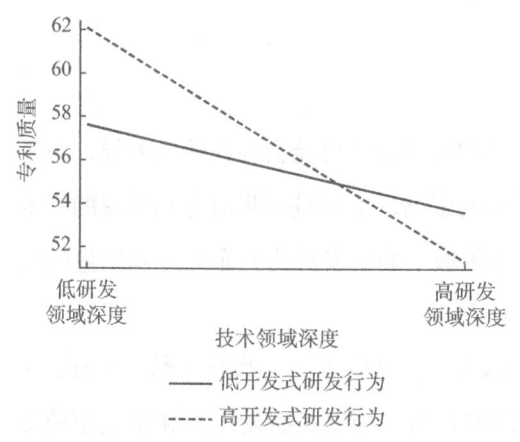

图 7-5 探索式研发行为对研发领域广度的调节效应

图 7-6 开发式研发行为对研发领域深度的调节效应

低探索式研发行为所得到的企业专利质量高于高探索式研发行为，说明探索式研发行为对研发领域广度和企业专利质量之间的关系起到负向调节作用。

从图 7-6 可知，开发式研发行为程度较高时，研发领域深度与企业专利质量之间的斜率小于开发式研发行为程度较低时的斜率，说明开发式研发行为负向调研

发领域深度与企业专利质量之间的关系。需要说明的是，尽管开发式研发行为对研发领域深度与企业专利质量存在负向调节作用，但是从图7-6中可以看出，在研发领域深度未达到高深度时，高开发式研发行为对应的企业专利质量较高。这说明开发式研发行为的增加虽然使研发领域深度促进企业专利质量提升的增长率下降，但是对于企业专利质量的提升还是具有较强的促进作用。当研发领域深度达到高深度后，开发式研发行为的调节才使得企业专利质量显著降低。

由图7-7可知，开发式研发行为程度较高时，研发领域广度与企业专利质量之间的斜率增大，并且整体数值大于开发式研发行为程度较低时的情况，说明开发式研发行为对研发领域广度和企业专利质量之间的关系起到正向调节作用。

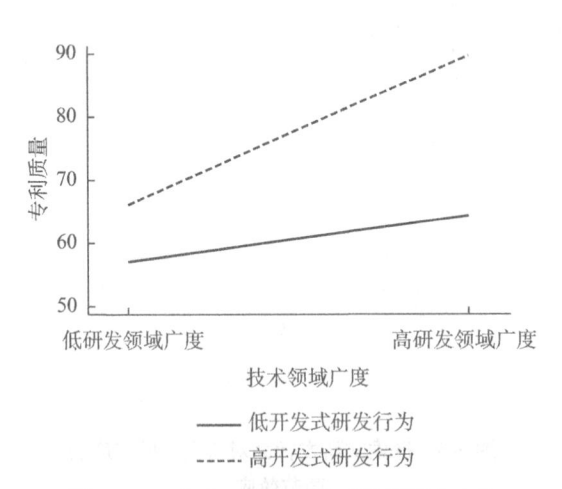

图 7-7 开发式研发行为对研发领域广度的调节效应

7.2.3.3 技术领域差异分析

由于不同技术领域的企业专利质量和研发方式可能会存在较大差异，为了更细致地探讨研发行为对企业专利质量的影响，本书进一步对专利所属的技术领域进行分类分析。表7-7为不同技术领域下的研发行为与企业专利质量的影响关系。

根据抛物线顶点的计算公式 $[-b/(2a)]$，其中 b 为一次项系数，a 为二次项系数］，基于表7-7得到的开发式研发行为、探索式研发行为和研发领域深度的一次项和二次项回归系数可以得到这些变量与专利质量关系曲线的转折点，具体来说：

表 7-7 不同领域下的研发行为与企业专利质量回归结果

变量		模型 1 领域 A	模型 2 领域 B	模型 3 领域 C	模型 4 领域 D	模型 5 领域 E	模型 6 领域 F	模型 7 领域 G	模型 8 领域 H
控制变量	企业规模	−0.266*** (0.069)	0.283*** (0.015)	−0.065*** (0.012)	0.024 (0.080)	−0.097*** (0.017)	−0.151*** (0.026)	−0.319*** (0.015)	−0.188*** (0.029)
	专利申请年份间隔	0.574*** (0.069)	1.316*** (0.047)	1.283*** (0.046)	1.528*** (0.157)	1.681*** (0.084)	1.323*** (0.065)	0.538*** (0.057)	0.967*** (0.046)
	企业年龄	−0.041 (0.035)	0.182*** (0.019)	0.036 (0.023)	0.071 (0.090)	0.031 (0.032)	0.127*** (0.029)	0.398*** (0.024)	0.107*** (0.023)
	知识基础	4.156*** (1.111)	0.192 (0.347)	4.297*** (0.257)	3.845* (1.865)	0.397 (0.640)	0.874 (0.452)	−0.458*** (0.172)	1.078*** (0.138)
	知识基础平方项	−0.242** (0.080)	−0.157*** (0.035)	−0.598*** (0.031)	−0.209 (0.262)	−0.110 (0.082)	−0.029 (0.038)	−0.008 (0.011)	−0.104*** (0.008)
	发明人数	0.344*** (0.060)	0.333*** (0.031)	0.218*** (0.029)	0.441*** (0.123)	0.174*** (0.040)	−0.031 (0.050)	−0.228*** (0.042)	0.081* (0.037)
	省份哑变量	是	是	是	是	是	是	是	是
解释变量	开发式	77.343*** (9.075)	275.095*** (9.098)	135.618*** (5.649)	283.906*** (76.787)	129.521*** (18.674)	340.084*** (30.816)	136.224*** (6.987)	34.818*** (1.740)
	开发式平方值	−171.291*** (29.944)	−550.449*** (32.596)	−220.027*** (12.077)	−274.989 (1 007.530)	−391.767*** (54.031)	−2 406.657*** (402.489)	−188.414*** (13.493)	−20.573*** (1.888)
	探索式	15.741*** (2.657)	23.909*** (1.372)	16.873*** (1.525)	17.201*** (3.784)	22.837*** (2.033)	26.312*** (1.835)	21.236*** (1.811)	11.194*** (1.615)

续表

变量		模型1 领域A	模型2 领域B	模型3 领域C	模型4 领域D	模型5 领域E	模型6 领域F	模型7 领域G	模型8 领域H
解释变量	探索式平方项	-20.403*** (2.706)	-26.333*** (1.379)	-20.283*** (1.557)	-17.932*** (3.822)	-25.391*** (2.105)	-26.674*** (1.853)	-25.556*** (1.840)	-14.755*** (1.668)
	领域深度	26.717*** (5.696)	-54.930 (24.884)	265.520*** (20.475)	-208.397*** (53.155)	-137.744*** (59.420)	-193.899*** (36.551)	101.247*** (12.393)	8.367*** (1.507)
	领域深度平方项	-32.388*** (8.199)	74.296 (363.115)	-3 419.319*** (321.649)	593.931 (304.007)	3 814.436*** (1 565.062)	3 981.178*** (548.648)	-552.201*** (89.239)	-8.224*** (1.270)
	领域广度	-8.428*** (2.377)	-3.889*** (0.610)	-4.820** (0.707)	-0.936 (4.259)	0.304 (1.001)	1.064 (0.754)	5.855*** (0.630)	7.799*** (0.663)
	常数项	22.470*** (6.148)	12.822 (24.779)	13.139** (4.860)	-5.729 (13.002)	18.326** (8.026)	15.594 (12.033)	40.527*** (6.627)	58.232*** (7.581)
样本数/个		7 036	20 831	27 237	1 647	5 995	9 983	21 546	42 209
拟合优度		0.161	0.320	0.222	0.306	0.155	0.350	0.190	0.131
调整拟合优度		0.155	0.318	0.221	0.289	0.149	0.348	0.188	0.130
F统计量		31.10	222.02	180.25	17.28	25.93	127.55	117.03	150.83

注：括号中数字为标准误。系数显著性水平：* 表示 $p<0.050$，** 表示 $p<0.010$，*** 表示 $p<0.001$。

①关于开发式研发行为的影响。领域A（人类生活必需品）下的开发式研发行为的一次项与企业专利质量的关系显著为正，二次项与企业专利质量的关系显著为负，转折点在0.226处；领域B（作业和运输）下的开发式研发行为的一次项与企业专利质量的关系显著为正，二次项与企业专利质量的关系显著为负，转折点在0.250处；领域C（化学和冶金）下的开发式研发行为的一次项与企业专利质量的关系显著为正，二次项与企业专利质量的关系显著为负，转折点在开发式研发行为0.308处；领域D（纺织和造纸）下的开发式研发行为的一次项与企业专利质量的关系显著为正，二次项与企业专利质量的关系显著为负，转折点在0.516处；领域E（固定建筑物）下的开发式研发行为的一次项与企业专利质量的关系显著为正，二次项与企业专利质量的关系显著为负，转折点在0.165处；领域F（机械工程、照明、加热、武器和爆破）下的开发式研发行为的一次项与企业专利质量的关系显著为正，二次项与企业专利质量的关系显著为负，转折点在0.071处；领域G（物理）下的开发式研发行为的一次项与企业专利质量的关系显著为正，二次项与企业专利质量的关系显著为负，转折点在0.362处；领域H（电学）下的开发式研发行为的一次项与企业专利质量的关系显著为正，二次项与企业专利质量的关系显著为负，转折点在0.846处。

②关于探索式行为的影响。领域A（人类生活必需品）下的探索式研发行为的一次项与企业专利质量的关系显著为正，二次项与企业专利质量的关系显著为负，转折点在0.386处；领域B（作业和运输）下的探索式研发行为的一次项与企业专利质量的关系显著为正，二次项与企业专利质量的关系显著为负，转折点在0.454处；领域C（化学和冶金）下的探索式研发行为的一次项与企业专利质量的关系显著为正，二次项与企业专利质量的关系显著为负，转折点在0.416处；领域D（纺织和造纸）下的探索式研发行为的一次项与企业专利质量的关系显著为正，二次项与企业专利质量的关系显著为负，转折点在0.480处；领域E（固定建筑物）下的探索式研发行为的一次项与企业专利质量

的关系显著为正，二次项与企业专利质量的关系显著为负，转折点在 0.450 处；领域 F（机械工程、照明、加热、武器和爆破）下的探索式研发行为的一次项与企业专利质量的关系显著为正，二次项与企业专利质量的关系显著为负，转折点在 0.493 处；领域 G（物理）下的探索式研发行为的一次项与企业专利质量的关系显著为正，二次项与企业专利质量的关系显著为负，转折点在 0.416 处；领域 H（电学）下的探索式研发行为的一次项与企业专利质量的关系显著为正，二次项与企业专利质量的关系显著为负，转折点在 0.379 处。

③关于研发领域深度的影响。领域 A（人类生活必需品）下的研发领域深度的一次项与企业专利质量的关系显著为正，二次项与企业专利质量的关系显著为负，转折点在 0.413 处；领域 B（作业和运输）下的研发领域深度的一次项与企业专利质量的关系显著为负，二次项与企业专利质量的关系不显著；领域 C（化学和冶金）下的研发领域深度的一次项与企业专利质量的关系显著为正，二次项与企业专利质量的关系显著为负，转折点在 0.039 处；领域 D（纺织和造纸）下的研发领域深度的一次项与企业专利质量的关系不显著，二次项与企业专利质量的关系不显著；领域 E（固定建筑物）下的研发领域深度的一次项与企业专利质量的关系显著为负，二次项与企业专利质量的关系显著为正，转折点在 0.018 处；领域 F（机械工程、照明、加热、武器和爆破）下的研发领域深度的一次项与企业专利质量的关系显著为正，二次项与企业专利质量的关系显著为正，转折点在 0.024 处；领域 G（物理）下的研发领域深度的一次项与企业专利质量的关系显著为正，二次项与企业专利质量的关系显著为负，转折点在 0.092 处；领域 H（电学）下的研发领域深度的一次项与企业专利质量的关系显著为正，二次项与企业专利质量的关系显著为负，转折点在 0.509 处。

④关于研发领域广度的影响。领域 A（人类生活必需品）下的研发领域广度的一次项与企业专利质量的关系显著为负；领域 B（作业和运输）下的研发领域广度的一次项与企业专利质量的关系显著为负；领域 C（化学和冶金）下

的研发领域广度的一次项与企业专利质量的关系显著为负；领域 D（纺织和造纸）下的研发领域广度的一次项与企业专利质量的关系不显著；领域 E（固定建筑物）下的研发领域广度的一次项与企业专利质量的关系不显著；领域 F（机械工程、照明、加热、武器和爆破）下的研发领域广度的一次项与企业专利质量的关系显著为正；领域 G（物理）下的研发领域广度的一次项与企业专利质量的关系显著为正；领域 H（电学）下的研发领域广度的一次项与企业专利质量的关系显著为正。

7.3 实证结论

通过对上市公司的专利进行研究后发现，开发式研发行为和探索式研发行为对企业专利质量均呈倒 U 形影响。平衡开发和探索行为会对企业专利质量产生正向影响，但是它们之间的平衡并不是各自占一半，而是略偏向开发式研发行为更有利于促进企业专利质量的提升。然后，进一步探讨企业在每一时期的研发深度和广度如何影响企业专利质量。研究结果表明，研发领域广度对企业专利质量有负向影响，研发深度具有倒 U 形影响。最后，分析了开发和探索行为对研发深度和广度与企业专利质量的调节作用。从回归分析可以看出，企业的探索—开发行为以及研发领域广度—深度与企业专利质量关系的假设都得到支持，而探索—开发行为的调节作用得到部分支持，即探索式研发行为对研发领域深度与企业专利质量的关系起正向调节作用这一假设的检验未通过。其可能的原因有以下三点：第一，简单组合。现有的数据中企业所采用的探索式研发行为大多是以简单的跨技术类别的组合为主，创新程度并不高，降低了探索式研发行为对研发领域深度的正向调节作用。第二，知识吸收难度大。探索式研发行为利用的知识是企业不熟悉的跨技术类别知识，涉及的技术内容有可能超越自身的知识水平，这增加了企业对知识进行吸收和再创造的难度，进而影响了高质量的专利产出。第三，时间局限。对于跨技术类别的知识企业需要更长的时间消化和吸收，而本书的数据是在有限的时间内，这一时间范围可能不足以覆盖企业对新知识的学习及创新的全过程。

此外，通过对研发行为在不同技术领域下对企业专利质量的影响分析可以看出：第一，不同领域下开发式研发行为对企业专利质量的影响均呈现倒U形关系，与普遍意义下的回归结果一致，但不同技术领域下的开发式研发行为的转折点并不相同。相对来说，电学领域相对其他领域其开发式行为的转折点数值最大，机械工程、照明、武器和爆破领域相对其他领域其开发式行为的转折点最小。第二，不同领域下探索式研发行为对企业专利质量的影响均呈倒U形关系，与普遍意义下的回归结果一致，但不同技术领域下的探索式研发行为的转折点存在差异，相对来说，电学领域相对其他领域其探索式行为的转折点数值最小，机械工程、照明、加热、武器和爆破领域相对其他领域其探索式行为的转折点数值最大。第三，不同领域下研发领域深度对企业专利质量的影响中，人类生活必需品、化学和冶金、物理和电学的研发领域深度对企业专利质量的影响均呈现倒U形关系，与普遍意义下的回归结果一致，但不同技术领域下的研发领域深度的转折点并不相同。相对来说，电学领域相对其他领域其研发领域深度的转折点数值最大，固定建筑物领域相对其他领域其研发领域深度的转折点数值最小。作业和传输下的研发领域深度对企业专利质量呈负向影响，与普遍意义上的结果不同。纺织和造纸下的研发领域深度与企业专利质量的关系不显著。固定建筑物和机械工程、照明、加热、武器和爆破下的研发领域深度和企业专利质量呈U形关系，但转折点数值靠近零点，因此主要呈现的是正向关系，与普遍意义上的结果不同。第四，不同领域下研发领域广度对企业专利质量的影响中，人类生活必需品、作业和传输、化学和冶金、物理和电学的研发领域广度对企业专利质量的影响呈负向关系，与普遍意义下的回归结果一致。但是纺织和造纸、固定建筑物和机械工程、照明、加热、武器和爆破下的影响不显著，与普遍意义下的回归结果不同。

7.4 本章小结

本章构建了企业探索式研发行为和开发式研发行为,以及研发领域深度和广度的评价模型,并结合第 4 章提出的专利质量测度模型,对研发行为和企业专利质量的关系进行回归分析,得出以下结论:第一,作为企业创新的基础行为,开发式研发行为和探索式研发行为对于企业专利质量的影响都存在一个转折点,过度使用任何一种研发行为都会导致其负面效应的产生。第二,在进行开发和探索的平衡时,更偏向开发式研发行为,因为其具有以下两个优势:一是企业的研发能够立足于已有的研发领域,扎实的知识基础能够使企业在进行探索式研发行为时更好地搜寻到有用的知识,并且能够更好地对新知识进行吸收和消化;二是开发式研发行为相较于探索式研发行为学习成本更低,成功率更高,能够使企业更快回收研发成本,进行下一轮研发,形成良性的研发循环。第三,由于企业的学习能力和资源的局限,相比于在各个技术领域均广泛进行的研发来说,集中于某一个或几个技术领域进行深度研发更能够产生高质量的专利。第四,企业在进行研发时应当根据自身所涉及的技术领域的广度和深度的情况适当调整每一个项目内的开发式和探索式研发行为的比重,以此提升研发产出的质量。当涉及的技术领域较为集中时,可以适当通过探索式研发行为增加外部知识,防止企业陷入技术研发惯性。当企业涉及的技术领域较宽时,应该多采取开发式研发行为夯实企业的知识基础,提升技术创新能力。第五,研发行为在不同技术领域下对企业专利质量的影响会存在一定的差异。

第8章 研发行为在专利政策与企业专利质量间的中介作用

由 SCP-SOR 框架提出的"专利政策—研发行为—企业专利质量"分析路径可知，专利政策对企业专利质量的影响需要通过研发行为作为中介传导。在第六章和第七章的基础上，本章将进一步验证研发行为在专利政策和企业专利质量关系之间的中介作用，具体分析框架如图 8-1 所示。

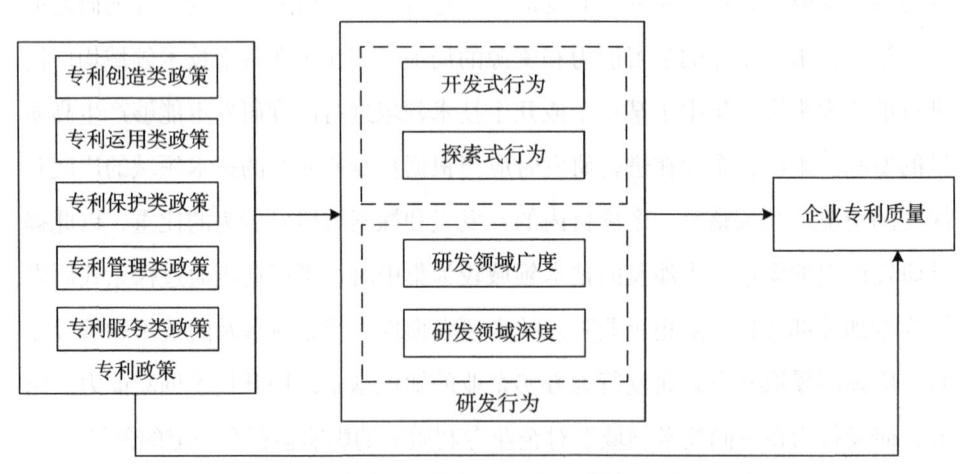

图 8-1 研发行为在专利政策与企业专利质量关系中的中介作用

8.1 理论假设

8.1.1 专利政策对研发行为的影响

8.1.1.1 专利创造类政策与研发行为

为了鼓励企业进行创新，我国出台了许多激励型的刺激政策鼓励企业进行自主研发。专利创造类政策是一种创新激励型政策。政府通过激励型政策形成的挤入效应提高了企业进行研发活动的动力，使企业将创新资源投入高精尖的创新活动中[243]。同时，一些税收型的激励政策还会降低企业研发投资的风险，增加企业的投资收益[244]。专利创造类政策倾向于"后期补助"，政府提供事后的支持补贴企业前期的研发行为[214]，进而推动企业的技术创新。但是这种"后期补助"会使市场的作用受到抑制，使市场充满寻租活动[245]。专利创造类政策的过度刺激会使企业进行研发操纵，进而扭曲政策制定的初衷[246]。从动机视角来看，在专利创造类政策的推动下，企业除了为追求技术进步和维持竞争优势而采取实质性的研发行为外，还会采取一种以获取其他利益为目的的策略性研发行为[247]。这种创新行为的特征是企业通过简单的创新，片面"求快不求好""求量不求质"[248]。

根据弗莱明（Fleming）定义的开发式和探索式研发行为的特征可知，开发式研发行为是延续先前的技术类别进行深度开发，探索式研发行为则是增加新的技术类别的组合式开发[152]。具有延续性的开发式研发行为有更为深厚的知识基础作为支撑，并且多数的延续性开发式研发行为以攻克技术难题为目标，具有较大的难度，尤其在突破领域内的技术瓶颈时所需的研发周期较长，是一种实质性创新行为。由于某些技术类别的局限，发明人需要通过探索其他技术类别来进行知识扩充。知识创造需要经过"知识搜索—知识吸收—知识创造"的过程，探索式研发行为是指企业首次涉及该技术领域，因此当企业持续对该探索的知识进行消化吸收和改进后，探索式研发行为将转化为开发式研发行为。但是如果企业仅仅是不停地探索新技术来进行专利创造而并没有对探索的知识进行持续的开发，则是一种策略性创新行为，其目的仅仅是通过简单的技术组合批量产生专利。根据第七章的实证结果可知，产生高质量专利的研发行为组合应当是以开发为主探索为辅。技术研发的难度越大，研发失败的风险就越大，适当的创造类政策激励可以降低企业进行实质性创新的研发投入和风险承担，但是过度的创造类政策激励产生的扭曲效应会使企业转为策略性创新行为。据此提出以下假设：

H1a　专利创造类政策对开发式研发行为产生倒 U 形影响。

H1b　专利创造类政策对探索式研发行为产生 U 形影响。

对于技术创新来说，专注于某一领域的研发，并突破技术瓶颈的难度远高于进行多领域组合的技术研发模式。而企业具有盈利偏好和风险规避的特性，这导致企业对于有限的研发资金的投入变得谨慎，许多资金短缺的企业并不愿意进行孤注一掷的研发。从消费者的需求来看，消费者更青睐于包含新颖技术的产品。企业为了迎合消费需求同时也为了规避研发风险，便会倾向于对产品进行简单的跨领域技术叠加，或是在同领域对不同类型的技术进行简单的更新。因此，专利创造类政策的出现便能够在资金上对企业的研发投入进行补充，降低企业的研发风险，使企业更有意愿采取高风险的研发行为。

专利创造类政策的促进方式有两条路径：一是通过资金投入降低企业的资金压力；二是通过奖励的方式给企业带来额外利润，目的是促进整个社会的技术进步。适当的强度能够使企业摒弃宽领域的简单创新，并有足够的资金对某些技术领域进行深入研发。但是，过度的创造性激励会出现负面的效应。黎文靖等的研究发现，当专利创造类政策的强度较大，企业预期会获得更多的政府补贴、税收优惠等奖励时，会为了"寻求扶持"而进行创新[214]。尤其当一些选择性产业政策（Selective Industrial Policy）针对特定的行业、产品和技术进行激励且激励的强度非常大时，即使与企业原先的技术领域不同，企业也会为了寻求更大的政策奖励而选择进入奖励更多的特定行业或热门领域[249]。

因此，本书认为，适当的专利创造类政策会激活企业的创新动力，促进企业在特定领域进行深入的研发，产出高质量的创新成果。而过度运用创造类政策进行激励，会导致政策目的的扭曲，使企业为了追求政策奖励盲目涉入各种热门行业。据此提出以下假设：

H1c　专利创造类政策会对研发领域深度产生倒 U 形影响。

H1d　专利创造类政策会对研发领域广度产生 U 形影响。

8.1.1.2　专利运用类政策与研发行为

由于市场实践的成功运行，专利运用类政策已经成为我国创新驱动发展的重要内容之一[221]。从专利制度激励技术发展的本质属性来看，专利运用类政策突破了专利制度的本体框架，具备了更多市场功能。专利运用类政策的初衷与专利创造类政策一样都是为了实现技术激励，不同点在于专利创造类政策是直接对创新成果进行奖励，而专利运用类政策是以市场化的方式进行激励。专利运用类政策通过鼓励包括专利本身的转让和许可，以及专利技术产业化和商品化等市场化的方式来刺激企业创新[250]。已有研究者发现，出口退税等专利运用类政策对企业研发活动的挤入效应在发展中国家体现得更加明显[251]。

适当专利运用类政策的刺激能够使企业在研发时进行以市场需求为导向的实质性创新行为。通过对企业的创新成果进行适当补贴使企业能够尽快回收研发成本并投入到下一轮的技术开发中。但是，专利运用类政策的过分刺激会扭曲政策的初衷，导致企业为了追求技术的快速市场化，走向"短、平、快"的技术发展路径。从技术转化的规律来看，典型的转化路径要经过研发、实验和商品化三个阶段。过强的运用类政策刺激使企业的创新动机异化，过度关注商品化阶段。为了快速进入商品化阶段，企业将实验室的研发和实验阶段的时间大大缩短，或者停止进行新的创新转而对已有的专利进行重新市场化包装来获取专利运用补助。企业进行低创新度的研发或是战略性的专利市场化包装行为均属于策略性研发行为，这些行为事实上降低了企业创新活动的强度[221]。据此提出以下假设：

H2a 专利运用类政策对开发式研发行为产生倒 U 形影响。

H2b 专利运用类政策对探索式研发行为产生倒 U 形影响。

专利运用类政策以市场需求为导向引导研发行为，适当的专利运用类政策激励能够促使企业以市场为导向进行深入研发[252]，但是过度的激励会产生反效果，当政府激励大于正常市场利润回收时，企业将摒弃市场的需求，转而采取低研发投入、高政策性回报的策略性行为。相较于陌生的技术领域，企业在原有的技术领域具有较为成熟的市场化经验，更容易创造出能够快速进入市场的技术成果。企业进入新领域需要重新进行研发和产品线配置，从形成专利到成为产品的周期更长。因此，专利运用类政策的激励会降低企业重新进入新领域的倾向。据此提出以下假设：

H2c 专利运用类政策会对研发领域深度产生倒 U 形影响。

H2d 专利运用类政策会对研发领域广度产生负向影响。

8.1.1.3 专利保护类政策与研发行为

企业运营的基本目的是盈利，企业进行创新的动机来源于创造行为所产生的技术成果能够使企业在市场中获得竞争优势。但是技术创新存在一定程度的溢出效应，知识和技术外溢导致的技术模仿会使企业的利益受到损害[214]。同时，创新活动还具有很大的难度和风险，在进行技术创新实现技术进步或新老技术交替的过程中，企业不仅要承受创新失败的打击，可能还会面临"守旧派"的阻力。因此，当研发前景和结果的不确定性以及技术外溢的可能性较高时，企业将缺乏研发的动力。专利保护制度的出现可以在很大程度上保护企业的技术成果，降低技术外溢的损失。

专利保护制度对企业的创新行为具有直接影响效应和间接传导效应。专利保护的直接影响指的是专利保护制度通过影响创新技术的可专有性影响企业的发明动力。已有学者在跨国情境下研究发现，专利保护对企业的研发活动会产生正向影响[227][253]。在中国情境下，有学者从制造业企业的角度发现，专利侵权会对企业的研发活动产生巨大的抑制效应[254]；对上市公司来说，知识产权的执法力度越大，企业的研发支出就越多[20]；有研究发现，区域知识产权保护对企业的专利活动具有明显的激励作用[255]。直接影响效应表现为，专利保护的程度越高，专利技术可专有性就越强，企业更愿意以专利代替商业秘密的形式保护创新技术，专利信息的公开促进了技术传播，避免了企业的重复研发行为，以公开换取保护的方式使其他发明人能够"站在巨人的肩膀上"，加快技术创新的进程[256]。专利保护的间接传导影响表现为通过影响企业的融资能力间接影响企业的研发投入。学者们发现，良好的知识产权记录有利于企业获得融资并吸引研发合作伙伴，从而促进更多的创新行为[257]。另一种间接传导机制是较高的专利保护强度更能够吸引外资进入，间接促进东道国企业的技术创新[254]。据此提出以下假设：

H3a 专利保护类政策对开发式研发行为产生正向影响。

H3b 专利保护类政策对探索式研发行为产生正向影响。

专利保护的强度越大，企业可获取的垄断收益就越高。因此，企业一方面为了获得更高的经济效益会加大研发投入，通过在本领域进行深度研发产生专利技术，进而有效提升自身的行业竞争优势。另一方面，部分企业还会以"专利丛林"的方式构建"专利围栏"，对内与本领域的其他企业形成一种竞争关系，对外为试图进入该领域的新企业设置了障碍[258]。据此提出以下假设：

H3c 专利保护类政策会对研发领域深度产生正向影响。

H3d 专利保护类政策会对研发领域广度产生负向影响。

8.1.1.4 专利管理类政策与研发行为

专利创造类政策和专利运用类政策是通过外部激励激发企业的发明动力，

在这两种政策的刺激下企业的发明动力具有一定的被动性，而专利管理类政策则是希望通过完善制度、制定考核和评定标准、管理科技计划项目以及制定知识产权战略来提升行政部门的专利管理能力，并促进企业的自我综合能力提升，激发企业的内部创新动能。[259]

专利管理类政策的内容贯穿专利创造、运用、保护的全过程，其作用对象有政府部门和创新主体两种。面向政府部门的专利管理类政策的目的是提高政府部门的专利管理意识，使政府部门能够更好地认识专利对国家创新、贸易以及经济增长的重要性，促进政府部门对制度和政策进行改进，完善各种专利激励政策的评价方式。面向创新主体的专利管理类政策的目的则是提升创新主体的创新意识和创新规划管理能力。面向企业的专利管理类政策的目的是推进企业的创新战略升级，如各地区推出的关于促进企业内部贯彻实施《企业知识产权管理规范》国家标准（即贯标）的相关政策、各类人才晋升评价标准、各类项目验收及评价方式等。无论是面向政府部门还是面向创新主体的专利管理类政策，目的都是使创新主体将创新变成一种主动的行为习惯，促进企业提升创新综合能力，鼓励企业通过标准化的管理实现创新全过程的合理布局。据此提出以下假设：

H4a 专利管理类政策对开发式研发行为产生正向影响。

H4b 专利管理类政策对探索式研发行为产生正向影响。

专利管理类政策不仅引导企业提升创新意识，还促使企业产生创造高质量技术的内部动力。因此，在专利管理类政策的激励下，企业会对自身的创新发展进行合理的规划和布局，在目标领域内进行深入的研发，而不是漫无目的地在各个领域探索。即便是经营多领域的企业也不会盲目进行领域扩张，而是在合理的规划内将涉及的领域都进行深入的研发。据此提出以下假设：

H4c 专利管理类政策会对研发领域深度产生正向影响。

H4d 专利管理类政策会对研发领域广度产生负向影响。

8.1.1.5 专利服务类政策与研发行为

专利服务类政策的手段主要有四种：一是推进各类信息交互的平台构建；二是推进各种双创孵化基地和创新园区的建设；三是促进服务行业的发展，如专利代理行业，金融服务业等；四是人才教育培养以及与技术创新、知识产权相关的科普活动。具体来说主要是：第一，专利服务类政策为"政、企、研、校"的科研合作平台的搭建提供推力[218]。第二，通过创立科技企业孵化器和科技园区支持创新型企业是主要的服务类政策之一。政府作为孵化器和科技园区设立的主导者，通过提供各种补贴或者以低于市场的租金为入驻企业提供办公场地等有形服务，降低进入孵化器和园区的企业的成本。部分孵化器和园区还能为企业提供业务规划、法律咨询、税务协助、投融资、技术对接等无形服务来提升企业的存活能力，激活企业的创新动力[260]。第三，对于知识产权保护制度相对薄弱的地区来说，贷款贴息等金融服务可以缓解知识产权保护不足的负面效应，使企业持续进行创新投入[248,261]。第四，通过促进宣传教育和人才培养及引进能够提升企业的创新和知识产权意识，为社会提供各种类型的知识产权和技术创新人才。

与专利创造类政策这种"后期补助"型政策相比，专利服务类政策是一种"前期支持"型的政策。专利服务类政策大多是在企业进行研发前就开始发挥作用，通过提供有力的物质、知识、技术、治理、平台等营造良好的创新环境，帮助企业在研发过程中克服各种不确定性的影响，使企业有足够的动力、信心和条件来开展研发[214]。据此提出以下假设：

H5a 专利服务类政策对开发式研发行为产生正向影响。

H5b 专利服务类政策对探索式研发行为产生正向影响。

专利服务类政策为企业提供创新所需的资源、公共服务平台、孵化园以及产业园基地等，为企业构建了"政、产、企、学、研"的合作桥梁，打通了"技术成果—市场"的通道。无论是对初创企业的创业资金、场地、咨询等需求，还是对成熟企业的研发投入、人才、市场需求等均有相对应的服务渠道。

因此，专利服务类政策对深入某领域进行研发或是拓展新领域的行为均有促进作用。据此提出以下假设：

H5c 专利服务类政策会对研发领域深度产生正向影响。

H5d 专利服务类政策会对研发领域广度产生正向影响。

8.1.2 研发行为的中介作用

8.1.2.1 研发行为在专利创造类政策与企业专利质量之间的中介作用

专利创造类政策作为激励型政策，目的是通过专利或研发补助来提升企业的创新活力[243]。通过前面的分析可知，专利创造类政策的适当激励能够补充企业的研发资金，降低研发损失，使企业能够进行技术难度较大的研发。企业在政策的引导下通过对某一领域进行深入研发，突破技术瓶颈，进而可以提升专利质量。但是过度的激励，将扭曲企业的研发目的和动机，使企业为了获取政策补助采取策略性研发行为。在这种情况下，企业的研发领域和研发行为完全跟随政策补助的方向，且这种行为并没有产生实质性的创新，因此，将导致企业专利质量的下降[246]。由此可见，专利创造类政策对企业专利质量的影响会通过研发行为进行传导，研发行为在专利创造类政策与企业专利质量之间起到中介作用。据此提出以下假设：

H6 研发行为在专利创造类政策与企业专利质量之间起中介作用。

8.1.2.2 研发行为在专利运用类政策与企业专利质量之间的中介作用

专利运用类政策是以专利市场化为前提进行激励[221]。适当的专利运用类政策激励能够使企业更快地从市场回收研发成本，获取利润[251]，引导企业进行以市场需求为导向的实质性创新行为，进而提升企业专利质量。但是由于技术研发需要一定的周期，尤其是需要突破一些难度较大的技术瓶颈，过度使用运用类政策激励将导致企业追求"短、平、快"的研发行为，甚至不进行研发，产出无实质创新的专利并通过市场化包装获取运用补助，影响专利的质量。由此可见，专利运用类政策对研发行为产生影响，而研发行为的差异将导致企业专利质量的不同，研发行为在专利运用类政策与企业专利质量之间起中介作用。据此提出以下假设：

H7　研发行为在专利运用类政策与企业专利质量之间起中介作用。

8.1.2.3　研发行为在专利保护类政策与企业专利质量之间的中介作用

专利保护类政策通过保护企业的创新成果激发企业的研发积极性。当企业的研发成果得到有效的保护时，企业的研发积极性将得到提升[20]。专利保护的强度越高，企业从专利技术中获取的收益越多[258]。企业能够预期未来的创新收益，增加研发行为，进而影响企业专利质量。由此可见，专利保护类政策对企业专利质量的影响会通过研发行为进行传导，研发行为在专利保护类政策与企业专利质量之间起中介作用。据此提出以下假设：

H8　研发行为在专利保护类政策与企业专利质量之间起中介作用。

8.1.2.4　研发行为在专利管理类政策与企业专利质量之间的中介作用

专利管理类政策目的是提升政府和企业的知识产权综合能力。通过制度、管理等方面的改革，从内部激活企业的研发积极性[259]。通过对专利管理的各项内容进行完善和改进，能够充分激发企业的创新动力，使企业将创新作为一种主动的长期追求，采取实质、有效的研发行为，产出高质量的专利。由此可见，研发行为在专利管理类政策与企业专利质量之间起中介作用。据此提出以下假设：

H9　研发行为在专利管理类政策与企业专利质量之间起中介作用。

8.1.2.5　研发行为在专利服务类政策与企业专利质量之间的中介作用

专利服务类政策通过搭建信息平台解决企业研发过程中的信息不对称问

题、建设孵化园区为企业提供研发场地、培育相关服务机构对企业的研发进行指导等相关措施为企业研发的全过程保驾护航，降低企业研发成本，避免研发的盲目性。此外，专利服务类政策有助于打通"政、企、研、校"与市场的沟通渠道，提升企业的研发效率和动力，进而产出高质量的创新成果。由此可见，研发行为在专利服务类政策与企业专利质量之间起中介作用。据此提出以下假设：

H10 研发行为在专利服务类政策与企业专利质量之间起中介作用。

8.2 实证分析

8.2.1 数据收集与处理

本章的研究目的是验证研发行为在专利政策与企业专利质量之间的中介效应。其中，专利政策文本信息来源于《威科先行法律信息库》和《北大法宝法律数据库》。收集范围为中国各省（自治区、直辖市）的专利政策文本（不包括中国香港、澳门和台湾地区），测度方法采用第五章的 LDA 模型结果。研发行为使用专利 IPC 分类号，计算方式同第七章。专利数据来源于国家知识产权局数据库、专利之星、德温特专利数据库，测度上采用第四章的方法。

8.2.2 描述性统计与相关性检验

表 8-1 展示了本章涉及的变量的描述性统计和相关系数（Pearson 系数）。可以看出，这些变量之间具有一定的相关关系，为后续验证提供了初步的判断，但还需进一步检验。其中，部分专利政策之间的相关系数大于 0.8，说明变量之间可能会存在多重共线性。因此，本章将采用弹性网回归方法进行分析。

第8章 研发行为在专利政策与企业专利质量间的中介作用

表 8-1 各变量描述性统计和相关系数

变量	均值	标准误	1	2	3	4	5	6	7	8	9	10	11	12	13	14	15
1. 企业专利质量	49.223	18.467	1														
2. 开发式	0.059	0.132	0.331***	1													
3. 探索式	0.162	0.345	−0.215***	−0.203***	1												
4. 研发领域深度	0.121	0.264	0.328***	0.715***	−0.205***	1											
5. 研发领域广度	0.294	0.261	0.080***	0.076***	−0.291***	0.014***	1										
6. 创造类政策	3.357	0.750	0.291***	0.270***	−0.155***	0.230***	0.167***	1									
7. 运用类政策	1.993	0.582	0.189***	0.276***	−0.084***	0.374***	−0.096***	0.575***	1								
8. 保护类政策	2.713	0.665	0.293***	0.341***	−0.184***	0.439***	0.094***	0.689***	0.723***	1							
9. 管理类政策	4.134	0.761	0.319***	0.309***	−0.174***	0.299***	0.173***	0.959***	0.628***	0.777***	1						
10. 服务类政策	2.861	0.723	0.245***	0.204***	−0.151***	0.158***	0.173***	0.914***	0.518***	0.622***	0.905***	1					
11. 公司规模	7.268	12.547	−0.003	0.046***	−0.197***	−0.021***	0.591***	−0.137***	−0.260***	−0.121***	−0.141***	−0.088***	1				
12. 企业年龄	12.337	5.267	0.120***	0.006	−0.013***	−0.066***	−0.026***	0.331***	0.050***	0.150***	0.326***	0.290***	−0.232***	1			
13. 专利申请年份间隔	15.509	2.520	0.110***	0.018***	−0.074***	−0.153***	0.237***	0.602***	−0.128***	0.075***	0.535***	0.619***	−0.043***	0.421***	1		
14. 企业知识基础	2.023	3.855	0.302***	0.806***	−0.233***	0.661***	0.285***	0.322***	0.248***	0.359***	0.361***	0.255***	0.234***	0.010***	0.093***	1	
15. 发明人数	3.061	3.011	−0.139***	−0.201***	0.081***	−0.179***	−0.063***	−0.200***	−0.249***	−0.214***	−0.217***	−0.178***	0.135***	−0.097***	−0.052***	−0.227***	1

注：括号中数字为标准误。系数显著性水平：* 表示 $p<0.050$，** 表示 $p<0.010$，*** 表示 $p<0.001$。

8.2.3 回归分析

8.2.3.1 各类专利政策与开发式研发行为回归结果

首先，采用弹性网回归模型对训练集使用模型进行训练得到不同模型下的 λ 和 α 的值，K-Fold 取 10。然后，计算不同模型下的交叉验证误差以及样本外的 R^2 值以选出最优 λ 和 α 值下的模型，如表 8-2 所示。

表 8-2 弹性网回归模型训练结果（各类专利政策与开发式研发行为）

α 值	模型 ID	描述	λ 值	非零系数个数	样本外 R^2	交叉验证误差
1.00	1	first λ	1	0	0.000 0	0.017 480 1
	179	λ before	0.00000145	49	0.693 5	0.005 357 8
	180*	selected λ	0.00000134	49	0.693 5	0.005 357 8
	181	λ after	0.00000123	49	0.693 5	0.005 357 8
	204	last λ	0.00000001	50	0.693 5	0.005 357 8
0.75	205	first λ	1	0	0.000 0	0.017 480 1
	408	last λ	0.00000001	51	0.693 5	0.005 357 8
0.50	409	first λ	1	0	0.000 0	0.017 480 1
	612	last λ	0.00000001	51	0.693 5	0.005 357 8
0.25	613	first λ	1	0	0.000 0	0.017 480 1
	816	last λ	0.00000001	51	0.693 5	0.005 357 8
0.00	817	first λ	1	52	0.616 4	0.006 704 8
	1020	last λ	0.00000001	52	0.693 5	0.005 357 8

从表 8-2 可以看出，训练后模型 ID 为 180 时得到最优解，此时模型的 R^2 最大且交叉验证误差最小；此时 α 等于 1，为拉索回归，λ 为 0.00000134。图 8-2 为拉索回归下的回归系数路径，其中横轴以调节参数的对数为尺度（Log Scale）。从图中可以看出 λ 的取值越大，即惩罚力度较大时，系数为 0 的变量就越多；当惩罚力度大于 0.1 时，所有系数均为零，竖线在最优的 λ 处。

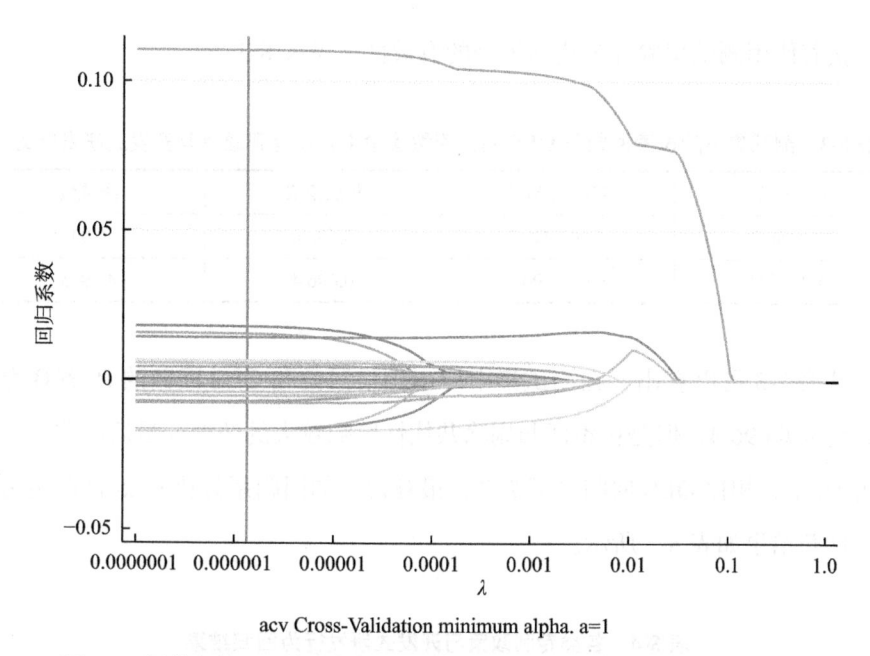

acv Cross-Validation minimum alpha. a=1

图 8-2 调节参数 λ 下的回归系数路径（各类专利政策与开发式研发行为）

从图 8-3 的交叉验证误差中可以看出，在最优 λ 值附近，曲线非常平坦，说明在最优值附近变化，对于模型的预测能力影响较小。

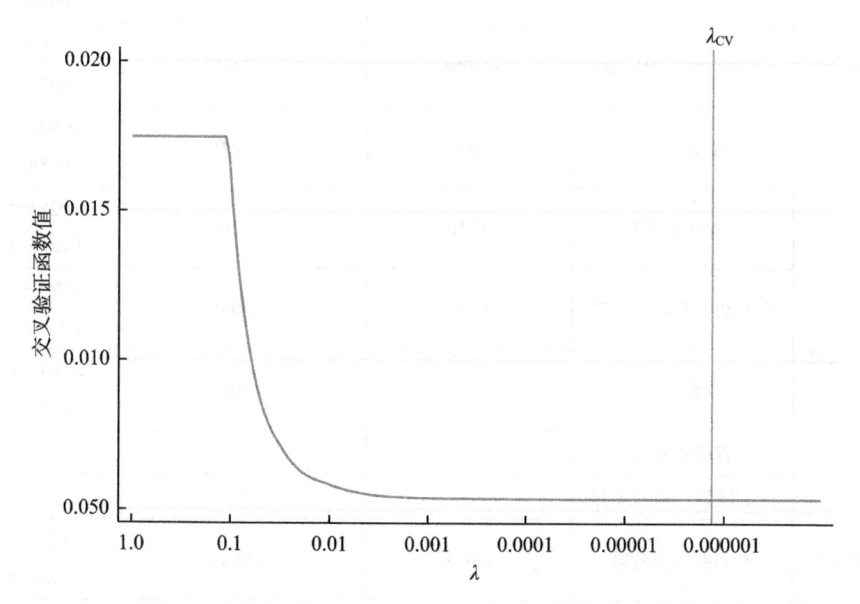

图 8-3 交叉验证误差（各类专利政策与开发式研发行为）

接着使用测试集验证最优解模型的有效性，见表 8-3。

表 8-3　测试集下的拉索回归与 OLS 回归模型检验（各类专利政策与开发式研发行为）

回归模型	测试集 MSE	测试集 R^2	测试数
拉索回归	0.005 290 3	0.696 4	40 945
OLS 回归	0.005 290 3	0.696 4	40 945

从表 8-3 可以看出，在测试集中使用拉索回归和 OLS 回归的 R^2 解释力一致，均为 0.696 4。但是拉索回归剔除共线性影响较大的两个变量后的非零变量数为 50 个，相比 OLS 回归少了 2 个，最终得到的回归系数比 OLS 回归更为稳定。回归结果如表 8-4 所示。

表 8-4　各类专利政策与开发式研发行为回归结果

	开发式研发行为	模型 1 拉索回归（标准化）	模型 2 拉索回归（非标准化）	模型 3 OLS 回归
控制变量	企业员工数	−0.017	−0.001	−0.001*** （0.000）
	专利申请年份间隔	−0.008	−0.003	−0.003 （0.000）
	企业年龄	−0.001	−0.000	−0.000*** （0.000）
控制变量	企业知识基础	0.110	0.029	0.028*** （0.000）
	企业知识基础平方项	−0.005	−0.000	−0.000*** （0.000）
	发明人数	0.002	0.001	0.001*** （0.000）
	省份哑变量	是	是	是
	专利所属产业哑变量	是	是	是
解释变量	专利创造类政策	0.018	0.024	0.024*** （0.002）

续表

开发式研发行为		模型 1 拉索回归（标准化）	模型 2 拉索回归（非标准化）	模型 3 OLS 回归
解释变量	专利创造类政策 2	−0.007	−0.002	−0.002*** （0.0003）
	专利运用类政策	0.015	0.027	0.029*** （0.003）
	专利运用类政策 2	−0.017	−0.008	−0.008*** （0.001）
	专利保护类政策	0.006	0.009	0.009*** （0.001）
	专利管理类政策	−0.017	−0.022	−0.022*** （0.002）
	专利服务类政策	0.005	0.007	0.008*** （0.002）
常数项		0	0.017	0.038** （0.012）
样本数 / 个		95 539	95 539	136 484
拟合优度		0.694	0.694	0.695
调整拟合优度		—	—	0.694
F 统计量		—	—	6203.16

注：括号中数字为标准误。系数显著性水平：* 表示 $p<0.050$，** 表示 $p<0.010$，*** 表示 $p<0.001$。

表 8-4 中，模型 1 报告了标准化后不同类型的专利政策对企业开发式研发行为的拉索回归，模型 2 和模型 3 报告了非标准化的拉索回归和 OLS 回归作为稳健性检验。从回归结果看，回归系数的符号一致，但是数值不同，这是因为拉索回归对可能产生多重共线性的变量系数进行了修正，使部分变量的共线性问题不会影响回归结果的稳定性和准确性。由于 Lasso 回归还未有公认的标准误计算方式，因此拉索回归并没有报告标准误。根据 Lasso 回归结果可知，专利创造类政策与开发式研发行为呈倒 U 形关系，且在 OLS 回归中显著（$\beta = -0.002$，$p<0.001$），假设 H1a 成立；专利运用类政策与开发式研发行

为呈倒 U 形关系，且在 OLS 回归中显著（$\beta = -0.008$，$p<0.001$），假设 H2a 成立；专利保护类政策与开发式研发行为呈正向关系，且在 OLS 回归中显著（$\beta = 0.009$，$p<0.001$），假设 H3a 成立；专利管理类政策与开发式研发行为呈负向关系，且在 OLS 回归中显著（$\beta = -0.022$，$p<0.001$），假设 H4a 不成立；专利服务类政策与开发式研发行为呈正向关系，且在 OLS 回归中显著（$\beta = 0.008$，$p<0.001$），假设 H5a 成立。

8.2.3.2　各类专利政策与探索式研发行为回归结果

首先，采用弹性网回归模型对训练集进行训练得到不同模型下的 λ 和 α 的值。然后计算不同模型下的交叉验证误差以及样本外的 R^2 以选出最优 λ 和 α 下的模型，见表 8-5。

表 8-5　弹性网回归模型训练结果（各类专利政策与探索式研发行为）

α 值	模型 ID	描述	λ 值	非零系数个数	样本外 R^2	交叉验证误差
1.00	1	first λ	1	0	0.000 0	0.120 020 3
	168	λ before	0.000 012 2	49	0.148 0	0.102 249 9
	169*	selected λ	0.000 011 4	49	0.148 0	0.102 249 9
	170	λ after	0.000 010 6	49	0.148 0	0.102 249 9
	204	last λ	0.000 001 0	50	0.148 0	0.102 250 3
0.75	205	first λ	1	0	0.000 0	0.120 020 3
	408	last λ	0.000 001 0	50	0.148 0	0.102 250 3
0.50	409	first λ	1	0	0.000 0	0.120 020 3
	612	last λ	0.000 001 0	50	0.148 0	0.102 250 3
0.25	613	first λ	1	0	0.000 0	0.120 020 3
	816	last λ	0.000 001 0	50	0.148 0	0.102 250 3
0.00	817	first λ	1	52	0.000 0	0.106 524 9
	1020	last λ	0.000 001 0	52	0.148 0	0.102 250 3

从表 8-5 中可以看出，模型 ID 为 169 时得到最优解，此时模型的 R^2 最大

且交叉验证误差最小；此时 α 等于 1，为拉索回归，λ 为 0.000 011 4。图 8-4 为拉索回归下的回归系数路径，其中横轴以调节参数的对数为尺度（Log Scale）。从图中可以看出，λ 的取值越大，即惩罚力度较大时，系数为 0 的变量就越多，当惩罚力度大于 0.1 时，所有系数均为零，竖线在最优的 λ 处。

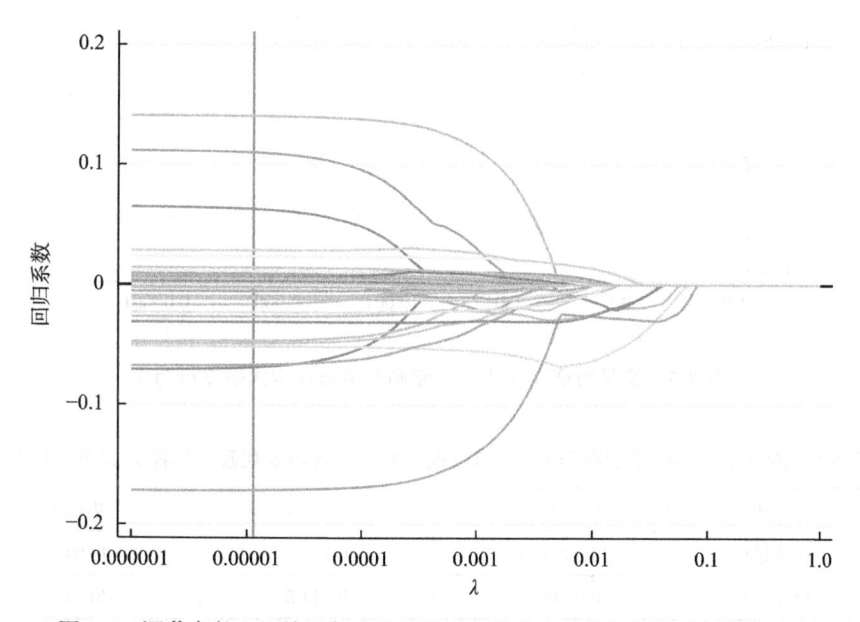

图 8-4　调节参数 λ 下的回归系数路径（各类专利政策与探索式研发行为）

从图 8-5 的交叉验证误差中可以看出，当 λ 大于 0.1 时交叉验证误差较大，在最优 λ 值附近，曲线非常平坦且交叉验证误差最小。这说明在最优值附近进行调节，对于模型的预测能力影响较小。

接着使用测试集验证最优解模型的有效性，见表 8-6。

从表 8-6 可以看出，在测试集中使用拉索回归和 OLS 回归的 R^2 一致，均为 0.143 6，但是拉索回归的均方误差（MSE）小于 OLS 回归。同时，拉索回归剔除共线性影响较大的两个变量后的非零变量数为 49 个，相比 OLS 回归少了 3 个，最终得到的回归系数比 OLS 回归更为稳定。回归结果见表 8-7。

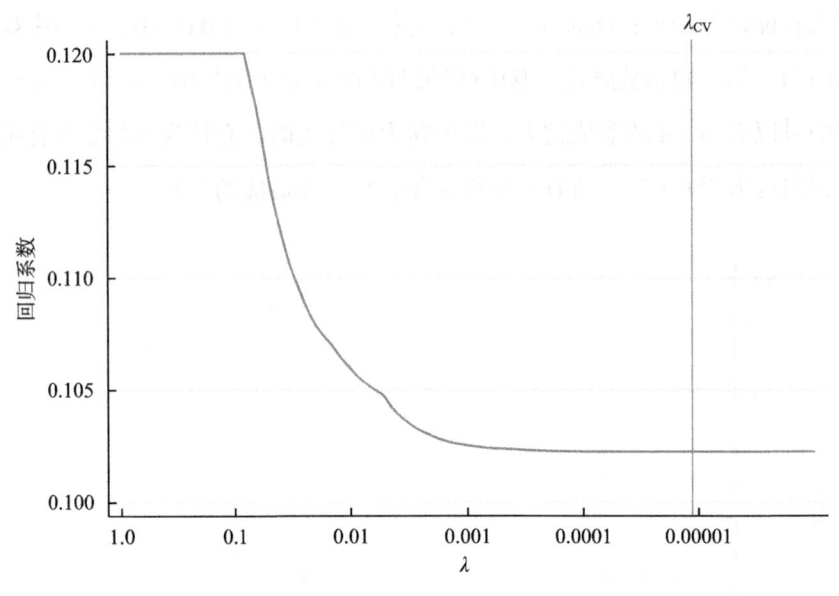

图 8-5 交叉验证误差（各类专利政策与探索式研发行为）

表 8-6 测试集下的拉索回归与 OLS 回归模型检验（各类专利政策与探索式研发行为）

回归模型	测试集 MSE	测试集 R^2	测试数
拉索回归	0.099 614 3	0.143 6	40 945
OLS 回归	0.099 614 9	0.143 6	40 945

表 8-7 各类专利政策与探索式研发行为回归结果

探索式研发行为		模型 1 Lasso 回归（标准化）	模型 2 Lasso 回归（非标准化）	模型 3 OLS 回归
控制变量	企业员工数	−0.052	−0.004	−0.004*** (0.000)
	专利申请年份间隔	−0.067	−0.027	−0.026*** (0.001)
	企业年龄	−0.005	−0.001	−0.001*** (0.000)
	企业知识基础	−0.172	−0.045	−0.044*** (0.001)

续表

探索式研发行为		模型 1 Lasso 回归（标准化）	模型 2 Lasso 回归（非标准化）	模型 3 OLS 回归
控制变量	企业知识基础 2	0.141	0.003	0.003*** (0.000)
	发明人数	0.009	0.003	0.003*** (0.000)
	省份哑变量	是	是	是
	专利所属产业哑变量	是	是	是
解释变量	专利创造类政策	−0.069	−0.092	−0.098*** (0.010)
	专利创造类政策 2	0.110	0.024	0.025*** (0.002)
	专利运用类政策	0	0	−0.003 (0.015)
	专利运用类政策 2	−0.047	−0.021	−0.020*** (0.004)
	专利保护类政策	−0.027	−0.040	−0.041*** (0.003)
	专利管理类政策	0.063	0.083	0.086*** (0.008)
	专利服务类政策	−0.049	−0.068	−0.071*** (0.007)
常数项		0	0.747	1.227*** (0.051)
样本数 / 个		95 539	95 539	136 484
拟合优度		0.149	0.149	0.148
调整拟合优度		无	无	0.148
F 统计量		无	无	473.1

注：括号中数字为标准误。系数显著性水平：* 表示 $p<0.050$，** 表示 $p<0.010$，*** 表示 $p<0.001$。

表 8-7 中模型 1 报告了标准化后不同类型的专利政策对企业探索式研发行为的拉索回归，模型 2 和模型 3 报告了非标准化的拉索回归和 OLS 回归作为稳健性检验。从回归结果看，回归系数的符号一致，但是数值不同，这是因为 Lasso 回归对可能产生多重共线性的变量系数进行了修正，使部分变量的共线性问题不会影响回归结果的稳定性和准确性。根据拉索回归结果可知，专利创造类政策与探索式研发行为呈 U 形关系，且在 OLS 回归中显著（$\beta = 0.025$，$p<0.001$），假设 H1b 成立；专利运用类政策与探索式研发行为呈倒 U 形关系，且在 OLS 回归中显著（$\beta = -0.020$，$p<0.001$），假设 H2b 成立；专利保护类政策与探索式研发行为呈负向关系，且在 OLS 回归中显著（$\beta = 0.041$，$p<0.001$），假设 H3b 不成立；专利管理类政策与探索式研发行为呈正向关系，且在 OLS 回归中显著（$\beta = 0.086$，$p<0.001$），假设 H4b 成立；专利服务类政策与探索式研发行为呈负向关系，且在 OLS 回归中显著（$\beta = -0.071$，$p<0.001$），假设 H5b 不成立。

8.2.3.3 各类专利政策与研发领域深度回归结果

首先，采用弹性网回归模型对训练集进行训练得到不同模型下 λ 和 α 的值。然后，计算不同模型下的交叉验证误差以及样本外的 R^2 以选出最优 λ 和 α 值下的模型，结果见表 8-8。

表 8-8 弹性网回归模型训练结果（各类专利政策与研发领域深度）

α 值	模型 ID	描述	λ 值	非零系数 / 个	样本外 R^2	交叉验证误差
1.00	1	first λ	1	0	0.000 0	0.070 284 5
	271	last λ	1.00×10^{-7}	50	0.757 7	0.017 031 6
0.75	272	first λ	1	0	0.000 0	0.070 284 5
	542	last λ	1.00×10^{-7}	50	0.757 7	0.017 031 6
0.50	543	first λ	1	0	0.000 0	0.070 284 5
	813	last λ	1.00×10^{-7}	51	0.757 7	0.017 031 6

续表

α 值	模型 ID	描述	λ 值	非零系数 / 个	样本外 R^2	交叉验证误差
0.25	814	first λ	1	0	0.000 0	0.070 284 5
	1033	λ before	4.15×10^{-6}	50	0.757 7	0.017 031 6
	1034*	selected λ	3.83×10^{-6}	50	0.757 7	0.017 031 6
	1035	λ after	3.53×10^{-6}	50	0.757 7	0.017 031 6
	1084	last λ	1.00×10^{-7}	51	0.757 7	0.017 031 6
0.00	1085	first λ	1	52	0.000 0	0.031 359 7
	1355	last λ	1.00×10^{-7}	52	0.757 7	0.017 031 6

从表 8-8 可以看出，模型 ID 为 1034 时得到最优解，此时模型的 R^2 最大且交叉验证误差最小；此时 α 等于 0.25，为弹性网回归，λ 值为 3.83e-06。图 8-6 为弹性网回归下的回归系数路径，其中横轴以调节参数的对数为尺度（Log Scale）。从图中可以看出，λ 的取值越大，即惩罚力度较大时，系数为 0 的变量就越多，当惩罚力度接近于 1 时，所有系数均为零，竖线在最优的 λ 处。

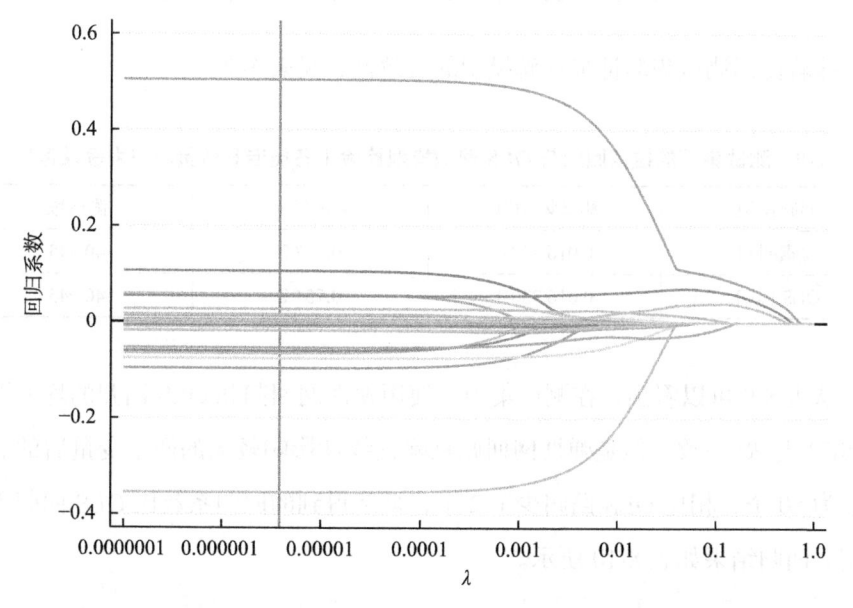

图 8-6 调节参数 λ 下的回归系数路径（各类专利政策与研发领域深度）

从图 8-7 的交叉验证误差中可以看出，在最优 λ 值附近，曲线非常平坦，说明在最优值附近变化，对于模型的预测能力影响较小。

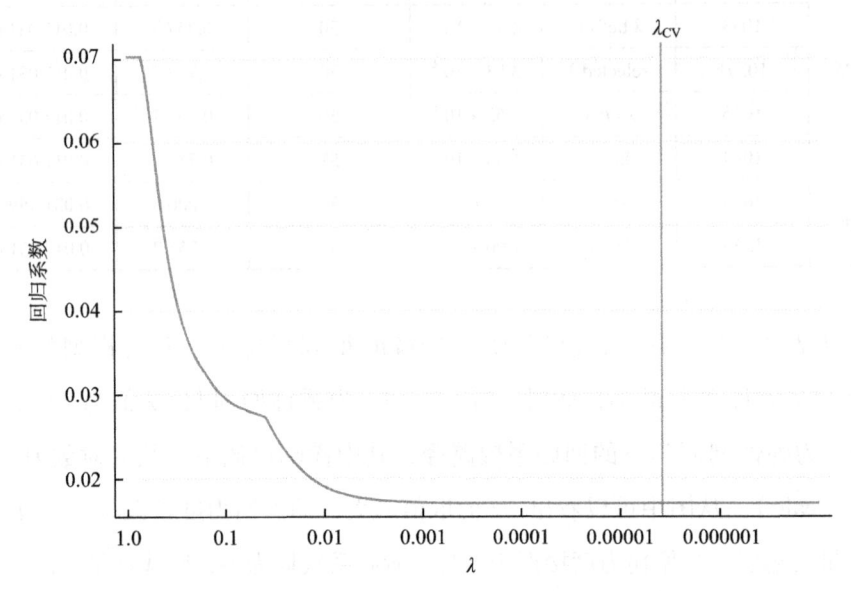

图 8-7　交叉验证误差（各类专利政策与研发领域深度）

接着使用测试集验证最优解模型的有效性，见表 8-9。

表 8-9　测试集下的拉索回归与 OLS 回归模型检验（各类专利政策与研发领域深度）

回归模型	测试集 MSE	测试集 R^2	测试数
拉索回归	0.016 730 4	0.757 2	40 945
OLS 回归	0.016 730 4	0.757 2	40 945

从表 8-9 可以看出，在测试集中，使用弹性网回归和 OLS 回归的均方误差（MSE）与 R^2 一致。但是弹性网回归剔除共线性影响较大的两个变量后的非零系数为 50 个，相比 OLS 回归少了 2 个，最终得到的回归系数比 OLS 回归更为稳定。回归结果如表 8-10 所示。

表 8-10 各类专利政策与研发领域深度回归结果

研发领域深度		模型 1 弹性网回归（标准化）	模型 2 研发领域深度（非标准化）	模型 3 OLS 回归
控制变量	企业员工数	−0.076	−0.006	−0.006***（0.000）
	专利申请年份间隔	−0.053	−0.023	−0.022***（0.001）
	企业年龄	−0.009	−0.002	−0.002***（0.000）
	企业知识基础	0.505	0.130	0.130***（0.000）
	企业知识基础 2	−0.355	−0.007	−0.007***（0.000）
	发明人数	0.011	0.004	0.004***（0.000）
	省份哑变量	是	是	是
	专利所属产业哑变量	是	是	是
解释变量	专利创造类政策	0.107	0.143	0.145***（0.004）
	专利创造类政策 2	−0.096	−0.021	−0.021***（0.001）
	专利运用类政策	0.059	0.101	0.103***（0.006）
	专利运用类政策 2	−0.065	−0.029	−0.030***（0.002）
	专利保护类政策	0.028	0.042	0.042***（0.001）
	专利管理类政策	−0.060	−0.079	−0.080***（0.003）
	专利服务类政策	0.057	0.079	0.081***（0.003）
	常数项	0	0.010	0.247***（0.021）

续表

研发领域深度	模型 1 弹性网回归（标准化）	模型 2 研发领域深度（非标准化）	模型 3 OLS 回归
样本数/个	95 539	95 539	136 484
拟合优度	0.758	0.758	0.758
调整拟合优度	无	无	0.758
F 统计量	无	无	8530.09

注：括号中数字为标准误。系数显著性水平：* 表示 $p<0.050$，** 表示 $p<0.010$，*** 表示 $p<0.001$。

表 8-10 中模型 1 报告了标准化后不同类型的专利政策对企业研发领域深度的弹性网回归，模型 2 和模型 3 报告了非标准化的弹性网回归和 OLS 回归作为稳健性检验。从回归结果看，回归系数的符号一致，但是数值不同，这是因为弹性网回归对可能产生多重共线性的变量系数进行了修正，使部分变量的共线性问题不会影响回归结果的稳定性和准确性。根据弹性网回归结果可知，专利创造类政策与研发领域深度呈倒 U 形关系，且在 OLS 回归中显著（$\beta = -0.021$，$p<0.001$），假设 H1c 成立；专利运用类政策与研发领域深度呈倒 U 形关系，且在 OLS 回归中显著（$\beta = -0.030$，$p<0.001$），假设 H2c 成立；专利保护类政策与研发领域深度呈正向关系，且在 OLS 回归中显著（$\beta = 0.042$，$p<0.001$），假设 H3c 成立；专利管理类政策与研发领域深度呈负向关系，且在 OLS 回归中显著（$\beta = -0.080$，$p<0.001$），假设 H4c 不成立；专利服务类政策与研发领域深度呈正向关系，且在 OLS 回归中显著（$\beta = 0.081$，$p<0.001$），假设 H5c 成立。

8.2.3.4 各类专利政策与研发领域广度回归结果

首先，采用弹性网回归模型对训练集使用模型进行训练得到不同模型下的 λ 和 α 的值。然后，计算不同模型下的交叉验证误差以及样本外的 R^2 值以选出最优 λ 和 α 值下的模型，结果见表 8-11。

表 8-11 弹性网回归模型训练结果（各类专利政策与研发领域广度）

α 值	模型 ID	描述	λ 值	非零系数个数	样本外 R^2	交叉验证误差
1.00	1	first λ	154.223 6	0	0.000 0	0.068 053 2
	422	λ before	0.000 001 0	50	0.588 5	0.028 006 6
0.75	423	selected λ	154.223 6	0	0.588 5	0.068 053 2
	844	λ after	0.000 001 0	50	0.588 5	0.028 006 6
0.50	845	last λ	154.223 6	0	0.588 5	0.068 053 2
	1266	first λ	0.000 001 0	51	0.000 0	0.028 006 6
0.25	1267	last λ	154.223 6	0	0.588 5	0.068 053 2
	1688	first λ	0.000 001 0	50	0.000 0	0.028 006 6
0.00	1689	first λ	154.223 6	51	0.012 3	0.067 217 5
	2032	λ before	0.000 022 6	51	0.588 5	0.028 006 6
	2033*	selected λ	0.000 021 7	51	0.588 5	0.028 006 6
	2034	λ after	0.000 020 8	51	0.588 5	0.028 006 6
	2110	last λ	0.000 001 0	51	0.588 5	0.028 006 6

从表 8-11 中可以看出，模型 ID 为 2033 时得到最优解，此时模型的 R^2 取值最大且交叉验证误差取值最小；此时 α 值等于 0，为岭回归，λ 值为 0.000 021 7。图 8-8 为岭回归下的回归系数路径，其中横轴为调节参数的对数为尺度（log scale）。从图 8-8 中可以看出，λ 的取值越大，即惩罚力度较大时，系数为 0 的变量就越多，当惩罚力度大于 10 时，大部分系数为零，竖线在最优的 λ 处。

图 8-9 为交叉验证误差，从图中可以看出，在最优 λ 值附近，曲线非常平坦，说明在最优值附近变化，对于模型的预测能力影响较小。

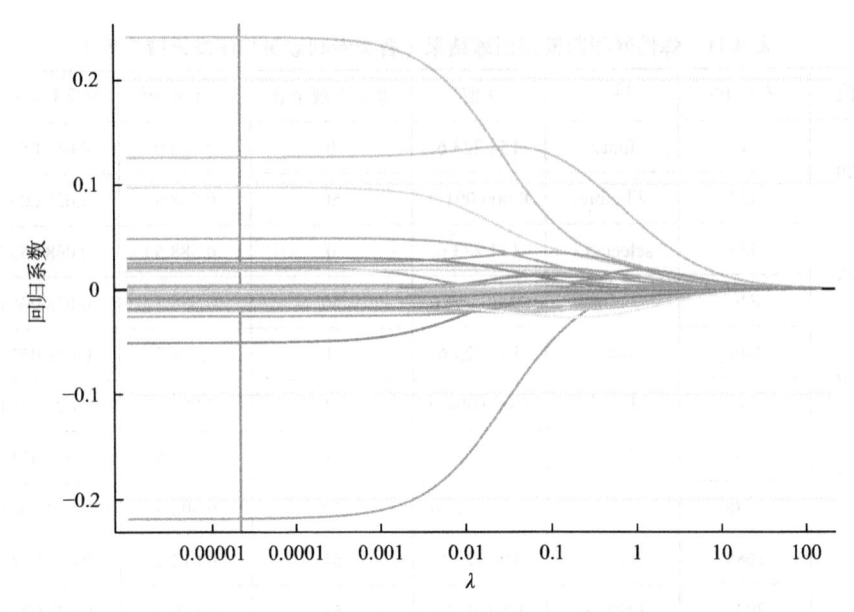

图 8-8 调节参数 λ 下的回归系数路径（各类专利政策与研发领域广度）

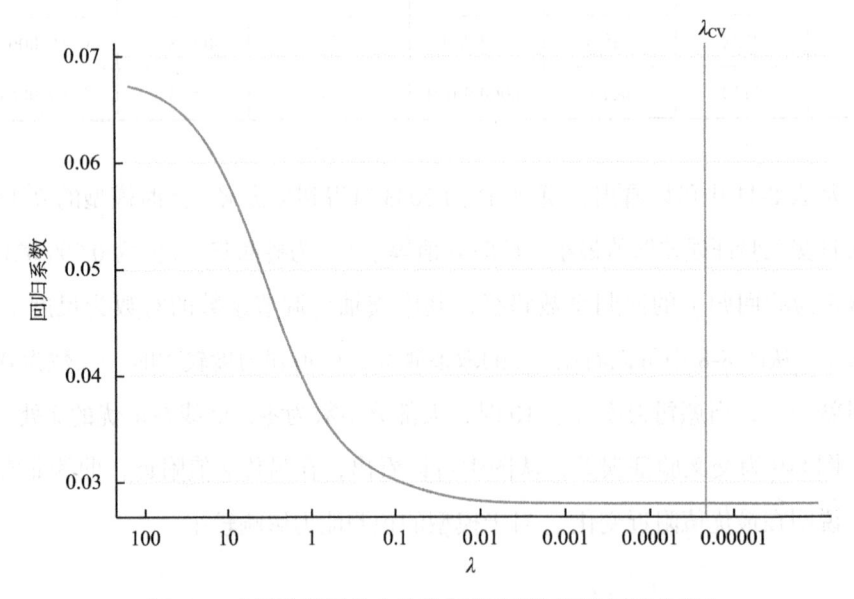

图 8-9 交叉验证误差（各类专利政策与研发领域广度）

接着使用测试集验证最优解模型的有效性，见表 8-12。

- 242 -

表 8-12　测试集下的岭回归与 OLS 回归模型检验（各类专利政策与研发领域广度）

回归模型	测试集 MSE	测试集 R^2	测试数
拉索回归	0.027 936 8	0.591 3	40 945
OLS 回归	0.027 936 8	0.591 3	40 945

由表 8-12 可知，在测试集中，岭回归的 R^2 小于 OLS 回归，但均方误差（MSE）大于 OLS 回归，且岭回归剔除共线性影响较大的两个变量后的非零系数为 51 个，相比 OLS 回归少了 1 个，最终得到的回归系数相比 OLS 回归更为稳定。回归结果见表 8-13。

表 8-13　各类专利政策与研发领域广度回归结果

	研发领域深度	模型 1 岭回归（标准化）	模型 2 岭回归（非标准化）	模型 3 OLS 回归
控制变量	企业员工数	0.126	0.010	0.010*** （0.000）
	专利申请年份间隔	0.097	0.039	0.039*** （0.001）
	企业年龄	−0.004	−0.001	−0.001*** （0.000）
	企业知识基础	0.241	0.062	0.063*** （0.001）
	企业知识基础 2	−0.218	−0.004	−0.004*** （0.000）
	发明人数	−0.020	−0.007	−0.007*** （0.000）
	省份哑变量	是	是	是
	专利所属产业哑变量	是	是	是
解释变量	专利创造类政策	−0.051	−0.068	−0.069*** （0.005）
	专利创造类政策 2	0.021	0.005	0.005*** （0.001）

续表

	研发领域深度	模型1 岭回归（标准化）	模型2 岭回归（非标准化）	模型3 OLS回归
解释变量	专利运用类政策	−0.015	−0.027	−0.025*** （0.002）
	专利运用类政策2	−0.009	−0.013	−0.013*** （0.002）
	专利保护类政策	−0.010	−0.013	−0.015** （0.004）
	专利管理类政策	−0.004	−0.006	−0.009** （0.003）
	专利服务类政策	0	−0.066	−0.393 （0.026）
常数项		95 539	95 539	136 484
样本数/个		0.589	0.589	0.590
拟合优度		无	无	0.596
调整拟合优度		无	无	4116.52
F统计量		无	无	8530.09

注：括号中数字为标准误。系数显著性水平：* 表示 $p<0.050$，** 表示 $p<0.010$，*** 表示 $p<0.001$。

表8-13中模型1报告了标准化后不同类型的专利政策对企业开发式研发行为的岭回归，模型2和模型3报告了非标准化的岭回归和OLS回归作为稳健性检验。从回归结果看，回归系数的符号一致，但是数值不同，这是因为岭回归对可能产生多重共线性的变量系数进行了修正，使部分变量的共线性问题不会影响回归结果的稳定性和准确性。根据岭回归结果可得，专利创造类政策与研发领域广度呈U形关系，且在OLS回归中显著（$\beta = -0.005$，$p<0.001$），假设H1d成立；专利运用类政策与研发领域广度呈负向关系，且在OLS回归中显著（$\beta = -0.025$，$p<0.001$），假设H2d成立；专利保护类政策与研发领域

广度呈负向关系,且在 OLS 回归中显著($\beta = -0.013$,$p<0.001$),假设 H3d 成立;专利管理类政策与研发领域广度呈负向关系,且在 OLS 回归中显著($\beta = -0.015$,$p<0.01$),假设 H4d 不成立;专利服务类政策与研发领域广度呈正向关系,且在 OLS 回归中显著($\beta = -0.009$,$p<0.01$),假设 H5d 成立。

8.2.3.5 研发行为的中介效应检验

各类专利政策对企业专利质量的作用需要通过研发行为进行传导。专利政策会影响企业的研发动机和目的,不同的研发行为导致企业专利质量出现差异。因此,研发行为在专利政策与企业专利质量的关系间起中介作用。本书采用普里彻(Preacher)和海斯(Hayes)的方法分别验证不同研发行为在不同类型专利政策与企业专利质量关系中的中介效应[262],具体结果见表 8-14~ 表 8-18。

路径一:专利创造类政策—研发行为—企业专利质量

如表 8-14 所示,专利创造类政策的二次项对企业专利质量直接效应显著(0.712,$p<0.001$),对开发式行为的作用显著(-0.002,$p<0.001$),开发式行为的间接效应显著(-0.150,$p<0.001$),表明开发式行为的中介效应显著。专利创造类政策的二次项对探索式行为的影响显著(0.025,$p<0.001$),探索式行为的间接效应显著(0.421,$p<0.001$),表明探索式行为的中介效应显著。专利创造类政策的二次项对研发领域深度的影响显著(-0.024,$p<0.001$),研发领域深度的间接效应显著(-0.156,$p<0.001$),说明研发领域深度的中介效应显著。专利创造类政策的二次项对研发领域广度的影响显著(0.005,$p<0.001$),研发领域广度的间接效应显著(-0.004,$p<0.001$),说明研发领域广度的中介效应显著。以上说明研发行为在专利创造类政策与企业专利质量的关系中起中介作用,假设 H6 得到支持。

表 8-14 研发行为在专利创造类政策与企业专利质量间的中介效应

	项目	系数	标准误	z 值	p 值	检验结果
直接效应	专利创造类平方项—企业专利质量	0.712	0.072	9.84	0.000	通过
自变量—中介变量	专利创造类平方项—开发式行为	−0.002	0.000	−6.16	0.000	通过
	专利创造类平方项—探索式行为	0.025	0.002	16.70	0.000	通过
	专利创造类平方项—研发领域深度	−0.024	0.001	−38.22	0.000	通过
	专利创造类平方项—研发领域广度	0.005	0.001	6.21	0.000	通过
间接效应	专利创造类平方项—开发式行为—企业专利质量	−0.150	0.025	−6.11	0.000	通过
	专利创造类平方项—探索式行为—企业专利质量	0.421	0.031	13.79	0.000	通过
	专利创造类平方项—研发领域深度—企业专利质量	−0.156	0.027	−5.80	0.000	通过
	专利创造类平方项—研发领域广度—企业专利质量	−0.004	0.001	−2.86	0.004	通过
	间接效应总计	0.110	0.047	2.37	0.018	通过

路径二：专利运用类政策—研发行为—企业专利质量

如表 8-15 所示，专利运用类政策的二次项对企业专利质量直接效应显著（−1.706，$p<0.001$），对开发式行为的作用显著（−0.008，$p<0.001$），开发式行为的间接效应显著（−0.548，$p<0.001$），表明开发式行为的中介效应显著。专利运用类政策的二次项对探索式行为的影响显著（−0.020，$p<0.001$），探索式行为的间接效应显著（0.333，$p<0.001$），表明探索式行为的中介效应显著。专利运用类政策的二次项对研发领域深度的影响显著（−0.027，$p<0.001$），研发领域深度的间接效应显著（−0.179，$p<0.001$），说明研发领域深度的中介效应显著。专利运用类政策的二次项对研发领域广度的影响不显著（−0.007，$p<0.001$），对研发领域广度的间接效应显著（0.006，$p<0.001$），说明研发领域广度的中介效应显著。以上说明研发行为在专利运用类政策与企业专利质量的关系中起中介作用，假设 H7 得到支持。

表 8-15 研发行为在专利运用类政策与企业专利质量间的中介效应

	项目	系数	标准误	z 值	p 值	检验结果
直接效应	专利运用类²—企业专利质量	−1.706	0.193	−8.84	0.000	通过
自变量—中介变量	专利运用类²—开发式行为	−0.008	0.001	−8.33	0.000	通过
	专利运用类²—探索式行为	−0.020	0.004	−4.92	0.000	通过
	专利运用类²—研发领域深度	−0.027	0.002	−16.33	0.000	通过
	专利运用类²—研发领域广度	−0.007	−0.002	−3.28	0.001	通过
间接效应	专利运用类²—开发式行为—企业专利质量	−0.548	0.067	−8.23	0.000	通过
	专利运用类²—探索式行为—企业专利质量	−0.333	0.069	−4.82	0.000	通过
	专利运用类²—研发领域深度—企业专利质量	−0.179	0.033	−5.52	0.000	通过
	专利运用类²—研发领域广度—企业专利质量	0.006	0.003	2.30	0.000	通过
	间接效应总计	−1.054	0.102	−10.38	0.000	通过

路径三：专利保护类政策—研发行为—企业专利质量

如表 8-16 所示，专利保护类政策对企业专利质量的直接效应显著（0.724，$p<0.001$），对开发式行为的作用显著（0.009，$p<0.001$），开发式行为的间接效应显著（0.624，$p<0.001$），表明开发式行为的中介效应显著。专利保护类政策对探索式行为的影响显著（−0.040，$p<0.001$），探索式行为的间接效应显著（−0.678，$p<0.001$），表明探索式行为的中介效应显著。专利保护类政策对研发领域深度的影响显著（0.042，$p<0.001$），研发领域深度的间接效应显著（0.275，$p<0.001$），说明研发领域深度的中介效应显著。专利保护类政策对研发领域广度的影响显著（−0.012，$p<0.001$），研发领域广度的间接效应显著（0.010，$p<0.01$），说明研发领域广度的中介效应显著。以上说明研发行为在专利保护类政策与企业专利质量的关系中起中介作用，假设 H8 得到支持。

表 8-16 研发行为在专利保护类政策与企业专利质量间的中介效应

	项目	系数	标准误	z值	p值	检验结果
直接效应	专利保护类—企业专利质量	0.724	0.152	4.75	0.000	通过
自变量—中介变量	专利保护类—开发式行为	0.009	0.001	12.01	0.000	通过
	专利保护类—探索式行为	−0.040	0.003	−12.65	0.000	通过
	专利保护类—研发领域深度	0.042	0.001	31.65	0.000	通过
	专利保护类—研发领域广度	−0.012	0.002	−7.24	0.000	通过
间接效应	专利保护类—开发式行为—企业专利质量	0.624	0.053	11.70	0.000	通过
	专利保护类—探索式行为—企业专利质量	−0.678	0.060	−11.23	0.000	通过
	专利保护类—研发领域深度—企业专利质量	0.275	0.048	5.77	0.000	通过
	专利保护类—研发领域广度—企业专利质量	0.010	0.004	2.94	0.003	通过
	间接效应总计	0.231	0.091	2.54	0.011	通过

路径四：专利管理类政策—研发行为—企业专利质量

如表 8-17 所示，专利管理类政策对企业专利质量的直接效应显著（1.852，$p<0.001$），对开发式行为的作用显著（−0.022，$p<0.001$），开发式行为的间接效应显著（−1.567，$p<0.001$），表明开发式行为的中介效应显著。专利管理类政策对探索式行为的影响显著（0.085，$p<0.001$），探索式行为的间接效应显著（1.418，$p<0.001$），表明探索式行为的中介效应显著。专利管理类政策对研发领域深度的影响显著（−0.082，$p<0.001$），研发领域深度的间接效应显著（−0.538，$p<0.001$），说明研发领域深度的中介效应显著。专利管理类政策对研发领域广度的影响显著（−0.185，$p<0.001$），研发领域广度的间接效应显著（0.016，$p<0.05$），说明研发领域广度的中介效应显著。以上说明研发行为在专利管理类政策与企业专利质量的关系中起中介作用，假设 H9 得到支持。

表 8-17 研发行为在专利管理类政策与企业专利质量间的中介效应

	项目	系数	标准误	z值	p值	检验结果
直接效应	专利管理类—企业专利质量	1.852	0.399	4.64	0.000	通过
自变量—中介变量	专利管理类—开发式行为	−0.022	0.002	−11.49	0.000	通过
	专利管理类—探索式行为	0.085	0.008	10.08	0.000	通过
	专利管理类—研发领域深度	−0.082	0.004	−23.59	0.000	通过
	专利管理类—研发领域广度	−0.185	0.004	−4.22	0.000	通过
间接效应	专利管理类—开发式行为—企业专利质量	−1.567	0.139	−11.22	0.000	通过
	专利管理类—探索式行为—企业专利质量	1.418	0.152	9.32	0.000	通过
	专利管理类—研发领域深度—企业专利质量	−0.538	0.095	−5.69	0.000	通过
	专利管理类—研发领域广度—企业专利质量	0.016	0.006	2.56	0.011	通过
	间接效应总计	−0.671	0.223	−3.01	0.003	通过

路径五：专利服务类政策—研发行为—企业专利质量

如表 8-18 所示，专利服务类政策对企业专利质量的直接效应显著（−2.737，$p<0.001$），对开发式行为的作用显著（0.009，$p<0.001$），开发式行为的间接效应显著（0.615，$p<0.001$），表明开发式行为的中介效应显著。专利服务类政策对探索式行为的影响显著（−0.071，$p<0.001$），探索式行为的间接效应显著（−1.183，$p<0.001$），表明探索式行为的中介效应显著。专利服务类政策对研发领域深度的影响显著（0.087，$p<0.001$），研发领域深度的间接效应显著（0.572，$p<0.001$），说明研发领域深度的中介效应显著。专利服务类政策的二次项对研发领域广度的影响显著（−0.008，$p<0.05$），研发领域广度的间接效应显著（0.007，$p<0.1$），说明研发领域广度的中介效应显著。以上说明研发行为在专利服务类政策与企业专利质量的关系中起中介作用，假设 H10 得到支持。

表 8-18　研发行为在专利服务类政策与企业专利质量间的中介效应

	项目	系数	标准误	z值	p值	检验结果
直接效应	专利服务类—企业专利质量	−2.737	0.312	−8.78	0.000	通过
自变量—中介变量	专利服务类—开发式行为	0.009	0.002	5.80	0.000	通过
	专利服务类—探索式行为	−0.071	0.007	−10.80	0.000	通过
	专利服务类—研发领域深度	0.087	0.003	32.25	0.000	通过
	专利服务类—研发领域广度	−0.008	0.003	−2.43	0.015	通过
间接效应	专利服务类—开发式行为—企业专利质量	0.615	0.107	5.76	0.000	通过
	专利服务类—探索式行为—企业专利质量	−1.183	0.120	−9.88	0.000	通过
	专利服务类—研发领域深度—企业专利质量	0.572	0.099	5.77	0.000	通过
	专利服务类—研发领域广度—企业专利质量	0.007	0.004	1.94	0.053	通过
	间接效应总计	0.012	0.186	0.06	0.949	通过

8.3　实证结论

本章检验了研发行为在专利政策与企业专利质量之间的中介作用，基于实证分析得出如下结论，检验结果见表 8-19~表 8-24。

专利创造类政策对开发式研发行为具有倒 U 形影响，对探索式研发行为产生 U 形影响。根据第七章的研究结果可知，企业采取开发式研发行为为主、探索式研发行为为辅的组合式行为更能产生高质量的专利。由本章的实证结果可知，专利创造类政策对企业的开发式研发行为和探索式研发行为产生了相反的作用。一定程度专利创造类政策的激励能够促进企业开发式研发行为程度的提升，但对探索式研发行为产生抑制作用。过度专利创造类政策的激励会使企业的探索式研发行为增加，开发式研发行为下降。由此可知，适当专利创造类政策的激励更能促进企业采取开发式为主、探索式为辅的研发行为组合。

专利创造类政策对企业的研发领域深度具有倒 U 形影响，对研发领域广度则产生 U 形影响。根据第七章的研究结果可知，企业在某一领域进行深度的研发更能够产出高质量的创新成果。企业由于受资源约束，因此广泛尝试不同技术领域的研发，这会导致企业在各个领域配置的资源减少，降低创新的质量。根据本章的实证结果可知，适当强度的专利创造类政策能激励企业在部分领域进行深入的研发，而过度的刺激则会扭曲企业的创新意愿。当创造类政策的激励超过一定阈值时，企业将会为了获得奖励而转向政策激励较多的领域进行研发。由此可知，专利创造类政策激励应当在适当的范围内才能够有效推动企业为克服技术瓶颈而进行深度研发（表 8-19）。

表 8-19　专利创造类政策与研发行为实证结果

假设内容	检验结果
H1a　专利创造类政策对开发式研发行为产生倒 U 形影响	通过
H1b　专利创造类政策对探索式研发行为产生 U 形影响	通过
H1c　专利创造类政策对研发领域深度产生倒 U 形影响	通过
H1d　专利创造类政策对研发领域广度产生 U 形影响	通过

专利运用类政策对开发式研发行为和探索式研发行为均产生倒 U 形影响。根据实证结果可知，适当专利运用类政策的激励能够促进企业开发式和探索式研发行为程度的提升。但是，专利运用类政策的过度刺激反而抑制了企业创新动力，扭曲政策的初衷，甚至会使企业放弃采取自主创新行为，转向非创新的战略性市场化包装行为。

专利运用类政策对企业的研发领域深度产生倒 U 形影响，对企业的技术研发广度产生负向影响。根据实证结果可知，由于专利的市场化运用需要前期的市场经验积累，因此专利运用类政策的激励强度增加会减少企业涉入多领域的意愿。从企业的研发领域深度来说，适当的运用类政策激励能够促进企业关注市场导向，持续地对现有的技术和产品进行改进以提升市场占有率。但是，当运用类政策激励大于市场利润回收时，企业将摒弃市场需求，降低研发投入，追求回收收益更快的策略性行为（如对已有专利进行重复的市场化包装）（表 8-20）。

表 8-20 专利运用类政策与研发行为实证结果

假设内容	检验结果
H2a 专利运用类政策对开发式研发行为产生倒 U 形影响	通过
H2b 专利运用类政策对探索式研发行为产生倒 U 形影响	通过
H2c 专利运用类政策对研发领域深度产生倒 U 形影响	通过
H2d 专利运用类政策对研发领域广度产生负向影响	通过

专利保护类政策对开发式研发行为产生正向影响，对探索式研发行为产生负向影响。专利保护类政策强度的提升会降低企业知识外溢所产生的技术模仿风险，并且能够提升企业在技术上获取的垄断利润，使企业通过专利技术获取市场地位，进而促进企业采取更多的研发行为来获得技术优势。从实证结果可以看出，专利保护类政策对开发式研发行为产生了显著的促进作用，但是对探索式研发行为却产生负向作用。其原因可能是由于开发式研发行为进行的是实质性创新，是以高质量创新为目的，产生的创新成果是企业的核心竞争力，因此对专利保护的需求更大。而探索式研发行为采取的是一种对现有技术进行组合的方式，实质性创新的程度较低。这一结果从侧面说明采用探索式行为产生的专利创新程度较低，多是简单的技术组合。随着专利保护力度的增强，这类技术组合型专利在遭遇侵权时，容易被侵权方以"现有技术"为理由提出无效申请，进而可能导致专利权的失效或侵权诉讼的发生，从而影响专利的实际保护效力。

专利保护类政策对企业研发领域深度产生正向影响，对研发领域广度产生负向影响。随着专利保护政策强度的增加，企业的技术成果被模仿的风险下降，创新收益提升，技术水平由此成为企业的核心竞争力，企业进行深入研发的动力提升。此外，随着专利保护强度的提升，专利战略成为企业维持市场竞争力的重要手段。"专利丛林"构建的"专利围栏"使企业扩展技术领域的侵权风险增加，提升了新领域的准入门槛（表8-21）。

表 8-21 专利保护类政策与研发行为实证结果

假设内容	检验结果
H3a 专利保护类政策会对开发式研发行为产生正向影响	通过
H3b 专利保护类政策会对探索式研发行为产生正向影响	未通过
H3c 专利保护类政策会对研发领域深度产生正向影响	通过
H3d 专利保护类政策会对研发领域广度产生负向影响	通过

专利管理类政策对开发式研发行为产生负向影响，对探索式研发行为产生正向影响。专利管理类政策目的之一是通过完善制度、构建合适的评价标准，提升全社会的知识产权意识，提高企业的自我管理能力以激发企业的创新动力。从实证结果来看，我国专利管理类政策对企业的开发式研发行为起到负向作用，对探索式研发行为起正向作用，说明我国专利管理类政策的引导存在一定问题。企业采取开发式研发行为时更多的是对现有技术进行改造和提升的实质性创新，而频繁采取探索式研发行为的企业更多是对现有技术进行简单组合的策略性创新。虽然探索式研发行为能够为企业的创新带来新的灵感，但是根据技术创新的规律，从新知识学习到创新产出需要不断地学习、吸收才能再创造。企业进行探索式研发行为后需要再运用开发式研发行为来对新知识进行不断的挖掘，将探索转为开发才能够产生高质量的创新。因此，我国的专利管理类政策事实上激发了企业对创新数量的追求。

专利管理类政策对企业研发领域深度产生负向影响，对研发领域广度产生负向影响。创新并不能一蹴而就，只有对特定领域进行深耕才能够产生高质量的创新。创新需要投入大量的人力物力，由于企业的资源以及学习能力有限，涉猎的技术领域越广，各个领域内可分配的资源就越少，这将导致创新质量下降。从实证结果看，我国专利管理政策虽然使企业的研发领域广度下降，但是并没有促进企业对特定领域进行深入研发（表8-22）。

表8-22 专利管理类政策与研发行为实证结果

假设内容	检验结果
H4a 专利管理类政策对开发式研发行为产生正向影响	未通过
H4b 专利管理类政策对探索式研发行为产生正向影响	通过
H4c 专利管理类政策对研发领域深度产生正向影响	未通过
H4d 专利管理类政策对研发领域广度产生负向影响	通过

专利服务类政策对开发式研发行为产生正向影响，对探索式研发行为产生负向影响。专利服务类政策以促进企业进行高质量的创新为目的。专利服务类政策能够为企业带来更多的技术人才，为企业解决部分创新风险的资金问题，培育全社会的知识产权意识，大大提升企业的创新意识和动力。从实证结果可知，专利服务类政策对开发式研发行为起到正向影响，但是对探索式研发行为产生负向影响。其原因可能是由于样本企业的开发式研发行为相较于探索式研发行为，其实质性创新程度更高。因此，开发式研发行为与专利服务类政策的目的更为契合，导致专利服务类政策提升了企业进行开发式的实质性创新的意愿，降低企业采取策略性探索式研发行为的倾向。

专利服务类政策对企业研发领域深度产生正向影响，对研发领域广度产生负向影响。根据实证结果可得，专利服务类政策对企业在本领域的深度研发具有明显的促进作用，并且抑制了企业在过于宽泛的领域进行研究。专利服务类政策的目的是促进创新成效，因此专利服务类政策对于服务对象具有一定的选择性。例如：第一，大部分的产业园或孵化基地倾向于引进或接受具有一定在先研发基础的企业，这些企业入驻后大多也是进行延续性的深入研发。第二，对于金融服务行业来说，为了避免投资风险，更愿意对具有研发经验的企业进行投资或发放贷款。第三，通过对社会进行知识产权制度的宣传，大部分企业提高了知识保护和创新成果利用的意识,一方面使各技术领域的进入门槛更高,另一方面也促使企业更专注于提升本领域的技术水平。最终,促使企业专注于领域内的深入研发,防止企业采取盲目扩张技术领域的行为(表8-23)。

表8-23 专利服务类政策与研发行为实证结果

假设内容	检验结果
H5a 专利服务类政策对开发式研发行为产生正向影响	通过
H5b 专利服务类政策对探索式研发行为产生正向影响	未通过
H5c 专利服务类政策对研发领域深度产生正向影响	通过
H5d 专利服务类政策对研发领域广度产生正向影响	未通过

研发行为在各类专利政策与企业专利质量之间的关系中起中介作用。专利政策对企业专利质量的影响是通过研发行为产生的。专利政策作为外部环境变量,并不能直接作用于企业专利质量。专利是研发行为的产物,专利政策对研发行为会产生影响,而不同的研发行为导致企业专利质量的差异(表8-24)。

表8-24 研发行为的中介效应

假设内容	检验结果
H6 研发行为在专利创造类政策与企业专利质量之间起到中介作用	通过
H7 研发行为在专利运用类政策与企业专利质量之间起到中介作用	通过
H8 研发行为在专利保护类政策与企业专利质量之间起到中介作用	通过
H9 研发行为在专利管理类政策与企业专利质量之间起到中介作用	通过
H10 研发行为在专利服务类政策与企业专利质量之间起到中介作用	通过

8.4 本章小结

本章研究了不同类型的专利政策对不同研发行为以及企业专利质量的影响差异,并验证了研发行为的中介作用。根据实证分析可知:第一,专利创造类政策对开发式研发行为具有倒 U 形影响，对探索式研发行为产生 U 形影响；对研发领域深度具有倒 U 形影响，对研发领域广度则产生 U 形影响。第二，专利运用类政策对开发式研发行为和探索式研发行为均产生倒 U 形影响；对研发领域深度产生倒 U 形影响，对研发领域广度产生负向影响。第三，专利保护类政策对开发式研发行为产生正向影响，对探索式研发行为产生负向影响；对研发领域深度产生正向影响，对研发领域广度产生负向影响。第四，专利管理类政策对开发式研发行为产生负向影响，对探索式研发行为产生正向影响；对研发领域深度产生负向影响，对研发领域广度产生负向影响。第五，专利服务类政策对开发式研发行为产生正向影响，对探索式研发行为产生负向影响；对研发领域深度产生正向影响，对研发领域广度产生负向影响。第六，研发行为在专利政策与企业专利质量的关系间起中介作用。

第 9 章 研究结论与未来展望

9.1 研究结论

　　我国的专利申请量逐年攀升，数量位居世界前列，部分技术已达到国际领先水平，但是在信息通信、生命健康、高端制造等关键领域，相关技术并不像专利申请量那样具有绝对的领先优势。"大而不强，多而不优，专利结构不合理"是我国专利水平的现状以及技术发展的主要矛盾。为了改善这一问题，促进企业专利质量提升，本书聚焦于专利政策和研发行为对企业专利质量的影响机理。通过理论阐述和文献分析，提炼现有研究的不足和尚未解决的主要问题，并在相关理论基础上，基于 SCP 理论框架提出"专利政策—研发行为—企业专利质量"的分析路径，进而运用 SOR 理论中的"刺激—机体—反应"框架解释宏观的专利政策是如何作用于微观的企业研发行为的。在研究主体部分，基于不同的文本分析方法对企业专利质量和专利政策进行测度研究，运用不同的回归分析方法探究专利政策、研发行为对企业专利质量的影响机理，并据此提出提升企业专利质量的对策建议。本书的主要研究结论有以下四点。

　　第一，基于"合成引文"构建专利质量测度模型，发现我国上市公司的发明专利质量呈右偏的正态分布。从上市公司所在省份来看，大部分地区的企业平均专利质量低于整体平均值。

　　本书运用文本分析方法提出"合成引文"概念，并在此基础上从专利的新颖性和影响力两个维度构建专利质量的测度模型。运用美国的专利数据，将"合成引文"与真实引文数据进行对比后发现，通过选取合理的合成阈值，能够降低计算规模，并找到 90% 以上被引用过的专利。通常真实引文需要经过一定的时间滞后期才能获取到足够的数据，时效性较低，并且由于引文是由申请人、撰写人或审查员等人为添加，存在主观性和引用不全的问题；而"合成引文"是基于文本相似度，客观性和时效性更强，并且能够识别大量技术相关但是未被加入真实引文的专利。因此，合成引文方法可以有效改善真实引文数据存在的问题。运用构建的测度模型对我国上市公司的专利质量进行测量后发现，从整体上看，我国上市公司的发明专利质量呈正态分布，图形峰度陡峭（第四章图 4.5），说明专利之间的质量差异较大，且高质量的专利数量远少于质量较低的专利。从上市公司所在省市的企业专利质量分布来看，除北京、广东和浙江的平均企业专利质量大于样本均值外，其余地区企业的平均专利质量均低于样本均值，说明我国现阶段企业专利质量发展不均衡，且低质量专利较多。

第二，基于改进的 LDA 模型对我国各省市的专利政策进行维度划分及强度衡量，发现虽然不同省市的专利政策强度存在较大差异，但大多数省市的专利政策结构呈现以创造类、管理类和服务类为主的三角形结构，运用类和保护类相对薄弱。

本书基于 LDA 模型对各省市的专利政策文本进行主题分析，根据专利政策所属不同主题的概率划分政策类型并计算政策强度。此外，在困惑度指数的基础上，结合隔离度、稳定度以及本书构建的重合度指数，提出一种 LDA 模型最优主题数判定方法，克服了传统评价方法主观性强、标准不统一的问题，提高了政策强度计算的准确性。本书对各省市 9 286 个专利政策文本进行分析，最终得到 54 个主题，并根据主题内容将这些主题分别划分到专利创造类、运用类、保护类、管理类和服务类政策中。从分类后的结果发现，我国专利政策大致可以分为起步期（1980—1999 年）、增长期（2000—2008 年）和波动期

（2009—2018年）三个阶段。尽管大部分省市的政策强度从第一阶段到第三阶段得到飞速提升，但各个省市专利政策强度差距依旧明显，且大多呈现以创造类、管理类和服务类政策为主的三角形结构，运用类和保护类政策相对薄弱。这表明专利政策在对企业进行以市场为导向的技术研发和专利申请上的引导还不够完善，并且在专利保护上的强度不足，导致企业的技术成果难以得到有效保护，影响企业的研发积极性。

第三，基于双元理论分析研发行为与企业专利质量的关系，发现不同的研发行为对企业专利质量的影响机理不同且存在非线性关系，适度的研发行为强度和合理的研发行为组合才有利于企业专利质量的提升，反之会出现负面影响。

传统的研发行为双元性研究仅仅考虑探索式和开发式两种行为，并且在行为边界的划分上存在模糊不清以及衡量不准的问题。本书在双元理论的基础上，从技术边界对研发行为进行划分，将研发行为划分为研发领域层面的深度和广度，以及研发项目层面上的探索式和开发式行为，并构建模型进行计算。研究结果表明，作为企业创新的基础行为，开发式和探索式研发行为对于企业专利质量的影响都存在一个转折点，过度使用任何一种研发行为都会导致其负面效应的产生。在平衡开发和探索的程度时，偏向开发式研发行为有利于突出企业的自身技术优势，通过夯实知识基础提升企业的知识吸收能力和创新能力，并且提高企业探索有用知识的准确率和成功率。同时，开发式研发行为相较于探索式研发行为学习成本更低，成功率更高，能够使企业较快回收研发成本，投入下一轮的技术研发，形成良性的创新循环。企业的学习能力和资源是有限的，相比于在各个技术领域均投入资源进行研发，集中于某一个或有限的几个技术领域进行深度研发更有利于产出高质量的专利。探索—开发行为与研发领域的深度和广度并不是割裂的，企业在进行研发时应当根据自身所涉及技术领域的广度和深度的情况，适当调整每一个项目内的开发和探索式研发行为的比重，提升研发产出的质量。当涉及的技术领域较为集中时，可以适当通过探索式研发行为增加外部知识，防止企业陷入技术研发惯性。当企业涉及的技术领域较宽时，应当采取开发式研发行为夯实企业的知识基础，提升技术创新能力。

结合开发式和探索式研发行为在不同领域对企业专利质量的影响结果可以看出，电学领域的研发相较于其他领域对于开发式研发行为的需求远大于其他领域，但对探索式研发行为的需求相对较低，说明电学领域由于其技术的复杂程度较高，更要求企业在研发时对已有知识进行充分吸收、消化、再创造，沿着某一技术路线进行深度开发，减少不必要的外部知识探索，从而更有利于企业专利质量的提升。从研发领域深度和广度来说，物理和电学领域不但更需要企业进行专一领域的开拓，同时也需要企业进行跨领域的研发。其原因是物理和电学领域的技术复杂程度较高，且物理和电学是其他许多领域的基础技术，如果能够将基础技术与多个领域的技术融合，就有可能产生更大的创新。因此，相对其他领域的企业，物理和电学领域对企业的资金和能力要求更高。对于传输作业领域来说，虽然其研发领域深度对企业专利质量的作用不显著，但也需要防范研发领域广度过宽造成负面影响。对于纺织和造纸行业来说，由于属于传统的成熟行业，针对该领域继续深挖已较难产出新的技术，从而使其研发领域深度对企业专利质量产生负向影响。对于固定建筑物和机械工程、照明、武器和爆破领域，企业进行专一领域的研发更能产出高质量的专利。

第四，基于 SCP-SOR 框架构建"专利政策—研发行为—企业专利质量"的分析路径，发现各类专利政策对企业专利质量存在非线性影响，并且其影响是通过研发行为传递。有效的专利政策能够激发企业研发动力并提升企业专利质量，过度的政策激励将导致研发行为扭曲，企业专利质量下降。

专利创造类政策的过度刺激会导致企业产生寻租行为，并不能激发创新主体内在的创新自觉性。以政府补贴为依赖的被动式创新，甚至会将创新主体的研发行为扭曲为策略性研发行为。同样，专利运用类政策对研发行为的作用也存在非线性效应。专利技术转化为产品必须考虑产业差异、研发过程和生产过程中的复杂要求。但是在样本的时间范围内，专利运用类政策大多没有考虑产业差异和技术差异，而是采取统一的数量评价方式。专利运用类政策刺激过强会扭曲企业的内在研发动力，企业进而采取简单快速的策略性研发行为，导致企业专利质量的下降。专利的运用要与市场需求紧密对接，单纯以专利转化和市场运用的比率作为政策激励的标准忽视了技术发展的基本路径，难以充分激发企业的创新积极性。

专利保护类政策通过对企业的创新成果进行保护，降低企业的技术外溢风险，使企业通过创新获取技术和市场地位成为可能。值得注意的是，20世纪80年代以来，美国的知识产权制度采用的是一种强保护形式，但对于专利权益的保护范围缺乏足够清晰、有效的定义，导致大量的诉讼纠纷产生，影响了发明者的创新动力。由于我国专利保护尚未达到强保护的程度，因此，现阶段专利保护类政策强度的提升依然能够为企业创新和专利质量提高带来明显的促进作用。但在未来专利保护政策的制定上，也应该注意其可能产生的负面效应，避免使专利保护政策沦为企业排他竞争的工具。

专利服务类政策的初衷是为企业的创新提供各种便利和服务，营造良好的创新环境，为企业消除一些市场和技术信息不对称导致的负面影响。但是从研究结果来看，专利服务类政策促进了发明专利数量的提升，但是对专利质量产生了一些负面影响。其原因在于：一方面，现行的技术成果评价方式不完备。虽然一些技术成果评价方式逐渐转为以质量代替数量，但是如何评价质量的高低，现有的方式过于简单，大多数认为发明专利质量大于实用新型的质量，且仅仅以发明专利的数量作为质量的表征。在这样的评价方式下，许多服务型机构也以提升企业的发明专利数量作为目标，导致出现发明专利数量显著上升但是质量显著下降的状况。另一方面，现行的专利服务类政策对知识产权宣传教育不充分，导致社会各界知识产权保护意识不足，影响企业对专利制度的信任感。因此，各地区在制定专利政策时应该按照产业发展和市场的规律，通过合理运用专利政策组合，弥补系统失灵的缺陷，解决产业发展过程中的信息不对称问题，为研发前端的基础设施建设、中期的研发活力激活、后期的市场化促进提供合理有效的政策保障。

  对于中国这样一个处于转型背景的发展中国家而言，专利创造类和运用类政策的激励作用可以弥补我国知识产权保护制度的不足。但是实证研究发现，专利创造类和运用类政策的过度激励会导致企业研发动机扭曲，这是由专利管理类政策的方向和引导造成的。专利创造类和运用类政策通过外部刺激间接促进企业的创新动能，而专利管理类政策则希望通过激发创新主体的内在创新动力使企业自觉将创新作为一种习惯和内在需求，促进企业提升知识产权综合能力，使企业具备合理规划技术战略和研发路径的能力。有效的专利管理类政策，能够强化全社会的专利管理意识，推动各类专利管理主体的专利创造能力、运用效率、保护水平和服务能力的全面提升。在样本的时间段内分析发现，各地区的专利管理类政策强度较大，但是由于管理方式和引导模式的不足，一方面企业的研发行为出现追求效率而忽视质量的问题，另一方面还会影响以专利管理政策为纲领的其他类专利政策的制定和导向。因此，各地区应当进一步完善管理制度和评价方式，使专利管理类政策能够有效发挥管理和引导作用，抑制专利创造类和运用类政策的负面效应，提升保护类政策的保障力度，发挥服务类政策的服务作用，进而通过合理的专利政策结构充分激活企业的内部创新动能，提升企业的创新质量。

  此外，研发行为在不同技术领域下对企业专利质量的影响存在一定差异，但是我国专利政策的制定大多未对技术领域进行区分。对于基础技术领域如物理和化学，以及与我国被"卡脖子"的电子芯片相关的电学领域，其技术研发难度和研发投入较大，企业在这些领域进行研发存在较大的风险。因此，专利政策的制定还需对不同的技术领域进行区分，尤其在基础技术和技术密集型领域，更需要制定合理的专利政策激发企业的内在研发动力。

9.2 完善专利政策、优化研发行为、提升企业专利质量的对策建议

（1）统筹规划，加强研发合作，促进区域间知识流动。

第一，加强专利研发布局，制定合理的研发规划。合理的规划是成功的开始，企业在进行研发活动前，首先应当根据自身的技术能力、目标市场和竞争对手进行专利研发布局，并据此制定相应的研发规划，以避免资源的错误分配影响专利的质量。因此，可以利用技术情报分析达到这一目的。通过技术情报分析，企业可以更清楚地了解自身的知识基础、竞争对手的技术实力以及当前的市场热点，进而有的放矢地进行专利研发布局，充分发挥自身技术优势，有计划、有目的地进行研发，并根据技术情报分析的相关信息，对材料的使用、人员的调动、项目的划分等进行更加合理的安排，为高质量专利的产出创造条件。

第二，加强区域间研发合作，促进知识跨界流动。当今社会，科学技术的发展逐渐趋于多元化，跨领域知识的融合有助于提高专利的新颖性，产生高质量的专利。因此，企业不能故步自封，应加强内部与外部的知识流动，通过知识的碰撞产生新的火花，避免路径依赖。通过建设共享服务平台，降低知识转移成本等促进区域间研发合作，加快创新知识的流动，培养高技术人才，缩小不同区域间技术水平的差距，进而全面提升我国的专利质量水平。

（2）政策引领，加强政策协同，优化专利政策结构。

第一，深化"放管服"改革，激发企业自主研发的积极性。首先，不断调整和完善专利申请资助政策，纠正片面追求专利数量的倾向，避免企业为获得政府补贴而大量申请质量低下的专利。其次，完善和加强专利转化、许可等运用类政策的建设和支持。通过培育良好的市场环境引导企业开展高质量的研

发活动，激发企业自主创新的积极性，突破技术瓶颈，产出高质量的成果。最后，增设并优化对授权专利的异议程序，鼓励全社会对专利质量进行监督，撤销不符合标准的专利权，减少低质量专利。

第二，加大保护力度，提升企业开展研发的安全感。首先，构建多元化纠纷解决机制，综合运用审查授权、行政执法、司法保护、仲裁调解等多种渠道帮助企业解决专利纠纷。其次，加大对侵犯知识产权行为的惩处力度，加强知识产权诚信体系建设，推动统一的执法标准和程序。最后，加大涉外知识产权保护的协调力度，完善海外知识产权信息服务平台，并对不同国家、不同规模、不同性质的企业施以同等保护力度。通过以知识产权保护为保障，增强企业创新及投资的安全感。

（3）交叉融合，优化研发行为组合，合理配置企业资源。

第一，夯实知识基础，探索吸收先进技术。每个企业都有自己的技术特长和偏好的技术领域，充分夯实自身的知识基础，有助于企业在巩固自身技术优势的前提下，增强对新知识的吸收和创新能力。如果企业只是一味地追求探索新知识，没有将新知识融会贯通、消化吸收，就无法产出高质量的创新成果且浪费企业宝贵的资源。因此，企业应当在适度探索的基础上强化开发行为，将探索的新知识进行深度研发，使其转化为自身的知识基础，增强企业的核心技术实力，进而提高专利的新颖性和普适性，提升专利的影响力，实现专利质量的提升。

第二，加强企业内部管控，保障资源的有效使用。只有发挥资源的有效作用，才能为专利质量提供保障。因此，在研发计划制订完成后，需要进行有效的内部管控及人力、物力的合理分配，以期达到"物尽其用、人尽其才"的目的。而为加强内部管控，企业应培养专业的管理人员，从整体上把控创新活动的全过程，对创新活动的每一个环节进行监督、指导，及时有效地进行不同研发小组之间的信息沟通与情报共享，定期进行创新风险和成本的评估，为研发活动的方向和进度提供建议，确保资源的有效使用，帮助企业更准确地把握专利产出的质量。

（4）质量优先，优化政策理念和定位，重视政策实施过程的监管。

第一，改变评价标准，引导质量优先。首先，加快构建结构合理、层次明晰、科学完备的专利政策体系。按照"质量为主"的要求，突出专利奖励政策的质量导向，充分发挥专利奖励政策对专利质量的激励引导作用。其次，根据不同区域和不同领域的差异性特征，有针对性地制定专利政策，提高政策的专用性与适用性，满足创新主体对政策的多元需求。最后，完善专利质量的评价标准，不再仅以数量指标作为企业资质评定、报奖等工作的考核依据，可以将发明专利占比、发明专利授权率、权利要求数量等指标纳入考量，鼓励企业研发高质量的专利。

第二，动态跟踪监管，保障政策实施。首先，建立健全完善的监管机制，实现动态跟踪监管，避免出现盲目的专利资助奖励、不合理的专利数量指标、不规范的专利代理活动等问题。其次，加强各政府部门间的沟通和协调，确保政策落到实处，发挥其应有的作用。对于弄虚作假套取专利资助和奖励资金的申请人给予严肃处罚。此外，要进一步规范专利代理服务市场秩序，避免不良服务机构与企业合谋，以次充好，扰乱市场环境。

9.3　研究局限与未来展望

尽管本书试图通过较为系统、全面的方式研究专利政策、研发行为以及企业专利质量三者之间的关系，但是研究依然存在以下不足：第一，本书仅选取发明专利作为研究样本，其原因有二：一是由于计算机运算能力的局限；二是本书运用美国发明专利作为合成引文的验证，而美国并没有实用新型专利，因此对于实用新型专利是否可以使用合成引文模型还有待考证。虽然大多数研究都证实我国发明专利的质量普遍优于实用新型专利的质量，但是实用新型专利更侧重于市场运用，其对我国技术发展的贡献也是不可忽视的，因此在后续的研究中可以将实用新型专利的质量纳入考量范围，构建适用于实用新型专利质量测度的模型。第二，在使用 LDA 模型对政策进行分析时，采用的是无语序的分词方式，会在一定程度上造成文档主题判定的误差。因此，后续还可以对 LDA 模型进行改进和优化，提升文本主题判断的精确度。第三，根据创新系统理论，系统中的企业、高校、科研院所等的产学研合作行为以及市场因素也是影响其创新产出的重要方面。由于研究时间和数据的局限，本书并未对非企业独立完成专利进行区分，对于市场因素的影响也未进行深入的分析。因此，后续研究还可以关注创新系统内的合作行为以及市场因素对专利质量的影响。第四，本书的研究对象是上市公司，未来还可以针对不同类型、不同产业的企业或高校进行深入研究。第五，本书仅分析了每一类专利政策各自的影响，未来还可以对各类专利政策间的协同作用进行分析。

参考文献

[1] 宋河发，沙开清，刘峰．创新驱动发展与知识产权强国建设的知识产权政策体系研究 [J]．知识产权，2016（2）：93-98．

[2] 毛昊．试论我国专利政策：特征，问题与改革构想 [J]．科技与法律，2016（1）：154-170．

[3] 吴汉东．利弊之间：知识产权制度的政策科学分析 [J]．法商研究，2006（5）：6-15．

[4] 曾铁山，袁晓东．专利政策的结构效应及其政策含义研究 [J]．科学学研究，2014，32（11）：1646-1651．

[5] 邢瑞淼，闫文军，张亚峰．中国专利政策的演进研究 [J]．科学学研究，2021，39（2）：264-273，294．

[6] EGGERS J, KAUL A. Motivation and ability? A behavioral perspective on the pursuit of radical invention in multi-technology incumbents [J]. Academy of Management Journal，2018, 61（1）：67-93.

[7] ARRFELT M, WISEMAN R M, HULT G T M. Looking backward instead of forward：Aspiration-driven influences on the efficiency of the capital allocation process [J]. Academy of Management Journal，2013, 56（4）：1081-1103.

[8] ADLER P S, BENNER M, BRUNNER D J, et al. Perspectives on the productivity dilemma [J]. Journal of Operations Management，2009, 27（2）：99-113.

[9] 杨冠灿，刘彤，李纲，等．基于综合引用网络的专利价值评价研究 [J]．情报学报，2013，32（12）：1265-1277．

[10] BESSEN J. The value of US patents by owner and patent characteristics [J]. Research Policy，2008, 37（5）：932-945.

[11] 万小丽, 朱雪忠. 专利价值的评估指标体系及模糊综合评价 [J]. 科研管理, 2008, 29(2): 185-191.

[12] FLEMING L, MINGO S, CHEN D. Collaborative brokerage, generative creativity, and creative success [J]. Administrative Science Quarterly, 2007, 52 (3): 443-475.

[13] VERHOEVEN D, BAKKER J, VEUGELERS R. Measuring technological novelty with patent-based indicators [J]. Research Policy, 2016, 45 (3): 707-723.

[14] BAKKER J. The log-linear relation between patent citations and patent value [J]. Scientometrics, 2017, 110 (2): 879-892.

[15] KELLY B, PAPANIKOLAOU D, SERU A, et al. Measuring technological innovation over the long run [J]. American Economic Review-Insights, 2021, 3 (3): 303-320.

[16] SHERWOOD R M. Intellectual property systems and investment stimulation: The rating of systems in eighteen developing countries [J]. Idea, 1996, 37: 261.

[17] 甘静娴, 戚涌, 田琛. 企业跨国技术合作中的知识交流冲突、领地行为与知识产权能力 [J]. 管理科学, 2020, 33 (1): 54-74.

[18] MANSFIELD E. Intellectual property protection, direct investment, and technology transfer: Germany, Japan, and the United States [M]. Washington, DC: The World Bank and International Finance Corporation, 1995.

[19] 庄子银, 贾红静, 李汛. 知识产权保护对企业创新的影响研究——基于企业异质性视角 [J]. 南开管理评论, 2021, 9: 1-22.

[20] 吴超鹏, 唐菂. 知识产权保护执法力度、技术创新与企业绩效——来自中国上市公司的证据 [J]. 经济研究, 2016, 51 (11): 125-139.

[21] KIM Y K, LEE K, PARK W G, et al. Appropriate intellectual property protection and economic growth in countries at different levels of development [J]. Research Policy, 2012, 41 (2): 358-375.

[22] PARK W G, GINARTE J C. Intellectual property rights and economic growth [J]. Contemporary Economic Policy, 2010, 15 (3): 51-61.

[23] KONDO E K. The effect of patent protection on foreign direct investment [J]. Journal of World Trade, 1995, 29 (6): 97-122.

[24] LESSER W. The effects of intellectual property rights on foreign direct investment and imports into developing countries in the post TRIPs era [J]. IP Strategy Today, 2002, 5（1）: 1-16.

[25] XU L. Quantitative evaluation for the level of intellectual property protection in China [J]. Open Journal of Social Sciences, 2017, 5（4）: 120-129.

[26] 黄鲁成, 王小丽, 吴菲菲, 等. 国外创新政策研究现状与趋势分析 [J]. 科学学研究, 2018, 36（7）: 1284-1293.

[27] 梁继文, 杨建林, 王伟. 政策对科研选题的影响——基于政策文本量化方法的研究 [J]. 现代情报, 2021, 41（8）: 109-118.

[28] 毛太田, 张静婕, 彭丽徽, 等. 基于LDA与关联规则的政府信息资源主动推送服务模式构建研究 [J]. 情报科学, 2021, 39（3）: 60-66.

[29] 关鹏, 王日芬. 科技情报分析中LDA主题模型最优主题数确定方法研究 [J]. 现代图书情报技术, 2016, 32（9）: 42-50.

[30] LEVINTHAL D A, MARCH J G. The myopia of learning [J]. Strategic Management Journal, 1993, 14（S2）: 95-112.

[31] 李柏洲, 曾经纬. 知识惯性对企业双元创新的影响 [J]. 科学学研究, 2019, 37（4）: 750-759.

[32] 芮正云, 罗瑾琏, 甘静娴. 新创企业创新困境突破: 外部搜寻双元性及其与企业知识基础的匹配 [J]. 南开管理评论, 2017, 20（5）: 155-164.

[33] 刘凤朝, 张淑慧, 马荣康. 利用性创新对探索性创新的作用分析——技术景观复杂性的调节作用 [J]. 管理评论, 2020, 32（9）: 97-106, 167.

[34] 白景坤, 王健. 如何有效克服组织惰性?——基于双元学习的案例研究 [J]. 研究与发展管理, 2016, 28（4）: 61-71.

[35] 贾慧英, 王宗军, 曹祖毅. 探索还是利用?探索与利用的知识结构与演进 [J]. 科研管理, 2019, 40（8）: 113-125.

[36] HE Z L, WONG P K. Exploration vs. exploitation: An empirical test of the ambidexterity hypothesis [J]. Organization Science, 2004, 15（4）: 481-494.

[37] WANG P, VAN DE VRANDE V, JANSEN J J P. Lalancing exploration and exploitation in inventions: Quality of inventions and team composition [J]. Research Policy, 2017, 46

(10): 1836-1850.

[38] VERMEULEN F, BARKEMA H. Learning through acquisitions [J]. Academy of Management Journal, 2001, 44 (3): 457-476.

[39] LI Y, VANHAVERBEKE W, SCHOENMAKERS W. Exploration and exploitation in innovation: Reframing the interpretation [J]. Creativity and Innovation Management, 2008, 17 (2): 107-126.

[40] EBBEN J J, JOHNSON A C. Efficiency, flexibility, or both? Evidence linking strategy to performance in small firms [J]. Strategic Management Journal, 2005, 26 (13): 1249-1259.

[41] LI D, LIN J, CUI W, et al. The trade-off between knowledge exploration and exploitation in technological innovation [J]. Journal of Knowledge Management, 2018, 22 (4): 781-801.

[42] SMITH W K, TUSHMAN M L. Managing strategic contradictions: A top management model for managing innovation streams [J]. Organization Science, 2005, 16 (5): 522-536.

[43] JANSEN J J, TEMPELAAR M P, VAN DEN BOSCH F A, et al. Structural differentiation and ambidexterity: The mediating role of integration mechanisms [J]. Organization Science, 2009, 20 (4): 797-811.

[44] RAISCH S, BIRKINSHAW J. Organizational ambidexterity: Antecedents, outcomes, and moderators [J]. Journal of Management, 2008, 34 (3): 375-409.

[45] JANSEN J J, KOSTOPOULOS K C, MIHALACHE O R, et al. A socio-psychological perspective on team ambidexterity: The contingency role of supportive leadership behaviours [J]. Journal of Management Studies, 2016, 53 (6): 939-965.

[46] HIGHAM K W, RASSENFOSSE G D, JAFFE A B. Patent quality: Towards a systematic framework for analysis and measurement [J]. Research Policy, 2020, 50 (4): 1-26.

[47] SHANE S. Technological opportunities and new firm creation [J]. Management Science, 2001, 47 (2): 205-220.

[48] FISCHER T, LEIDINGER J. Testing patent value indicators on directly observed patent value—An empirical analysis of Ocean Tomo patent auctions [J]. Research Policy, 2014, 43 (3): 519-529.

[49] TRAJTENBERG M, HENDERSON R, JAFFE A. University versus corporate patents: A window on the basicness of invention [J/OL]. [2024-12-02]. Economics of Innovation and New Technology, 1997, 5（1）: 19-50. https://www.tandfonline.com/doi/abs/10.1080/10438599700000006.

[50] HARHOFF D, SCHERER F M, VOPEL K. Citations, family size, opposition and the value of patent rights [J]. Research policy, 2003, 32（8）: 1343-1363.

[51] LANJOUW J O, SCHANKERMAN M. Patent quality and research productivity: Measuring innovation with multiple indicators [J]. Economic Journal, 2004, 114（495）: 441-465.

[52] BONACCORSI A, THOMA G. Institutional complementarity and inventive performance in nano science and technology [J]. Research Policy, 2007, 36（6）: 813-831.

[53] PETRUZZELLI A M, ROTOLO D, ALBINO V. Determinants of patent citations in biotechnology: An analysis of patent influence across the industrial and organizational boundaries [J]. Technological Forecasting and Social Change, 2015, 91: 208-221.

[54] FUNK R J, OWEN-SMITH J. A dynamic network measure of technological change [J]. Management Science, 2017, 63（3）: 791-817.

[55] 王学昭, 赵亚娟, 张静. 专利法律状态信息组合分析研究 [J]. 图书情报工作, 2013, 57（2）: 81-84.

[56] VAN ZEEBROECK N. The puzzle of patent value indicators [J]. Economics of Innovation and New Technology, 2011, 20（1）: 33-62.

[57] THOMA G. Composite value index of patent indicators: Factor analysis combining bibliographic and survey datasets [J]. World Patent Information, 2014, 38: 19-26.

[58] HSIEH C-H. Patent value assessment and commercialization strategy [J]. Technological Forecasting and Social Change, 2013, 80（2）: 307-319.

[59] 张杰, 孙超, 翟东升, 等. 基于诉讼专利的专利质量评价方法研究 [J]. 科研管理, 2018, 39（5）: 138-146.

[60] 乔永忠, 孙燕. 外国优先权对专利维持时间影响实证研究——基于美国、德国、日本、韩国和中国授权专利数据的比较 [J]. 情报杂志, 2017, 36（11）: 161-167.

[61] TRAPPEY A J, TRAPPEY C V, WU C, et al. A patent quality analysis for innovative technology and product development [J]. Advanced Engineering Informatics, 2012, 26（1）: 26-34.

[62] CAVIGGIOLI F, SCELLATO G, UGHETTO E. International patent disputes: Evidence from oppositions at the European Patent Office [J]. Research Policy, 2013, 42（9）: 1634-1646.

[63] 乔永忠, 肖冰. 基于权利要求数的专利维持时间影响因素研究 [J]. 科学学研究, 2016, 34（5）: 678-683.

[64] REITZIG M. Improving patent valuations for management purposes—Validating new indicators by analyzing application rationales [J]. Research Policy, 2004, 33（6-7）: 939-957.

[65] HIKKEROVA L, KAMMOUN N, LANTZ J S. Patent life cycle: New evidence [J]. Technological Forecasting and Social Change, 2014, 88: 313-324.

[66] JOU J B. R&D investment and patent renewal decisions [J]. The Quarterly Review of Economics and Finance, 2018, 69（8）: 144-154.

[67] ERNST H, OMLAND N. The patent asset index—A new approach to benchmark patent portfolios [J]. World Patent Information, 2011, 33（1）: 34-41.

[68] GRIMALDI M, CRICELLI L, DI GIOVANNI M, et al. The patent portfolio value analysis: A new framework to leverage patent information for strategic technology planning [J]. Technological Forecasting and Social Change, 2015, 94: 286-302.

[69] SAPSALIS E, POTTELSBERGHE B. The institutional sources of knowledge and the value of academic patents [J/OL]. Economics of Innovation and New Technology, 2007, 16（2）: 139-157. https://www.tandfonline.com/doi/abs/10.1080/10438590600982939.

[70] GAMBARDELLA A, GIURI P, LUZZI A. The market for patents in Europe [J]. Research policy, 2007, 36（8）: 1163-1183.

[71] 万小丽, 冯柄豪, 张亚宏, 等. 英国专利开放许可制度实施效果的验证与启示——基于专利数量和质量的分析 [J]. 图书情报工作, 2020, 64（23）: 86-95.

[72] BLIND K, CREMERS K, MUELLER E. The influence of strategic patenting on

companies' patent portfolios [J]. Research Policy, 2009, 38（2）: 428-436.

[73] ZHANG S, YUAN C C, CHANG K C, et al. Exploring the nonlinear effects of patent H index, patent citations, and essential technological strength on corporate performance by using artificial neural network [J]. Journal of Informetrics, 2012, 6（4）: 485-495.

[74] CHEN Y S, CHANG K C. The relationship between a firm's patent quality and its market value—The case of US pharmaceutical industry [J]. Technological Forecasting and Social Change, 2010, 77（1）: 20-33.

[75] 宋艳, 常菊, 陈琳. 专利质量对企业绩效的影响研究——技术创新类型的调节作用 [J]. 科学学研究, 2021, 39（8）: 1459-1466.

[76] LANJOUW J O, PAKES A, PUTNAM J. How to count patents and value intellectual property: The uses of patent renewal and application data [J]. The journal of Industrial Economics, 1998, 46（4）: 405-432.

[77] REITZIG M. What determines patent value? Insights from the semiconductor industry [J]. Research policy, 2003, 32（1）: 13-26.

[78] ERNST H, LEGLER S, LICHTENTHALER U. Determinants of patent value: Insights from a simulation analysis [J]. Technological Forecasting and Social Change, 2010, 77（1）: 1-19.

[79] JAFFE A B, LERNER J. Reinventing public R&D: Patent policy and the commercialization of national laboratory technologies [J]. RAND Journal of Economics, 2001, 32（1）: 167-198.

[80] 刘兰剑, 张萌, 黄天航. 政府补贴、税收优惠对专利质量的影响及其门槛效应——基于新能源汽车产业上市公司的实证分析 [J]. 科研管理, 2021, 42（6）: 9-16.

[81] BRONZINI R, PISELLI P. The impact of R&D subsidies on firm innovation [J]. Research Policy, 2016, 45（2）: 442-457.

[82] GOOLSBEE A. Does government R&D policy mainly benefit scientists and engineers? [J]. American Economic Review, 1998, 88（2）: 298-302.

[83] LIN J, WU H M, WU H. Could government lead the way? Evaluation of China's patent subsidy policy on patent quality [J]. China Economic Review, 2021, 69: 101663.

[84] 龙小宁，王俊. 中国专利激增的动因及其质量效应 [J]. 世界经济，2015（6）：115-142.

[85] CHEUNG K Y, LIN P. Spillover effects of FDI on innovation in China: Evidence from the provincial data [J]. China Economic Review, 2004, 15（1）: 25-44.

[86] BESSEN J, MEURER M J. Patent failure: How judges, bureaucrats, and lawyers put innovators at risk [M]. Princeton: Princeton University Press, 2008.

[87] JAFFE A B, LERNER J. Innovation and its discontents [M]. Princeton: Princeton University Press, 2007.

[88] 李黎明，陈明媛. 专利密集型产业，专利制度与经济增长 [J]. 中国软科学，2017（4）：152-168.

[89] 林洲钰，邓兴华，林泉. 公共发展环境对于企业专利产出的影响研究——基于政府治理视角的实证分析 [J]. 科学学研究，2016，34（8）：1187-1194.

[90] 刘志春，陈向东. 科技园区创新生态系统与创新效率关系研究 [J]. 科研管理，2015，36（2）：26-31.

[91] SIMSEK Z, HEAVEY C, VEIGA J F, et al. A typology for aligning organizational ambidexterity's conceptualizations, antecedents, and outcomes [J]. Journal of Management Studies, 2009, 46（5）: 864-894.

[92] 岑杰，陈力田. 二元创新节奏、内部协时与企业绩效 [J]. 管理评论，2019，31（1）：101-112，146.

[93] KANG J, KIM S. Performance implications of incremental transition and discontinuous jump between exploration and exploitation [J]. Strategic Management Journal, 2020, 41（6）: 1083-1111.

[94] CHEN Y, LIU H, CHEN M. Achieving novelty and efficiency in business model design: Striking a balance between IT exploration and exploitation [J]. Information & Management, 2020, 59（3）: 103268.

[95] HAN M, CELLY N. Strategic ambidexterity and performance in international new ventures [J]. Canadian Journal of Administrative Sciences, 2008, 25（4）: 335-349.

[96] GIBSON C B, BIRKINSHAW J. The antecedents, consequences, and mediating role of organizational ambidexterity [J]. Academy of Management Journal, 2004, 47（2）: 209-226.

[97] LAVIE D, ROSENKOPF L. Balancing exploration and exploitation in alliance formation [J]. Academy of Management Journal, 2006, 49（4）: 797-818.

[98] HOLMQVIST M. A dynamic model of intra-and interorganizational learning [J]. Organization Studies, 2003, 24（1）: 95-123.

[99] JANSEN J J, VAN DEN BOSCH F A, VOLBERDA H W. Exploratory innovation, exploitative innovation, and ambidexterity: The impact of environmental and organizational antecedents [J]. Schmalenbach Business Review, 2005, 57（4）: 351-363.

[100] 屠兴勇, 王泽英, 张琪, 等. 基于动态环境的网络能力与渐进式创新绩效: 知识资源获取的中介作用 [J]. 管理工程学报, 2019, 33（2）: 42-49.

[101] 刘小花, 高山行. 复杂制度环境中制度要素对企业突破式创新的影响机制 [J]. 科学学与科学技术管理, 2020, 41（11）: 117-131.

[102] 皮圣雷, 张显峰. 技术突变下在位企业如何用合作制衡替代进入者——漫友文化有限公司的嵌套式案例研究 [J]. 南开管理评论, 2021, 24（1）: 97-107, 130-132.

[103] 邬爱其, 刘一蕙, 宋迪. 跨境数字平台参与、国际化增值行为与企业国际竞争优势 [J]. 管理世界, 2021, 37（9）: 214-233.

[104] STRAUS J. Is there a global warming of patents? [J]. Journal of World Intellectual Property, 2008, 11（1）: 58-62.

[105] 李展儒, 莫婷婷. 专利质量的理论与实践发展: 基于文献的评述 [J]. 上海管理科学, 2019, 41（2）: 37-43.

[106] 康志勇. 政府补贴促进了企业专利质量提升吗？[J]. 科学学研究, 2018, 36（1）: 69-80.

[107] LI X. Behind the recent surge of Chinese patenting: An institutional view [J]. Research Policy, 2012, 41（1）: 236-249.

[108] ARCHONTOPOULOS E, GUELLEC D, STEVNSBORG N, et al. When small is beautiful: Measuring the evolution and consequences of the voluminosity of patent applications at the EPO - ScienceDirect [J]. Information Economics & Policy, 2007, 19（2）: 103-132.

[109] KIM B, KIM E, MILLER D J, et al. The impact of the timing of patents on innovation performance [J]. Research Policy, 2016, 45（4）: 914-928.

[110] 周璐, 朱雪忠. 基于专利质量控制的审查与无效制度协同机制研究 [J]. 科学学与科学技术管理, 2015, 36（4）: 115-123.

[111] 王金明. 企业规模对专利产出影响的实证分析——基于1998—2010年上市公司经验证据 [J]. 技术经济, 2015, 34（5）: 29-35.

[112] 戴志敏, 顾丽原, 诸竹君. 研发投入对企业绩效的影响研究——基于企业金融化水平门限回归 [J]. 管理工程学报, 2021, 35（2）: 36-43.

[113] EGGERS J, KAUL A. Motivation and ability? A behavioral perspective on the pursuit of radical invention in multi-technology incumbents [J]. Academy of Management Journal, 2018, 61（1）: 67-93.

[114] NEMET G F, JOHNSON E. Do important inventions benefit from knowledge originating in other technological domains? [J]. Research Policy, 2012, 41（1）: 190-200.

[115] KEIJL S, GILSING V, KNOBEN J, et al. The two faces of inventions: The relationship between recombination and impact in pharmaceutical biotechnology [J]. Research Policy, 2016, 45（5）: 1061-1074.

[116] ZHOU K Z, WU F. Technological capability, strategic flexibility, and product innovation [J]. Strategic Management Journal, 2010, 31（5）: 547-561.

[117] FREEMAN C. Technology policy and economic performance: Lessons from Japan [M]. London: Pinter Publishers Ltd, 1987.

[118] LUNDVALL B A. National systems of innovation: Toward a theory of innovation and interactive learning [M]. London: Anthem Press, 2010.

[119] NELSON R R. National innovation systems: A comparative analysis [M]. Oxford: Oxford University press, 1993.

[120] EDQUIST C. Systems of innovation: Technologies, institutions and organizations [M]. London: Routledge, 2012.

[121] 肖新军, 张治河, 易兰. 试论创新系统的客观性 [J]. 科研管理, 2021, 42（2）: 64-76.

[122] GAN J, QI Y, TIAN C. The construction and evolution of technological innovation ecosystem of Chinese firms: A case study of LCD technology of CEC panda [J]. Sustainability, 2019, 11（22）: 6373.

[123] COOKE P, URANGA M G, ETXEBARRIA G. Regional innovation systems: Institutional and organisational dimensions [J]. Research Policy, 1997, 26（4）: 475-497.

[124] 唐开翼, 欧阳娟, 甄杰, 等. 区域创新生态系统如何驱动创新绩效？——基于31个省市的模糊集定性比较分析 [J]. 科学学与科学技术管理, 2021, 42（7）: 53-72.

[125] 苏屹, 李忠婷. 区域创新系统主体合作强度对创新绩效的影响研究 [J]. 管理工程学报, 2021, 35（3）: 64-76.

[126] 赵林海. 基于系统失灵的科技创新政策制定流程研究 [J]. 科技进步与对策, 2013, 30(4): 112-116.

[127] NELSON R R. Recent evolutionary theorizing about economic change [J]. Journal of Economic Literature, 1995, 33（1）: 48-90.

[128] TEECE D J. Profiting from technological innovation: Implications for integration, collaboration, licensing and public policy [J]. Research Policy, 1986, 15（6）: 285-305.

[129] CHESBROUGH H, BIRKINSHAW J, TEUBAL M. Introduction to the research policy 20th anniversary special issue of the publication of "Profiting from Innovation" by David J. Teece [J]. Research Policy, 2006, 35（8）: 1091-1099.

[130] MOWERY D C. Sources of industrial leadership: Studies of seven industries [M]. Cambrideg: Cambridge University Press, 1999.

[131] SMITH K. Innovation as a systemic phenomenon: Rethinking the role of policy [J]. Enterprise and Innovation Management Studies, 2000, 1（1）: 73-102.

[132] 贾诗玥, 李晓峰. 超越市场失灵：产业政策理论前沿与中国启示 [J]. 南方经济, 2018（5）: 22-31.

[133] WOOLTHUIS R K, LANKHUIZEN M, GILSING V. A system failure framework for innovation policy design [J]. Technovation, 2005, 25（6）: 609-619.

[134] MAZZUCATO M. The entrepreneurial state: Debunking public vs. private sector myths [M]. London: Penguin, 2020.

[135] CULLEN D. Maslow, monkeys and motivation theory [J]. Organization, 1997, 4（3）: 355-373.

[136] BURT C. The two - factor theory [J]. British Journal of Statistical Psychology, 2011, 2（3）:

151-179.

[137] HARACKIEWICZ J M, BARRON K E, PINTRICH P R, et al. Revision of achievement goal theory: Necessary and illuminating [J]. Journal of educational psychology, 2002, 94 (3): 638-645.

[138] ALDERFER C P. Existence, relatedness, and growth: Human needs in organizational settings [J]. Contemporary Sociology, 1974, 3 (6): 511.

[139] SEASHORE S E, VROOM V. Methods of organizational research [J]. American Sociological Review, 1968, 33 (1): 133.

[140] LATHAM L. New directions in goal-setting theory [J]. Current Directions in Psychological Science, 2010, 15 (5): 265-268.

[141] ADAMS J S, FREEDMAN S. Equity theory revisited: Comments and annotated bibliography [J]. Advances in Experimental Social Psychology, 1976, 9: 43-90.

[142] LEWIN K. Field theory in social science [J]. American Catholic Sociological Review, 1951, 12 (2): 103.

[143] GHOSHAL S, BARTLETT C A. Linking organizational context and managerial action: The dimensions of quality of management [J]. Strategic Management Journal, 1994, 15 (S2): 91-112.

[144] CAO Q, GEDAJLOVIC E, ZHANG H. Unpacking organizational ambidexterity: Dimensions, contingencies, and synergistic effects [J]. Organization Science, 2009, 20 (4): 781-796.

[145] BENNER M J, TUSHMAN M. Process management and technological innovation: A longitudinal study of the photography and paint industries [J]. Administrative Science Quarterly, 2002, 47 (4): 676-707.

[146] LANT T K, MEZIAS S J. An organizational learning model of convergence and reorientation [J]. Organization Science, 1992, 3 (1): 47-71.

[147] ROMANELLI E, TUSHMAN M L. Organizational transformation as punctuated equilibrium: An empirical test [J]. Academy of Management Journal, 1994, 37 (5): 1141-1166.

[148] 董亮，方中秀．问题专利、发明高度与研发投资——一个专利质量内生化模型 [J]．科研管理，2019，40（4）：179-189．

[149] GB/T 19000—2000 质量管理体系基础和术语 [J]．世界标准信息，2001（4）：11-30．

[150] NORDHAUS W D. An economic theory of technological change [J]. American Economic Review，1969，59（2）：18-28．

[151] ABRAHAM B P，MOITRA S D. Innovation assessment through patent analysis [J]. Technovation，2001，21（4）：245-252．

[152] FLEMING L. Recombinant uncertainty in technological search [J]. Management Science，2001，47（1）：117-132．

[153] 徐明，陈亮．基于文献综述视角的专利质量理论研究 [J]．情报杂志，2018，37（12）：28-35．

[154] 宋河发，穆荣平，陈芳．专利质量及其测度方法与测度指标体系研究 [J]．科学学与科学技术管理，2010，31（4）：21-27．

[155] NARIN F. Patent bibliometrics [J]. Scientometrics，1994，30（1）：147-155．

[156] 文庭孝．专利信息计量研究综述 [J]．图书情报知识，2014（5）：72-80．

[157] 栾春娟．专利计量与专利战略 [M]．大连：大连理工大学出版社，2012．

[158] 李建蓉．专利文献与信息 [M]．北京：知识产权出版社，2002．

[159] KARKI M. Patent citation analysis：A policy analysis tool [J]. World Patent Information，1997，19（4）：269-272．

[160] NARIN F，OLIVASTRO D，STEVENS K A. A bibliometrics，theory，practice and problems [J]. Evaluation Review，1994，18（1）：65-76．

[161] BANERJEE P，GUPTA B M，GARG K C. Patent statistics as indicators of competition—An analysis of patenting in biotechnology [J]. Scientometrics，2000，47（1）：95-116．

[162] RAMANI S V，LOOZE M. Using patent statistics as knowledge base indicators in the biotechnology sectors：An application to France，Germany and the U. K [J]. Scientometrics，2002，54（3）：319-346．

[163] LÓPEZ-MUÑOZ F，ALAMO C，RUBIO G，et al. Bibliometric analysis of biomedical publications on SSRI during 1980-2000 [J]. Depression and Anxiety，2003，18（2）：95-103．

[164] MOED H F. Bibliometric indicators reflect publication and management strategies [J]. Scientometrics, 2000, 47（2）: 323-346.

[165] ARMANDO A, PLAZA L M. The transfer of knowledge from the Spanish public R&D system to the productive sectors in the field of Biotechnology [J]. Scientometrics, 2004, 59（1）: 3-14.

[166] GITTELMAN M, KOGUT B. Does good science lead to valuable knowledge? Biotechnology firms and the evolutionary logic of citation patterns [J]. Management Science, 2003, 49（4）: 366-382.

[167] MALO S, GEUNA A. Science-technology linkages in an emerging research platform: The case of combinatorial chemistry and biology [J]. Scientometrics, 2000, 47（2）: 303-321.

[168] MCMILLAN G S, HAMILTON R D. Using bibliometrics to measure firm knowledge: An analysis of the US pharmaceutical industry [J]. Technology Analysis and Strategic Management, 2000, 12（4）: 465-475.

[169] YOSHIKANE F, SUZUKI Y, TSUJI K. Analysis of the relationship between citation frequency of patents and diversity of their backward citations for Japanese patents [J]. Scientometrics, 2012, 92（3）: 721-733.

[170] ZHENG J, ZHAO Z Y, ZHANG X, et al. International scientific and technological collaboration of China from 2004 to 2008: A perspective from paper and patent analysis [J]. Scientometrics, 2012, 91（1）: 65-80.

[171] SCHUBERT T. Assessing the value of patent portfolios: An international country comparison [J]. Scientometrics, 2011, 88（3）: 787-804.

[172] VON PROFF S, DETTMANN A. Inventor collaboration over distance: A comparison of academic and corporate patents [J]. Scientometrics, 2013, 94（3）: 1217-1238.

[173] THOMAS P. A relationship between technology indicators and stock market performance [J]. Scientometrics, 2001, 51（1）: 319-333.

[174] HALL B H, MACGARVIE M. The private value of software patents [J]. Research Policy, 2010, 39（7）: 994-1009.

[175] CHEN Y S. Using patent analysis to explore corporate growth [J]. Scientometrics, 2011, 88

（2）：433-448.

[176] COAD A，RAO R. The firm-level employment effects of innovations in high-tech US manufacturing industries [J]. Journal of Evolutionary Economics，2011，21（2）：255-283.

[177] ARTS S，CASSIMAN B，GOMEZ J C. Text matching to measure patent similarity [J]. Strategic Management Journal，2018，39（1）：62-84.

[178] BAIN J S. Barriers to New Competition：Their character and consequences in manufacturing industries [M]. Cambridge：Harvard University Press，1956.

[179] 崔永梅，王孟卓. 基于SCP理论兼并重组治理产能过剩问题研究——来自工业行业面板数据实证研究 [J]. 经济问题，2016（10）：7-13.

[180] 胡元林，孙旭丹. 环境规制对企业绩效影响的实证研究——基于SCP分析框架 [J]. 科技进步与对策，2015，32（21）：108-113.

[181] CARLTON D W，PERLOFF J M，WESLEY A. Modern industrial organization [M]. Boston：Pearson/Addison Wesley，2005.

[182] 杨晨，孙旋. SCP视角下区域知识产权战略实施绩效探析 [J]. 科技进步与对策，2011，28（5）：40-44.

[183] RUSSELL B. Situational variables and consumer behavior [J]. Journal of Consumer Research，1975，2（3）：157-164.

[184] BUXBAUM O. Key insights into basic mechanisms of mental activity [M]. Cham，Switzerland：Springer International Publishing，2016.

[185] MENON S，KAHN B. Cross-category effects of induced arousal and pleasure on the Internet shopping experience [J]. Journal of Retailing，2002，78（1）：31-40.

[186] WANG J C，CHANG C H. How online social ties and product-related risks influence purchase intentions：A facebook experiment [J]. Electronic Commerce Research & Applications，2013，12（5）：337-346.

[187] PANTANO E，TIMMERMANS H. What is smart for retailing? [J]. Procedia Environmental Sciences，2014，22：101-107.

[188] 李创，叶露露，王丽萍. 新能源汽车消费促进政策对潜在消费者购买意愿的影响 [J]. 中国管理科学，2021，29（10）：151-164.

[189] 李晨光, 张永安. 区域创新政策对企业创新效率影响的实证研究 [J]. 科研管理, 2014, 35（9）：25-35.

[190] 邹龙, 张永安. 基于 SFA 的区域战略性新兴产业创新效率分析——以北京医药和信息技术产业为例 [J]. 科学学与科学技术管理, 2013（10）：95-102.

[191] 巩见刚, 董小英. 技术优势、环境竞争性与信息技术吸收——基于高层支持的中介作用检验 [J]. 科学学与科学技术管理, 2012（11）：12-18.

[192] AKGÜN A E, BYRNE J C, KESKIN H. Organizational intelligence：A structuration view [J]. Journal of Organizational Change Management, 2007, 20（3）：272-289.

[193] 梁阜, 李树文, 孙锐. SOR 视角下组织学习对组织创新绩效的影响 [J]. 管理科学, 2017, 30（3）：63-74.

[194] BLEI D M, NG A Y, JORDAN M I. Latent dirichlet allocation [J]. Journal of Machine Learning Research, 2003, 3（4-5）：993-1022.

[195] GREENE D, O'CALLAGHAN D, CUNNINGHAM P. How many topics? Stability analysis for topic models [R]. Machine Learning and Knowledge Discovery in Databases - European Conference, ECML PKDD '14, 2014：498-513.

[196] ZIRN C, STUCKENSCHMIDT H. Multidimensional topic analysis in political texts [J]. Data & Knowledge Engineering, 2014, 90：38-53.

[197] 李月. 突发公共卫生事件中公共政策主题演化研究——以国家中心城市官方微信为例 [J]. 情报杂志, 2020, 39（9）：143-149.

[198] 张涛, 马海群. 一种基于 LDA 主题模型的政策文本聚类方法研究 [J]. 数据分析与知识发现, 2018, 2（9）：59-65.

[199] ZOU H, HASTIE T. Regularization and variable selection via the elastic net [J]. Journal of the Royal Statistical Society Series B - Statistical Methodology, 2005, 67（2）：301-320.

[200] 谢黎, 邓勇, 张苏闽. 我国问题专利现状及其形成原因初探 [J]. 图书情报工作, 2012, 56（24）：102-107.

[201] 刘毕贝, 赵莉. 中国专利质量问题的制度反思与对策——基于专利扩张与限制视角 [J]. 科技进步与对策, 2014, 31（16）：123-127.

[202] ROMER P M. Endogenous technological change [J]. Journal of Political Economy, 1990,

98：71-102.

[203] GROSSMAN G M，HELPMAN E. Comparative advantage and long-run growth [J]. American Economic Review，1990，80：796-815.

[204] AGHION P，HOWITT P. A model of growth through creative destruction [J]. Econometrica，1992，60（2）：323-351.

[205] 林毅夫，张鹏飞. 适宜技术、技术选择和发展中国家的经济增长 [J]. 经济学（季刊），2006，5（4）：985-1006.

[206] 郎丽华，张连城. 现阶段粗放型贸易模式存在的必然性及其现实意义 [J]. 经济学动态，2012（12）：27-31.

[207] 张杰，高德步，夏胤磊. 专利能否促进中国经济增长——基于中国专利资助政策视角的一个解释 [J]. 中国工业经济，2016（1）：83-98.

[208] ESWARAN M，GALLINI N. Patent policy and the direction of technological change [J]. RAND Journal of Economics，27（4）：722-746.

[209] 王太平. 知识经济时代专利制度变革研究 [M]. 北京：法律出版社，2016.

[210] GITTELMAN M. A note on the value of patents as indicators of innovation：Implications for management research [J]. Academy of Management Perspectives，2008，22（3）：21-27.

[211] 汤艳莉，吴泉洲. 各国专利文献中的引用文献比较 [J]. 专利文献研究，2007（3）：4-18.

[212] LANGE T，ROTH V，BRAUN M L，et al. Stability-based validation of clustering solutions [J]. Neural Computation，2004，16（6）：1299-1323.

[213] HAGEN L. Content analysis of e-petitions with topic modeling：How to train and evaluate LDA models? [J]. Information Processing & Management，2018，54（6）：1292-1307.

[214] 黎文靖，郑曼妮. 实质性创新还是策略性创新？——宏观产业政策对微观企业创新的影响 [J]. 经济研究，2016，51（4）：60-73.

[215] 张杰. 中国专利增长之"谜"——来自地方政府政策激励视角的微观经验证据 [J]. 武汉大学学报（哲学社会科学版），2019，72（1）：85-103.

[216] DANG J，MOTOHASHI K. Patent statistics：A good indicator for innovation in China? Patent subsidy program impacts on patent quality [J]. China Economic Review，2015，35：137-155.

[217] 蔡绍洪，俞立平．创新数量，创新质量与企业效益——来自高技术产业的实证 [J]．中国软科学，2017（5）：30-37．

[218] 许治，何悦，王晗．政府 R&D 资助与企业 R&D 行为的影响因素——基于系统动力学研究 [J]．管理评论，2012，24（4）：67-75．

[219] 李苗苗，肖洪钧，傅吉新．财政政策，企业 R&D 投入与技术创新能力——基于战略性新兴产业上市公司的实证研究 [J]．管理评论，2014（8）：135-144．

[220] BESSEN J, MASKIN E. Sequential innovation, patents, and imitation [J]. The RAND Journal of Economics, 2009, 40（4）：611-635.

[221] 毛昊．专利运用引发的制度冲突及其化解途径 [J]．知识产权，2016（3）：105-110．

[222] 毛昊，刘澄，林瀚．基于调查的中国企业非实施专利申请动机实证研究 [J]．科研管理，2014，35（1）：73-81．

[223] FISCH C O, BLOCK J H, SANDNER P G, et al. Chinese university patents: quantity, quality, and the role of subsidy programs [J]. The Journal of Technology Transfer, 2016, 41: 60-84.

[224] 毛昊．我国专利实施和产业化的理论与政策研究 [J]．研究与发展管理，2015，27（4）：100-109．

[225] 万钢．加快推进科技成果向现实生产力转化 [J]．求是，2011（9）：18-21．

[226] HARHOFF D, VON GRAEVENITZ G, WAGNER S. Conflict resolution, public goods, and patent thickets [J]. Management Science, 2016, 62（3）：704-721.

[227] 龙小宁，易巍，林志帆．知识产权保护的价值有多大？——来自中国上市公司专利数据的经验证据 [J]．金融研究，2018（8）：120-136．

[228] CONTIGIANI A, HSU D H, BARANKAY I. Trade secrets and innovation: Evidence from the "inevitable disclosure" doctrine [J]. Strategic Management Journal, 2018, 39（11）：2921-2942.

[229] 王建华，卓雅玲．全球研发网络，结构化镶嵌与跨国公司知识产权保护策略 [J]．科学学研究，2016，34（7）：1017-1026．

[230] 李建民，南爱华，王在亮．完善科学基金知识产权管理的若干观念性问题 [J]．山东社会科学，2017（12）：135-140．

[231] 孙启新，李建清，程郁. 科技企业孵化器税收优惠政策对在孵企业技术创新的影响 [J]. 科技进步与对策，2020，37（4）：129-136.

[232] 李良成，高畅. 基于内容分析法的知识产权服务政策研究 [J]. 技术经济与管理研究，2014（3）：24-29.

[233] KATILA R, AHUJA G. Something old, something new: A longitudinal study of search behavior and new product introduction [J]. Academy of Management Journal, 2002, 45（6）: 1183-1194.

[234] BOH W F, EVARISTO R, OUDERKIRK A. Balancing breadth and depth of expertise for innovation: A 3M story [J]. Research Policy, 2014, 43（2）: 349-366.

[235] WANG H, LI J. Untangling the effects of overexploration and overexploitation on organizational performance: The moderating role of environmental dynamism [J]. Journal of Management, 2008, 34（5）: 925-951.

[236] MARCH J G. Exploration and exploitation in organizational learning [J]. Organization Science, 1991, 2（1）: 71-87.

[237] VOSS G B, VOSS Z G. Strategic ambidexterity in small and medium-sized enterprises: Implementing exploration and exploitation in product and market domains [J]. Organization Science, 2013, 24（5）: 1459-1477.

[238] LAVIE D, STETTNER U, TUSHMAN M L. Exploration and exploitation within and across organizations [J]. The Academy of Management Annals, 2010, 4（1）: 109-155.

[239] AUH S, MENGUC B. Balancing exploration and exploitation: The moderating role of competitive intensity [J]. Journal of Business Research, 2005, 58（12）: 1652-1661.

[240] SOSA M L. Application-specific R&D capabilities and the advantage of incumbents: Evidence from the anticancer drug market [J]. Management Science, 2009, 55（8）: 1409-1422.

[241] ZAHRA S A, GEORGE G. Absorptive capacity: A review, reconceptualization, and extension [J]. Academy of Management Review, 2002, 27（2）: 185-203.

[242] KAPLAN S, VAKILI K. The double-edged sword of recombination in breakthrough innovation [J]. Strategic Management Journal, 2015, 36（10）: 1435-1457.

[243] 朱平芳，徐伟民. 政府的科技激励政策对大中型工业企业 R&D 投入及其专利产出的影响 [J]. 经济研究，2003，6（5）：45-53.

[244] 陈强远，林思彤，张醒. 中国技术创新激励政策：激励了数量还是质量 [J]. 中国工业经济，2020（4）：79-96.

[245] DOSI G，MARENGO L，PASQUALI C. How much should society fuel the greed of innovators? On the relations between appropriability，opportunities and rates of innovation [J]. Research Policy，2006，35（8）：1110-1121.

[246] 杨国超，刘静，廉鹏，等. 减税激励、研发操纵与研发绩效 [J]. 经济研究，2017，52（8）：112-126.

[247] HE Z L，TONG T W，ZHANG Y，et al. Constructing a Chinese patent database of listed firms in China：Descriptions，lessons，and insights [J]. Journal Economics & Management Strategy，2018，27（3）：579-606.

[248] HALL B H，HARHOFF D. Recent research on the economics of patents [J]. Annual Review of Economics，2012，4（1）：541-565.

[249] SZÜCS F. Research subsidies，industry–university cooperation and innovation [J]. Research Policy，2018，47（7）：1256-1266.

[250] 余明桂，范蕊，钟慧洁. 中国产业政策与企业技术创新 [J]. 中国工业经济，2016（12）：5-22.

[251] 陈林，朱卫平. 出口退税和创新补贴政策效应研究 [J]. 经济研究，2008，43（11）：74-87.

[252] 毛昊，尹志锋. 我国企业专利维持是市场驱动还是政策驱动？[J]. 科研管理，2016，37（7）：134-144.

[253] ALLRED B B，PARK W G. The influence of patent protection on firm innovation investment in manufacturing industries [J]. Journal of International Management，2007，13（2）：91-109.

[254] 史宇鹏，顾全林. 知识产权保护、异质性企业与创新：来自中国制造业的证据 [J]. 金融研究，2013（8）：136-149.

[255] FANG L H，LERNER J，WU C. Intellectual property rights protection，ownership，and innovation：Evidence from China [J]. The Review of Financial Studies，2017，30（7）：2446-2477.

[256] 尹志锋，叶静怡，黄阳华，等. 知识产权保护与企业创新：传导机制及其检验 [J]. 世界经济，2013（12）：111-129.

[257] HALL B H. Exploring the patent explosion [J]. Journal of Technology Transfer，2004，30（1-2）：35-48.

[258] STERNITZKE C. An exploratory analysis of patent fencing in pharmaceuticals：The case of PDE5 inhibitors [J]. Research Policy，2013，42（2）：542-551.

[259] 朱雪忠，胡锴. 中国知识产权管理40年 [J]. 科学学研究，2018，36（12）：2151-2153，2159.

[260] 崔静静，程郁. 孵化器税收优惠政策对创新服务的激励效应 [J]. 科学学研究，2016，34（1）：30-39.

[261] 张杰，陈志远，杨连星，等. 中国创新补贴政策的绩效评估：理论与证据 [J]. 经济研究，2015，50（10）：4-17.

[262] PREACHER K J, HAYES A F. Asymptotic and resampling strategies for assessing and comparing indirect effects in multiple mediator models [J]. Behavior Research Methods，2008，40（3）：879-891.